21世纪高等院校创新教材

高等数学

上 册

苏长鑫　黄留佳◎编

中国人民大学出版社
·北京·

前 言 F o r e w o r d

给读者的话

对大多数初次接触高等数学的读者而言，这是一门很难的课程．解决难学的问题是编写本教材的主要目的．目前常见的各种新编或改编的高等数学教材大多是在几十年前的教材的基础上对其内容的增删、次序的调整，而不能从根本上改变难学的状况．

编者认为，一本面对广泛读者的好教材，应当能使读者大致了解知识的整体性和逻辑性，应当是便于读者学习的媒介，它至少是比较容易读懂的、能够理解的，因为理解是逻辑严密的前提；同时，它在展现知识的美妙的同时，也应当展现知识的缺陷，这是实事求是的态度．学以致用，它应当展现知识的运用性．它应当对读者提升思维能力与解决问题的能力以及掌握较好的学习方法有所帮助．

编者试图从几个方面解决高等数学难学的问题．加强对这几个方面的处理也是本教材的重要特色．

1. 抽象性问题具象化．知识的抽象性是学习困难的主要原因．编者在教材中对一些重要的概念、定理进行了从抽象到具象的处理．比如对极限的定义、无穷大和无穷小、重要极限公式一、洛必达法则及拉格朗日乘数法等内容，作了改写和几何分析．教材增加了不少图像，以期对读者理解内容有所帮助．

2. 教学疑点清晰化，比如微分的概念、积分换元法．编者对教学过程中常常遇到的一些教学疑难点作了分析，以期对同行有所帮助．

3. 体现知识的应用性、整体性和联系性．章节的标题意在呈现知识的应用性，使读者知其所用，帮助读者进行自主学习；给出知识的结构导图，意在呈现联系性和整体性，避免知识的零碎化，同时能让读者了解所学知识的局限，激发探究动力．

4. 重视理解能力和思维灵活性的培养，帮助读者提高对问题的分析能力和多角度理解能力．编者在一些例题的前后加入了分析过程和结果解读，对一些定理、概念及结论作了解读，以加深读者对知识点和知识结构法的理解．

5. 重视学生后续发展．教材引入了相关学科（如代数、物理、经济学科）的内容，意在为读者进行更高层次或相关学科的学习抛砖引玉；每章后都给出了章节提升习题，供能力提升训练使用，也可作为学生考研的参考.

数学是研究工具，重视其应用性、了解其研究对象有助于理解数学概念、方法的形成. 置身于问题的解决当中是最好的学习方法.

从联系性和整体性角度看知识点，才能更好地理解知识. 知识零碎化是学习取得进步的主要障碍.

最应当了解的是，学科知识只是反映事物的某一侧面，远不是事物的全部，所以，你掌握的知识可能具有极大的局限性. 许多学科知识并不完善，你的质疑能力是使之更加完善的重要因素.

本教材对传统高等数学教材的不少内容作了改写、调整和增删，对一些常见的存疑作了自认为合适的解释，供大家参考. 限于个人水平，书中一定会有诸多不完善、错误的地方，希望读者、同行和专家批评指正.

编者

2022 年 4 月

本书导读与学习提示

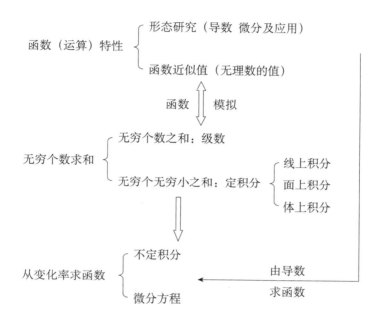

最重要的基础：

无穷小（大）的阶及运算（定式 $0 \cdot A = 0$，$0 \cdot 0 = 0$ 等；不定式 $\dfrac{0}{0}$，$0 \cdot \infty$ 等）

导数（微商，函数 y 对某变量的变化率）

复合函数（运算）求导

学习提示：

1. 务必尽可能弄清数学符号、解析式的每个细节，及其多方面的意义，有必要利用图像、具体例子等了解其内在含义．良好的数形结合能力可以使得对知识的理解更加直观、深刻．

2. 知识间是有联系的，前后知识可以相互印证、理解，了解这些联系有助于形成较完整的知识架构．

3. 从所研究问题的整体出发，了解所学内容在解决问题中的作用，以及解题思路，有助于了解方法的优点与不足，形成自己的主动思维．

4. 经常用解决问题的主动思维去看例题，可以了解解题过程的逻辑所在．

5. 主动做题是很有必要的训练逻辑说理能力的方式．参阅相关书籍有助于深入了解所学知识并进行拓展，提高运用能力．

目 录 Contents

第一章
有序运算与函数

本章知识结构导图

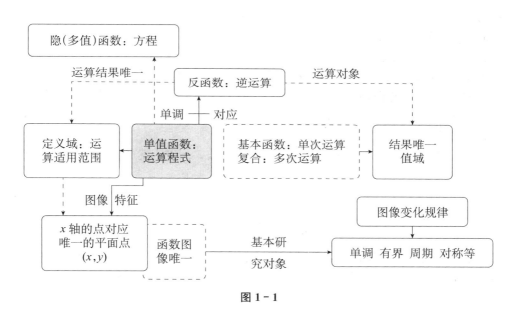

图 1-1

本章学习提示：

1. 函数是带有变量的运算. 运算结果唯一是最重要的特点，决定了函数图像一对一的特征. 方程由不同的函数构成.

2. 复合函数的运算次序是核心研究内容.

3. 数学问题图像化是学好数学的最重要和最好的方法. 单纯的记忆是学习的天敌。务必将常见函数及其变化与图像结合.

4. 请读懂每个符号的内在含义.

1.1 函数的重新认识

1.1.1 运算式与函数定义

对一个数实施某个运算，其本质是按某个特定规则得到一个新的数.

用运算符把数连接在一起，表示若干个有序运算，这个式子叫作运算式. 如 $3+2$，$2(3-1)$ 等. 当被运算的数是一个变量（这个变量一般用字母表示，如 x，n 等）时，就是一个含有变量的式子.

比如，买一斤苹果花 5 元，买 x 斤花 $5x$ 元加上一个袋子 0.2 元，费用为 $5x+0.2$. 将结果用另一个字母（比如 y 或者 p）表示就有费用 $y=5x+0.2$. 这里的计算方法是把 x 取 5 倍后加 0.2，被运算的数是 x.

又比如，计算边长为 a 的正方体的表面积. 表面积为 $6×a×a$，记为 s，则有 $s=6×a×a$. 这里的计算方法是 a 自乘后再取 6 倍，被运算的数是 a.

上面的含有 x 的式子实际上对未知元（或称自变量）实施了一个或一组运算. 几个相同的运算当运算次序不同时结果常常是不同的. 同样是关于 1，2，x，$2x+1$ 和 $2(x+1)$ 的运算，运算次序不同，其结果也不同.

如果将 x 通过运算 f 所得的结果用 y 表示，那么，x 和 y 就产生一种对应关系. 通常意义的运算具有结果唯一的特点，表明一个 x 只对应一个 y.

定义 1   集合 D 中的每个元素 x（被运算元），通过对应 f，能对应集合 S 中的唯一元素 y，且 S 中的每个元素 y 在 D 中都有一个或多个元素与之对应，则称对应 f 为一个函数对应（或运算），$f(x)$ 就称为 D 上的关于 x 的函数. D 为定义域，S 为值域.

定义域是指运算的适用范围，值域是指所有运算结果的集合. 定义域内的每个点（数或数组）都能运算出一个（唯一）结果. 几何意义是：这个定义域上的点对应函数曲线（面）上的一个唯一点.

所有能代入指定算式的数、点或事物（元素）等形成一个整体（集合），这个整体（集合）称为这个指定函数的**自然定义域**.

自然定义域一般不标示出来，如 $y=\sin x$，其定义域为 R. 人为地将自然定义域缩小后得到的定义域，称为**特定定义域**，一般在算式后面用括号标注，如 $y=x+3(x\geqslant 1)$.

定义域中所有元素计算所得的结果（一般是数）形成的集合称为函数在这个定义域的值域.

函数表达式实际上代表的是一个**有序运算**，将一个数或元素代入算式，只会计算出一个确定的结果. 我们将这个特点表述为：一个自变量对应唯一确定的值，也就是一个 x 对应一个 y. 这里所谓的对应就是"计算出"的意思. 如图 1-2 所示. 至于一个 x 对应几个 y 的情况，是对函数定义的进一步拓展. 它可以归属于方程中隐函数的问题. 我们这里不做这样的拓展.

只有一个被运算对象（未知元）的算式，称为一元函数.

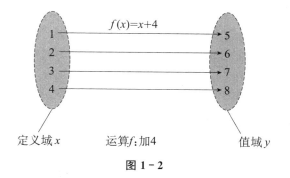

图 1-2

有时候被运算的数不止一个. 比如边长分别为 x、y 的长方形的面积 $s=xy$. 这个函数是二元函数. 多元函数意即含有多个变量的算式.

由于应用的需要, 被运算元延伸到点、事物、集合等. 比如, 电竞游戏中击中各种对象得到相应分数, 篮球比赛中进球得分, 等等.

运算符与运算次序

除了常用的四则运算符号 +、−、×、/ 外, 函数符号 (比如 sin、log、ln 等) 都表示某个特定的运算. 如 $\sin\dfrac{\pi}{3}$、$\log_2 8$ 分别表示对 $\dfrac{\pi}{3}$ 的正弦运算、以 2 为底的对 8 的对数运算. 对不确定的被运算元 x, 用 $\sin x$ 表示对 x 的正弦运算. 对于幂运算、指数运算, 用数字的不同位置表示. 若右上角的指数确定, 则表示幂运算; 若底确定但右上角未定, 则是指数运算. 如 x^2、2^x 分别表示对 x 的幂运算和指数运算.

一个算式中不同的运算次序对结果有很大的影响, 分清运算次序非常重要. 例如 $\sin(2x+1)$ 的次序为

$$x \xrightarrow{\text{倍数运算}} 2x \xrightarrow{\text{加法运算}} 2x+1 = u \xrightarrow{\text{正弦运算}} \sin(2x+1) = \sin u$$

又如 $\ln\cos(3x)$ 的运算次序为

$$x \xrightarrow{\text{倍数运算}} 3x = u \xrightarrow{\text{余弦运算}} \cos 3x = \cos u = v \xrightarrow{\text{对数运算}} \ln\cos 3x = \ln v$$

在上面的例子中, 一个算式含有对一个数的多次运算, 称为复合函数, 即 $\ln\cos 3x$ 由 $\ln v$, $v=\cos u$, $u=3x$ 复合而成.

一般地, 对于最后的一次运算, 若被运算的数由某个运算得到 (不是 x, 而是关于 x 的一个算式), 这个算式就成为关于 x 的复合函数.

我们还常常用字母 (如 f, g, t 等) 代表某些未知的或者待定的运算等. 比如 $f(x)$, $g(x)$, 除了表示 f, g 运算外, 还表示 f, g 对 x 运算所得的值.

$f(g(x))$ 表示 x 经过 g 这个运算后得到的数, 代入 f 这个运算中进行计算. 这里 f 的运算对象是 $g(x)$, 而 g 的运算对象是 x. 即运算次序为

$$x \xrightarrow{g \text{ 运算}} g(x) = u \xrightarrow{f \text{ 运算}} f(g(x)) = f(u)$$

对于一个算式 $f(x)$ 或者 $f(x_1, x_2, \cdots, x_n)$, 如果将算出的结果用某个字母比如 y、t、z 等表示, 就有

$$f(x)=y, \ f(x_1, x_2, \cdots, x_n)=t$$

等写法，表示 y 或 t 由 x 或 $(x_1, x_2, \cdots, x_n)$ 通过 f 运算得到．也可写为

$$y = f(x), \quad t = f(x_1, x_2, \cdots, x_n)$$

映射与函数对应

函数可以看作两个集合间的对应关系．比较形象的描述是，将定义域中的元素投射到值域上．所以，被投射的对象（元素）也称为原像，所得的对应结果称为像．

两个集合间有多种对应方式．映射是其中一种特殊的对应，而函数对应又是特殊的映射．

定义 2　若集合 D 中的每个元素（原像），通过对应法则 f，在 E 中都有一个确定的元素（像）与之对应，则称 f 为 D 到 E 上的映射（见图 1-3 左图）．

若 D 中的每个元素只有一个 E 中元素与之对应，则称为单射；若 E 中的每个元素都有 D 中原像的映射，则称为满射．函数映射是特殊的映射，既是单射，又是满射（见图 1-3 右图）．

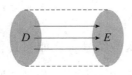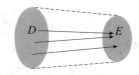

图 1-3

映射由原像的集合、像所在的集合及对应法则构成．其中，对应法则是研究的主要对象．对函数而言，主要的研究对象就是运算方式．定义域和值域相同并不意味着函数相同．如图 1-4 所示．

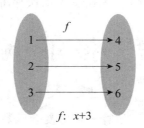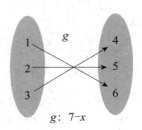

图 1-4

1.1.2　常用的运算符

（1）四则运算符（一般有两个被运算元）：$+$，$-$，$\times(\cdot)$，$\div(/)$

（2）基本运算符（只有一个被运算元）：

$a(\quad)$　　　　倍数运算（乘法）

（3）来自 $a^b = c$ 的运算符：

$(\quad)^a$　　　　a 次幂运算

$a^{(\,)}$　　　　以 a 为底的指数运算

$\sqrt{(\quad)}$　　　　开平方取非负值

$\sqrt[2n]{(\quad)}$ 求非负偶次方根（算术根）

$\sqrt[2n+1]{(\quad)}$ 求奇次方根

$\log_a(\quad)$ 以 a 为底的对数运算（以 a 为底的指数运算的逆运算）

$\ln(\quad)$ 以 e 为底的对数运算

（4）三角运算符（比值）：

$$\sin(\quad)，\cos(\quad)，\tan(\quad)，\cot(\quad)，\sec(\quad)，\csc(\quad)$$

（5）反三角运算符（已知三角函数值求对应区间内的角度）：

$\arcsin(\quad)$ $[-\pi/2，\pi/2]$ 中正弦值为被运算元的角

$\arccos(\quad)$ $[0，\pi]$ 中余弦值为被运算元的角

$\arctan(\quad)$ $(-\pi/2，\pi/2)$ 中正切值为被运算元的角

$\text{arccot}(\quad)$ $(0，\pi)$ 中余切值为被运算元的角

$\text{arcsec}(\quad)$ $[0，\pi]$ 中正割值为被运算元的角，直角除外

$\text{arccsc}(\quad)$ $[-\pi/2，\pi/2]$ 中余割值为被运算元的角，0 角除外

例如

$$\arcsin\frac{1}{2}=\frac{\pi}{6}，\arcsin\left(-\frac{\sqrt{2}}{2}\right)=-\frac{\pi}{4}，\arccos(-1)=\pi，\arctan\sqrt{3}=\frac{\pi}{3}.$$

（6）$|\quad|$ 取绝对值，距离，长度.

（7）$\text{sgn}(\quad)$ 取被运算元的符号（以 ± 1 表示）.

如 $\text{sgn}(e^2)=1$，$\text{sgn}(\cos 2)=-1$.

（8）$[\quad]$ 取整：小于或等于被运算元的最大整数.

如：$[0.54]=0$，$[-0.87]=-1$.

注： 括号中的数或式子整体是被运算元. 比如，在复合函数 $\ln\sin 2x$ 中，自然对数的被运算元是 $\sin 2x$，正弦的被运算元是 $2x$，两倍的被运算元是 x，这里含有三次连续运算. 又如 $\cos u(x)$，余弦的被运算元是 u，u 的被运算元是 x，其中含有两次运算.

1.1.3 互逆运算和互为反函数

定义 3 对于某函数 $y=f(x)$，假设定义域中的每个元素 x，通过运算（或者对应法则）f 得到 y，而这个 y 通过相反的运算和次序可以得到而且仅得到一个原来的 x（即这个运算也满足只能得出一个结果的要求），就说这个运算是**原运算的逆运算**，记为 f^{-1}. 其算式就是原算式（或称为函数）的反函数. 两者互为反函数.

比如 $y=2x+1$，其运算及次序为

$$x \xrightarrow{\text{乘}2} 2x \xrightarrow{\text{加}1} 2x+1=y，$$

逆运算及次序为

$$y \xrightarrow{\text{减}1} y-1 \xrightarrow{\text{除以}2} (y-1)/2=x.$$

显然，后者的运算和次序都与原运算相反.

因此，运算 g（减 1 后除以 2）就是运算 f（乘 2 后加 1）的逆运算. 表达式 $y=2x+1$ 与 $x=(y-1)/2$ 互为反函数.（注意：这里不考虑被运算元和结果的写法，只考虑运算本

身的互逆）.

但是由于上面两个算式实际上表达的是同一方程, 即两个式子的解完全相同, 故不能体现互逆的特点以及两者的差异. 两个函数对同一个被运算元 x 运算, 可以体现两者的不同. x, y 互换, 后面的式子改写为

$$y = \frac{x-1}{2}.$$

互换 x 和 y 既让我们看到式子的差异, 又显示出两者函数图像的不同. 原函数和反函数的图像关于 $y = x$ 对称（见图 1-5）.

对运算 f, 我们用 f^{-1} 表示它的逆运算. 逆运算要求运算所得值也是唯一的. 否则, 逆对应不符合运算结果唯一的要求, 就不能称为函数对应. 即函数是单调的才有反函数. 如 $y = x^2$, 在 R 上是没有反函数的, 如图 1-6 所示.

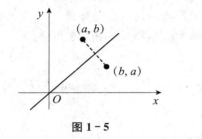

图 1-5

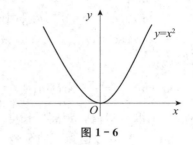

图 1-6

很明显, 逆运算的被运算量全部来自前者的值域, 而它的运算结果就是原函数定义域中的元素, 形成一一对应的关系. 由此, 我们知道, 前者的定义域就是后者的值域, 后者的值域就是前者的定义域.

某函数的反函数的求法

先求出逆运算, 再写出以 x 为自变量的表达式（互换 x, y）.

例 1 求 $y = x^2 - 2$ $(x < 0)$ 的反函数.

解：先求函数的逆运算

$$x = \pm \sqrt{y+2}.$$

由 $x < 0$, 得 $x = -\sqrt{y+2}$.

再求定义域, 对原函数 $y = x^2 - 2$ $(x < 0)$, $y > -2$.

所以, 反函数的定义域为 $(-2, +\infty)$.

互换 x 和 y, 得

$$y = -\sqrt{x+2} \quad (x > -2).$$

例 2 求 $y = 3^{x+2}$ 的反函数.

解：$x = \log_3 y - 2$（x 为任意实数）的值域为 $(0, +\infty)$.

互换 x 和 y, 得到

$$y = \log_3 x - 2 \quad (x > 0).$$

如图 1-7 所示.

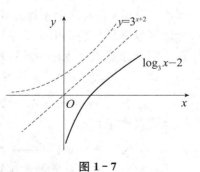

图 1-7

1.1.4　一些常见的特殊函数

分段函数：不同区间中运算方式不同的函数.

如 $f(x) = \begin{cases} 1-2x & (x>1) \\ x^2 & (x \leqslant 1) \end{cases}$，表示函数在自变量 $x>1$ 时，计算 $1-2x$；在 $x \leqslant 1$ 时，计算 x^2（见图 1-8）.

又如 $y = \begin{cases} \dfrac{x-1}{x+1} & (x \neq -1) \\ 0 & (x = -1) \end{cases}$（见图 1-9）.

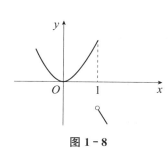

图 1-8

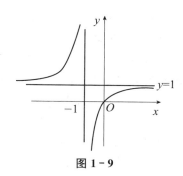

图 1-9

又如取整函数 $y = [x]$.

散点函数：定义在离散点上的函数.

如数列：

$$f(n) = 2n-1,\ n\ 为正整数,$$

$$x_n = \left(\frac{1}{2}\right)^n + 1\ (n \in N^+).$$

数列是定义在非负整数集上的函数.

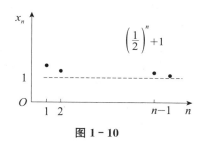

图 1-10

1.1.5　函数的图像化

如某商店一周的收入表为

x（天数）	1	2	3	4	5	6	7
y（千元）	4	3	2	3	6	12	10

在生活中，常常需要对一些数进行计算．这些被运算的数一般都是无序的．比如商店里顾客对某件商品的购买量，可能是 5 件、2 件、8 件等．为了方便，预先将购买数量（自变量）按顺序排列（自变量数轴），在对应的位置上方标出数值（函数值），形成图表，就可以快速查到应付款项．这个做法就是函数图像的雏形.

图表的优点是非常直观．但是，图表值适用于有限个数．当被运算的自变量有无穷个数时，无法完整表示函数.

函数直观化的意义

通过函数直观化将抽象的函数转换成直观图像，给了我们理解和解决数学问题的极大便利，后面的各种定义都或多或少地带有直观的几何意义．比如最值（最高最低点）、拐点（运动物体拐向的转折点）、零点、凸点、对称、奇偶性、连续与否、是否光滑、渐近趋势等，通过图像，就一目了然．掌握基本函数图像是研究函数的必备基础．

数轴的运用是使数从无序到有序的一个重要做法，使对函数的研究转变为直观几何问题．数轴的稠密性（任何两数间有无数个数）是函数连续的基础，使数学得以向动态性研究发展．

数轴：将实数依照大小次序排列在一条直线（x 轴）上，用箭头表示数字的增大方向．数轴上每一点都表示一个数，而每个数在数轴上都有对应的位置．数轴是稠密（连续）的，可以理解为时间轴．

直角坐标系：将定义域中的数（自变量 x）依照大小次序排列在一条直线（x 轴）上，用箭头表示数字的增大方向；将函数值依照大小次序排列在与 x 轴垂直的直线（y 轴）上并标出方向．两直线的交点为原点（0，0）．用点（x，y）表示被运算元与值的关系．前一个数表示在 x 轴上的位置，后一个数表示对应的数值 y.

一元函数 $y = f(x)$ 可以理解为定义在一维空间（如直线、x 轴）上的点与另一维空间（与前一条直线垂直，y 轴）上的点的对应．用分别过这两点且平行于另一条数轴的直线的交点表示变量之间的关系，形成二维空间（平面）上的图像．当 x 在区间取值时，由于区间内的数是稠密连续的，所以一般情况下，这些点常常呈现出连续的状态（如图 1-11 左图所示）．

二元函数 $z = f(x, y)$ 是定义在二维空间（平面）上的运算，其值域放在与平面垂直的直线上，形成三维空间（即立体空间）上的图像．

它的被运算元是有序数对（x，y），几何上是 xOy 平面上的二维点．

类似地，$y = f(x_1, x_2, \cdots, x_n)$ 是定义在 n 维空间上的函数，与值域形成 $n+1$ 维空间的图像．n 元函数以 $n+1$ 维的点的形式出现，就形成 $n+1$ 维的图像．

一般地，为了研究的方便，我们将函数值域放在与定义域所在空间正交（垂直）的维度上．对应的"高度值"（不一定非负）就是函数值．其中定义域上的各个维度（坐标轴）是正交的，即任意两条坐标轴都是正交的（见图 1-11）.

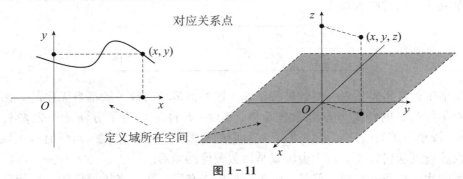

图 1-11

满足上面的要求的坐标系叫作**直角坐标系**．如图 1-11 中的两个坐标系.

函数图像与方程（隐函数）图像的差异

由于函数规定了一个被运算元只有一个结果，所以一个 n 维定义域上的点只对应一个值域上的值，即它们只能确定一个 $n+1$ 维的点．而方程可能含有几个函数，因此，一个被运算元可能对应几个点．

例如，函数 $y=3x-2$ 与方程 $x^2+y^2-4=0$，它们的图像如图 1-12 所示．

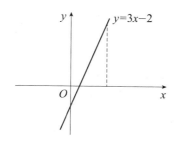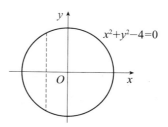

图 1-12

前者是一条直线，后者是一个圆．前者的定义域在 x 轴，一个 x 只对应一个 y 或者一个点 (x, y)；而后者可视为由定义在 x 轴的两个函数 $y=\pm\sqrt{4-x^2}$ 组成，一个 x 可能对应两个 y 或点 $(x, \pm\sqrt{4-x^2})$．

直角坐标系下的有关集合

一维空间（实数轴）中的常用集合如下（见图 1-13）：

①区间：$(a, b)=\{x \mid a<x<b\}$，$[a, b)=\{x \mid a\leqslant x<b\}$，

　　　　$(-\infty, b]=\{x \mid -\infty<x\leqslant b\}$，$[a, b]=\{x \mid a\leqslant x\leqslant b\}$．

②邻域：$\{x \mid 0\leqslant |x-x_0|<\varepsilon\}$ 称为半径为 ε 的 x_0 的邻域．

③去心邻域：$\{x \mid 0<|x-x_0|<\varepsilon\}$ 称为半径为 ε 的 x_0 的去心邻域．

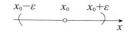

图 1-13

在二维空间中，集合的元素由平面点（二维点），即数组 (x, y) 构成．

如 $\{(x,y) \mid 2x-y<1\}$ 表示 xOy 平面上直线 $2x-y=1$ 上方（或者说左侧）的所有点的集合，因为 $2x-1=y_1<y$，即 $x<\dfrac{1+y}{2}=x_1$（见图 1-14）．又如 $\{(x,y) \mid (x-1)^2+y^2\leqslant 4\}$ 表示圆心为 $(1, 0)$、半径为 2 的圆及内部的所有点的集合，因为

$$r=\sqrt{(x-1)^2+y^2}\leqslant 2.$$

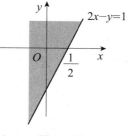

图 1-14

二维空间内的点 $P(x_0, y_0)$ 的邻域

$$\{(x,y) \mid (x-x_0)^2+(y-y_0)^2\leqslant \delta\}$$

表示以 P 为圆心、半径为 δ 的邻域．

$$\{(x,y) \mid 0 < (x-x_0)^2 + (y-y_0)^2 < \delta\}$$

表示以 P 为圆心、半径为 δ 的去心邻域（见图 $1-15$）.

邻域指的是某点周围不超出且不达到指定范围的点的一个集合.

邻域的直观理解就是定义域内某个点周围小范围的所有点（一般不包括边界，是一个开集，包括边界的所有点的集合为闭集）的集合.

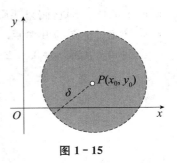

图 $1-15$

一维空间上的区间和邻域是数轴的一段，具有连续性.

数轴上的数以大小次序排列，而任何两个不同数之间还有其他数，表现在几何上，是数轴上的任意两点之间还有点，由此我们认为区间和邻域是一种"连续"的状态，即内部的点是一个一个左右紧密连接的. 拓展到空间，空间区域是由紧密连接的点构成的. 这一认识是今后判断函数连续与否的基础.

由区域的这个特性，其上的点可以分为内点、外点和聚点. 区域内的点称为**内点**；区域外的点称为**外点**；**聚点**是指它的任意邻域中含有区域上的其他点的点，比如区间的端点和内点、二维区域内的点和边界点.

习题 1.1

1. 用不等式表示半径为 $\dfrac{1}{2}$ 的以 1 为中心的去心邻域.

2. 写出 $(0,4]$ 的几个内点、外点和聚点.

3. 二维点 $(2,3)$ 是否为以原点为中心、半径为 2 的开圆域的内点？是否为聚点？如果半径为 4 呢？半径是多少时，它是聚点而不是内点？

4. 求下列函数的自然定义域：

(1) $y = \sqrt{3x+2}$；

(2) $y = \dfrac{1}{1-x^2}$；

(3) $y = \dfrac{1}{x} - \sqrt{1-x^2}$；

(4) $y = \dfrac{1}{\sqrt{4-x^2}}$；

(5) $y = \sin\sqrt{x}$；

(6) $y = \tan(x+1)$；

(7) $y = \arcsin(x-3)$；

(8) $y = \sqrt{3-x} + \arctan\dfrac{1}{x}$；

(9) $y = \ln(x+1)$；

(10) $y = \dfrac{1}{e^x}$.

5. 下列各题中，函数 $f(x)$ 和 $g(x)$ 是否相同？为什么？

(1) $f(x) = \lg x^2$，$g(x) = 2\lg x$；

(2) $f(x) = x$，$g(x) = \sqrt{x^2}$；

(3) $f(x) = \sqrt[3]{x^4 - x^3}$，$g(x) = x\sqrt[3]{x-1}$；

(4) $f(x) = 1$，$g(x) = \sec^2 x - \tan^2 x$.

6. 下列函数是否有反函数？如果有，求它的反函数：

（1）$y=e^{2x}+1$；

（2）$y=(x+1)^3-1$；

（3）$y=\sin x$.

1.2 常见的相关函数的图像关系

1.2.1 互为反函数的图像

一个函数有反函数的前提是其为严格单调函数（无相同函数值）. 交换 x 和 y，就可以求出它的反函数.

如 $y=e^x$，交换 x，y，得到 $x=e^y$，即得到 $y=\ln x$. 如图 1-16 所示.

观察图 1-17 中点 (x, y) 与 (y, x) 在坐标系 xOy 中的关系. 它们连线的中点为 $\left(\dfrac{x+y}{2}, \dfrac{x+y}{2}\right)$，说明中点在直线 $y=x$ 上；又有连线斜率为 -1，说明它与 $y=x$ 垂直，即 (x, y) 与 (y, x) 关于 $y=x$ 对称.

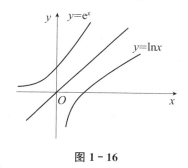

图 1-16

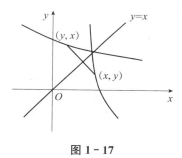

图 1-17

对于原函数上的任一点 (x, y)，点 (y, x) 在它的反函数上，即每一个原函数上的点都有反函数上的一点与之关于 $y=x$ 对称. 反之亦然. 由此，我们得到结论：

互为反函数的图像关于 $y=x$ 对称.

1.2.2 函数的变换

左右平移

左右平移时高度相同，位置不同.

$y=x^2$ 向 x 轴正向平移 1 个单位，得到新函数：$y=(x-1)^2$. 一个函数向右平移 a 个单位，同样的高度，新函数 x 的位置比原位置多 a 个单位（见图 1-18）. 新函数需将 $x-a$ 代入，才能算出相同的函数值（**注意：新函数的运算比原函数多了一个加法**），即用 $x-$

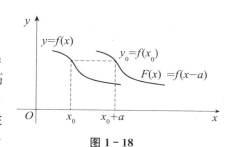

图 1-18

a 代替原来的 x. 若向 x 轴负向平移，则用 $x+a$ 代替 x.

$$y=f(x) \xrightarrow{\text{向} x \text{轴正向平移} a \text{个单位}} y=f(x-a)$$

上下平移

上下平移时位置相同，高度不同.

用 $y-a$ 或 $y+a$ 替换 y：

$$y=f(x) \xrightarrow{\text{向} y \text{轴正向平移} a \text{个单位}} y-a=f(x)$$

即 $y=f(x)+a$.

如 $y=x^2+1$ 向左平移 1 个单位，得到 $y=(x+1)^2+1$；$y=x^2+1$ 向下平移 1 个单位，得 $y=x^2$，即用 $y+1$ 代替 y，得到 $y+1=x^2+1$，即 $y=x^2$.

又如

$$\sin x \xrightarrow{\text{向左平移}\frac{\pi}{2}} \cos x \xrightarrow{\text{向左平移}\frac{\pi}{2}} -\sin x \xrightarrow{\text{向左平移}\frac{\pi}{2}} -\cos x \xrightarrow{\text{向左平移}\frac{\pi}{2}} \sin x$$

即 $\sin\left(x+4k\times\dfrac{\pi}{2}\right)=\sin(x+2k\pi)=\sin x$.

若函数同时做水平和上下平移，则原函数的 x，y 均需替换.

缩放

$y=kf(x)$ 是 $y=f(x)$ 进行纵向（函数值）的倍数变化，即 x 对应的 y 值是原函数的 k 倍（见图 1-19）；$y=f(kx)$ 是 $y=f(x)$ 进行横向（自变量）的压缩或扩张，即对于同样的 y 值，后者的自变量取值只需为前者的 $1/k$（见图 1-20）.

当 $k=-1$ 时，图像是关于 x 轴或 y 轴的翻转.

偶函数是翻转函数与原函数一样，即 $f(-x)=f(x)$；奇函数是翻转函数与原函数相反，即 $f(-x)=-f(x)$.

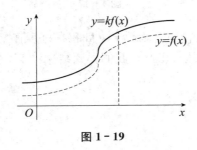

图 1-19

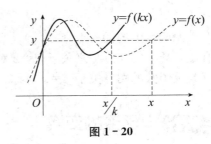

图 1-20

叠加

两个函数之和的函数值是在一个函数的函数值的基础上加上另一个函数的函数值，如 $y=x+\dfrac{1}{x}$ 和 $y=x+\sin x$ 的图像如图 1-21 所示：

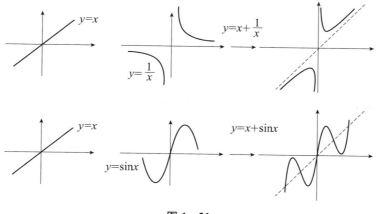

图 1 - 21

1.2.3　常见函数图像的基本特征

幂函数与多项式

形如 x^a 的函数，称为幂函数，a 是它的次数．多项式函数由不同正整数次的幂函数组合而成，其中最高次幂就是多项式的次数．

n 次多项式的图像是光滑连续的．它最多有 n 个实数零点，n 个单调区间．如 $y=x^4$，只有一个零点，两个单调区间 $(-\infty,0)$ 和 $(0,+\infty)$．奇次多项式一定有零点，单调区间数为奇数；偶函数（次数不为 0）的单调区间数为偶数．

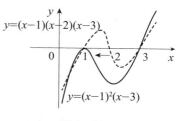

图 1 - 22

例如，$y=(x-1)(x-2)(x-3)$ 有三个零点、三个单调区间，而 $y=(x-1)^2(x-3)$ 只有两个零点、三个单调区间（如图 1 - 22 所示）．

例 1　求函数 $y=x^3+2x-3$ 的零点．

分析：三次多项式一定有零点。注意到各项系数之和为 $1+2-3=0$，可知 1 为零点，即多项式含有因式 $(x-1)$．那么，多项式可以分解为一个二次多项式与 $x-1$ 的乘积．

解：（方法一）$y(1)=1+2-3=0$，所以 $x=1$ 为零点，多项式含有因式 $(x-1)$．

$$
\begin{aligned}
y &= (x^3-1)+(2x-2) \quad \text{（凑出 } (x-1) \text{）} \\
&= (x-1)(x^2+x+1+2) \\
&= (x-1)(x^2+x+3).
\end{aligned}
$$

方程 $x^2+x+3=0$ 的判别式 $\Delta=1-12<0$，方程无解，即没有零点．

所以，函数只有一个零点 $x=1$．

（方法二）$y(1)=0$，多项式含有因式 $(x-1)$．

设 $y=(x-1)(ax^2+bx+c)=x^3+2x-3$，那么

$$ax^3+(b-a)x^2+(c-b)x-c=x^3+2x-3,$$

$$a=1, \ b-a=0, \ c-b=2, \ -c=-3.$$

即：
$$a=1, \quad b=1, \quad c=3.$$
所以
$$y=(x-1)(x^2+x+3).$$
因为二次项无解，所以，函数只有一个零点.

注：也可以用多项式竖式除法求二次因式. 见图 1-23.

$$
\begin{array}{r}
x-1 \,\big|\, x^3+0x^2+2x-3 \\
\end{array}
$$

$$
\begin{array}{r}
x-1\,\big|\,\overline{x^3+0x^2+2x-3} \qquad \\
\underline{x^3-x^2} \hspace{4.5cm} x^2 \\
x^2+2x-3 \hspace{2cm} \\
\underline{x^2-x} \hspace{3.5cm} x \\
3x-3 \hspace{2.3cm} \\
\underline{3x-3} \hspace{3.5cm} 3 \\
0 \hspace{3cm}
\end{array}
$$

图 1-23

指数函数与对数函数

复利率问题是指数函数的典型例子.

例如，一笔资金数额为 1，投资某个项目 x 年，年利率为 b，x 年后，本息合计数额为多少？

第一年：$1+b=1(1+b)$

第二年：$(1+b)+(1+b)b=(1+b)^2$

……

第 x 年：$(1+b)^x$

上式 $(1+b)^x$ 中，若利率 $b>0$，则表明投资是有回报的，本金与利息之和会逐年增加；若利率 $b<0$（投资亏损），则本息和逐年递减.

对于函数 a^x，当 $a>1$ 时，可以理解为有正利率，本息和递增，为关于 x 的增函数；当 $0<a<1$ 时，投资亏损，本息和递减，为关于 x 的减函数. 如图 1-24 所示.

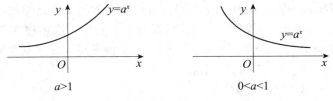

$a>1$ 　　　　　　　　　　　$0<a<1$

图 1-24

为了使 x 可以取全体实数，指数函数的底取正数，即 $a>0$. 当 $a=1$ 时，利率为 0，为常数 1. 由于规定 $a>0$，可知 $a^x>0$，所以，任何正数都可以写成指数形式.

对数函数为同底（不为 1）的指数函数的反函数.

指数运算是：底数固定，已知指数，求幂. 如 $2^3=8$，$2^4=16$.

对数运算是：底数固定，已知幂的结果，求指数的值. 如 $2^?=8$，$2^?=16$. 这个运算涉及底和幂，用运算符号 $\log_a b$ 表示，其中 a 为底、b 为幂的结果在对数运算中称为真数，如 $2^?=8$，$2^?=16$ 中的 8 和 16.

计算 $\log_2 8$ 和 $\log_2 16$ 是问若底为 2，则次数为多少时幂为 8 和 16？即 $2^?=8$，$2^?=16$. 显然

$$\log_2 8=3，\log_2 16=4，\log_3 3=1，\log_a a=1，\log_a 1=0.$$

对 $2^x=8$，因为 $x=\log_2 8=3$，故有 $2^3=8$.

一般地，有如下性质：

性质 1　$a^{\log_a b}=b.$（正数的指数形式）

由

$$a^{\log_a M+\log_a N}=a^{\log_a M}a^{\log_a N}=MN（即 a^?=MN）$$

可得如下性质：

性质 2　$\log_a(MN)=\log_a M+\log_a N.$

由

$$a^{\log_a M-\log_a N}=\frac{a^{\log_a M}}{a^{\log_a N}}=\frac{M}{N}$$

可得如下性质：

性质 3　$\log_a \dfrac{M}{N}=\log_a M-\log_a N.$

由于指数函数中，规定 $a>0$，得到 $a^x>0$. 当 $a\neq 1$ 时，任何正数都可以用指数表示. 如

$$2=\log_3 9=\log_2 4=\log_a(a^2).$$

由 $a^{\log_a b}=b$，有

$$a^{\log_a(b^N)}=b^N=(a^{\log_a b})^N=a^{N\log_a b}\quad(b>0).$$

则有如下性质：

性质 4　$\log_a(b^N)=N\log_a b\quad(b>0).$

如果 $a^b=N$，即 $b=\log_a N$，则有

$$(a^m)^b=N^m.$$

即 $b=\log_{a^m}N^m$，故有如下性质：

性质 5　$\log_{a^m}N^m=\log_a N.$

设 $a^b=N$，即 $b=\log_a N$，又 $a=c^{\log_c a}$，有

$$(c^{\log_c a})^b=(c^{\log_c a})^{\log_a N}=N.$$

即

$$c^{\log_c a\cdot\log_a N}=N.$$

由此有如下性质：

性质 6　$\log_c N=\log_c a\cdot\log_a N.$

或写为

$$\log_a N=\frac{\log_c N}{\log_c a}.（对数换底公式）$$

例 2　求 $\log_3 6+\log_{\sqrt 3}2-\log_5 8\cdot\log_3 5$ 的值.

解：$\log_3 6+\log_{\sqrt 3}2-\log_5 8\cdot\log_3 5$　（换为同底的对数）

$$=\log_3 6 + \log_3 4 - \log_3 8$$
$$=\log_3 \frac{24}{8}$$
$$=1.$$

例 3 求 $\ln(\sqrt{x^2+1}-x) + \log_a(\sqrt{x^2+1}+x)\ln a$ 的值．（$\log_e a = \ln a$，$e \approx 2.710\,8\cdots$）

解： $\ln(\sqrt{x^2+1}-x) + \log_a(\sqrt{x^2+1}+x)\ln a$

$$= \ln(\sqrt{x^2+1}-x) + \frac{\ln(\sqrt{x^2+1}+x)}{\ln a}\ln a$$

$$= \ln(\sqrt{x^2+1}-x) + \ln(\sqrt{x^2+1}+x)$$

$$= \ln((\sqrt{x^2+1})^2 - x^2)$$

$$= \ln 1 = 0.$$

指数函数 $y=a^x$ 当 $a=1$ 时为常数 1，图像为平行于 x 轴的直线，没有反函数；当 $0 < a \neq 1$ 时，有反函数 $y = \log_a x$．互为反函数的图像关于 $y=x$ 对称，由此可得对数图像如图 1-25 所示：

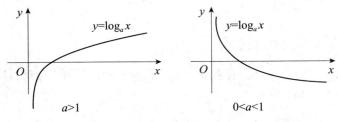

图 1 - 25

三角函数

三角学是研究角度的知识．

锐角的各三角函数值可以借助直角三角形的各边比值进行研究．因为相似形对应的各边比值相等，故直角三角形的大小对三角函数值没有影响．为了方便，常常把其中一边的长设为 1．任意角的函数值一般放在圆心在原点的单位圆内研究．

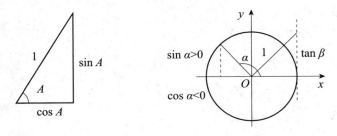

图 1 - 26

根据勾股定理，有

$$\sin^2 A + \cos^2 A = 1$$

除以 $\sin^2 A$ 或 $\cos^2 A$，有

$$1+\tan^2 A = \frac{1}{\cos^2 A} = \sec^2 A, \quad 1+\cot^2 A = \csc^2 A$$

借助三角函数的图像，可以很容易地得到三角函数的各等量关系. 正余弦和正余切的图像如图 1-27 所示：

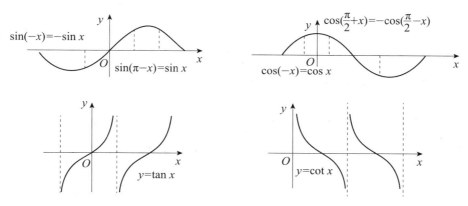

图 1-27

常用的基本三角公式有

$$\sin(A \pm B) = \sin A \cos B \pm \cos A \sin B \qquad ①$$
$$\cos(A \pm B) = \cos A \cos B \mp \sin A \sin B \qquad ②$$

当 $A = B$ 时，有

$$\sin 2A = 2\sin A \cos B;$$
$$\cos 2A = \cos^2 A - \sin^2 A = 1 - 2\sin^2 A = 2\cos^2 -1.$$

式①或式②中两公式相加减，再除以 2，有

$$\sin A \cos B = \frac{1}{2}(\sin(A+B) + \sin(A-B));$$

$$\sin B \cos A = -\frac{1}{2}(\sin(A+B) - \sin(A-B));$$

$$\cos A \cos B = \frac{1}{2}(\cos(A+B) + \cos(A-B));$$

$$\sin A \sin B = -\frac{1}{2}(\cos(A+B) - \cos(A-B)).$$

1.2.4 一元函数与不等式解集的几何表示

一元方程和不等式的解是定义域（x 轴上）内满足方程或不等式的数，所有解的集合称为解集.

例如，$f(x) = 0$ 的解集是定义域（x 轴）上的函数值为零的点的集合；$f(x) \geqslant 0$ 的解集是 x 轴上使得函数值非负的点的集合. 如图 1-28 所示.

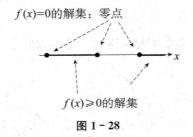

图 1 - 28

例 3 求 $\dfrac{x^2-1}{x-2}<0$ 的解集.

解： 不等式 $\dfrac{x^2-1}{x-2}<0$ 的解集与不等式 $(x^2-1)(x-2)<0$ 的解集相同.

函数 $y=(x^2-1)(x-2)$ 有三个零点：-1，1，2. 可知，$y<0$ 的解集为 $(-\infty,-1)$ 和 $(1,2)$.

当 $x=\pm1$ 时，$y=0$. 所以，$y\leqslant0$ 的解集为 $(-\infty,-1]$ 和 $[1,2)$.

例 4 根据图 1 - 29，指出下列问题的解集：

(1) $f(x)=g(x)$ (2) $f(x)\leqslant g(x)$ (3) $f(x)g(x)>0$

解： (1) 当 $x=2$，$x=7$ 时，$f(x)=g(x)$.

解集为 $\{x\mid f(x)=g(x)\}=\{x\mid x=2 \text{ 或 } x=7\}$

(2) 当 $x\leqslant2$ 或 $x\geqslant7$ 时，$f(x)\leqslant g(x)$.

解集为 $\{x\mid f(x)\leqslant g(x)\}=\{x\mid x\leqslant2 \text{ 或 } x\geqslant7\}$.

(3) 当 $1<x<3$ 或 $5<x<8$ 时，$f(x)>0$，$g(x)>0$.

解集为 $\{x\mid f(x)g(x)>0\}=\{x\mid 1<x<3 \text{ 或 } 5<x<8\}$.

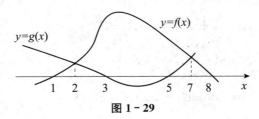

图 1 - 29

习题 1. 2

1. 指出 $y=\cos2x+1$ 由 $y=\sin2x$ 经过什么变换得到.

2. 利用 $y=\dfrac{1}{x}$ 的图像，画出 $y=\dfrac{x}{x-1}$ 的图像.

3. 验证 $x=-1$ 是函数 $y=x^3+x^2-4x-4$ 的零点，并求方程 $y=0$ 的解.

4. 已知 $y=\dfrac{x+1}{x^2-5x+6}$，求 $y>0$ 的解集.

5. 求 $y=2\cos x\sin x>0$ 的解集.

1.3　函数图像的常见研究对象

表达式 $y=f(x)$ 具有两方面的意义：从数理角度看，它表示的是对自变量 x 进行运算的次序，称为关于 x 的函数；从几何角度看，它表示的是 x 所在位置对应的函数值.将所有自变量的函数值描出，得到的就是函数的图像.由于每个 x 只有一个运算结果，在对应的坐标系里只有一个确定的点，因此，每个函数有对应的唯一图像.

从几何意义上看，研究函数就是研究它的图像特征.

1.3.1　对称

图像的对称包括点对称、轴对称.

点对称是以某一点为中心的对称.

定义 1　如果函数 $f(x)$ 的定义域 D 关于原点对称，即如果 $x\in D$，有 $-x\in D$，且 $f(-x)=-f(x)$，则称 $f(x)$ 为**奇函数**.

比如，$y=x^5$，$y=\sin x$.它们关于原点对称.即对于定义域上的点 x，它的相反数 $-x$ 也在定义域上，且函数值相反.几何意义为定义域上的对称点 x 和 $-x$ 的"高度"相反.

关于其他点对称的图像可以视为由对应的奇函数平移得到.

如奇函数有 $f(-x)=-f(x)$，以 $x-x_0$ 替换 x，得到

$$f(x_0-x)=-f(x-x_0).$$

此时，所得的新函数 $F(x)=f(x-x_0)$ 关于 $(x_0,0)$ 对称.又以 $F(x)-y_0$ 替换 $F(x)$，则所得的新函数 $G(x)$ 关于点 (x_0,y_0) 对称.如图 1-30 所示.

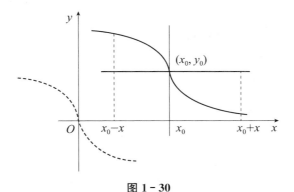

图 1-30

例 1　证明 $y=x^3+\sin x$ 是奇函数.

证明： 函数 $y=f(x)$ 的定义域是 R.对任意 $x\in R$，有 $-x\in R$ 且

$$\begin{aligned}
f(-x)&=(-x)^3+\sin(-x)\\
&=-(x^3+\sin x)\\
&=-f(x).
\end{aligned}$$

所以 $y=x^3+\sin x$ 是奇函数.

如果一个函数或者方程的图像上的任一点关于某条直线的对称点也在图像上，就说图像关于这条直线（称为轴）对称，称为**轴对称**. 该图像上的对称点的连线总与对称轴垂直.

定义 2　如果函数 $f(x)$ 的定义域 D 关于原点对称，即如果 $x\in D$，有 $-x\in D$，且 $f(-x)=f(x)$，则称 $f(x)$ 为**偶函数**.

对于偶函数的定义域上的点 x，它的相反数 $-x$ 也在定义域上，且函数值相等. 几何意义为：定义域上的对称点 x 和 $-x$ 的"高度"相等. 如 $y=x^2$，$y=\cos x$，$y=1$. 偶函数的图像是关于 y 轴对称的（见图 1-31）.

关于 $x=a$ 对称的图形可以通过偶函数的图像平移得到. 即用 $x-a$ 替换 x，也就是 $f(x)$ 向右平移 a 个单位，得到新函数

$$F(x)=f(x-a)$$

为关于 $x=a$ 对称的函数. 因为

$$
\begin{aligned}
F(a-x)&=f(-x)\\
&=f(x)=F(a+x)\\
\Rightarrow F(a-x)&=F(a+x)
\end{aligned}
$$

其中 x 为变量点到 a 的距离（如图 1-32 所示）.

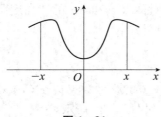

图 1-31

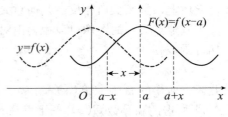

图 1-32

例 2　证明 $f(x)=|2x|$ 为偶函数.

证明：函数定义域为 R.

对任意 $x\in R$，有 $-x\in R$，且当 $x\leqslant 0$ 时，$-x\geqslant 0$，此时

$$f(x)=-2x，\text{而 } f(-x)=2(-x)，$$

即 $f(-x)=f(x)$.

同理当 $x>0$ 时 $f(-x)=f(x)$.

所以 $f(x)=|2x|$ 是偶函数.

例 3　指出 $y=(x-2)^3+1$ 是否具有对称性. 若对称，指出函数关于什么对称.

解：作平移变换. 设 $u=x-2$，$Y=y-1$，则

$$Y=f(u)=(x-2)^3=u^3.$$

因为

$$f(-u)=-u^3，$$

因此函数 $Y=f(u)$ 为奇函数，关于（$u=0$，$Y=0$）对称，即 $y=(x-2)^3+1$ 关于（$x=2$，$y=1$）对称.

此题说明平移不改变图像的对称性，但对称点（或轴）会相应改变.

1.3.2　递增递减（单调性）

定义 3　对 $y = f(x)$ 的定义域中某区间内任意两个不同的自变量 $x_1 < x_2$，

（1）如果恒有

$$f(x_1) \leqslant f(x_2),$$

则称 $f(x)$ 在这个区间是递增的.

若 $f(x_1) < f(x_2)$ 恒成立，则称 $f(x)$ 在这个区间严格递增. 见图 1 - 33.

（2）如果恒有

$$f(x_1) \geqslant f(x_2),$$

则称 $f(x)$ 在这个区间是递减的.

若 $f(x_1) > f(x_2)$ 恒成立，则称 $f(x)$ 在这个区间严格递减. 见图 1 - 34.

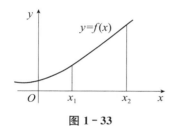

图 1 - 33

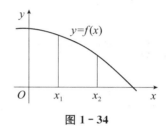

图 1 - 34

也就是说，若 x 递增（递减），y 也递增（递减），则称函数递增；若 x 递增（递减），y 反而递减（递增），则称函数递减.

例 4　已知 $f(x)$ 递减，$g(x)$ 递增，证明 $g(f(x))$ 是递减的.

证明： 设 $u = f(x), y = g(f(x)) = g(u)$.

对定义域中的任意 $x_1 > x_2$，有

$$u_1 = f(x_1) < u_2 = f(x_2),$$

又 $g(u)$ 为增函数，得到

$$g(u_1) < g(u_2), \quad 即 \ g(f(x_1)) < g(f(x_2)).$$

由定义可知 $g(f(x))$ 为减函数.

1.3.3　周期

定义 4　如果对函数定义域 D 中的任意 x，$x + T$ 在 D 内，且有

$$f(x + T) = f(x)(T \ 为常数)$$

恒成立，就称 $f(x)$ 是以 T 为周期的函数. 如图 1 - 35 所示.

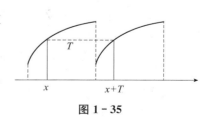

图 1 - 35

从几何意义看，上式表达的是：位置相差 T 个单位的任意两点处的函数值相等．例如 $\sin x$ 是以 2π 为周期的函数．常数函数 $y=c$ 以任意常数为周期．**正周期中最小的称为最小正周期．常数函数没有最小正周期．**

周期函数可以看作一个函数水平平移若干个周期后，与原函数相同．

例 5   证明：对任意 x，$f(x)$ 满足：
$$f(x-a)=f(x+a),$$
那么，$f(x)$ 是以 $2a$ 为周期的函数．

证明： 令 $u=x-a$，则 $x+a=u+2a$．

$$f(x-a)=f(u),f(x+a)=f(u+2a),$$

所以

$$f(u+2a)=f(u),$$

即函数以 $2a$ 为周期．

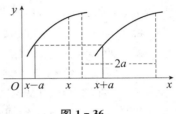

图 1 - 36

例 5 中指出，相差 $2a$ 的 $x+a$ 和 $x-a$ 两点处的函数值相等，符合周期函数的特点．

1.3.4   函数值有界

函数有界是指函数值（"高度"）不超出某个指定范围．

定义 5   如果对定义域中的任意 x，都有
$$m<f(x)<M \quad 或 \quad |f(x)|<M\,(这里\ M>0),$$
则称函数 $f(x)$ 有界；否则，称 $f(x)$ 无界（见图 1 - 37）．其中，m 称为下界，M 称为上界．（最大的下界称为下确界，最小的上界称为上确界．）

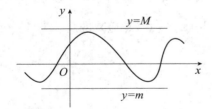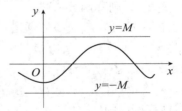

图 1 - 37

有界的几何意义是，整个函数图像被限制在两条平行于 x 轴的直线之间，它的函数值 y（"高度"）在 m 和 M 之间．如

$$2<\pi+\sin x<5.$$

无界的几何意义是，图像有向上或向下无限延伸的状况，即函数值 y 可以达到无穷大．换言之，对任何一个正数 M，在定义域内都能找到某一点，使其函数值的绝对值 $|y|>M$．如 $y=x^3$，$y=x^2$．

例 6   证明 $y=\dfrac{1}{x}\ (x>0)$ 无界．

分析： $x>0$，所以 $y>0$，函数有下界，只需证明无上界．

证明：（反证法）假设函数有界，则存在 $M>0$ 是 y 的上界．即对任意 $x>0$，有

$$\frac{1}{x} < M.$$

取 $x = \frac{1}{M+1}$，由 $M > 0$，有

$$x = \frac{1}{M+1} > 0,$$

即 x 在定义域内，其函数值

$$y = M + 1 > M,$$

从而，M 不是上界．与假设矛盾．

可知，y 没有上界，因此 y 无界．

但 $y = \frac{1}{x} (x \geq 1)$ 是有界的．因为 $0 < y = \frac{1}{x} \leq 1$．见图 1-38．

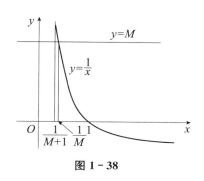

图 1-38

1.3.5　连续

从几何上看，连续函数是指 $f(x)$ 的图像在某个区间上是连续的．对于特定的点 x，则是指该点对应于曲线的点 $(x, f(x))$ 与旁边的点连在一起．它的解析定义在后面阐述．

1.3.6　最值与极值

最值指所有函数值中的最大值或最小值．其几何意义是函数的最高或最低点的"高度"．后面的章节将探讨某些特定函数的最值的求法．

极值为区间内或区域内局部的最值．

除了以上研究点，我们要对函数的趋势以及内部形态进行研究．这些会在后面进行探讨．

习题 1.3

1. 设 $f(x)$ 为定义在 $(-l, l)$ 内的奇函数，若 $f(x)$ 在 $(0, l)$ 内单调增加，证明 $f(x)$ 在 $(-l, 0)$ 内也单调增加．

2. 设下面所考虑的函数都是定义在区间 $(-l, l)$ 内的．证明：

（1）两个偶函数的和是偶函数，两个奇函数的和是奇函数；

（2）两个偶函数的乘积是偶函数，两个奇函数的乘积是偶函数，偶函数与奇函数的乘积是奇函数．

3. 指出函数 $y = \frac{x}{x-1}$ 的图像关于什么对称．

4. 求下列函数的反函数：

（1）$y = \sqrt[3]{x+1}$；

（2）$y = \frac{1-x}{1+x}$；

(3) $y=\dfrac{ax+b}{cx+d}$ $(ad-bc\neq0)$；　　　(4) $y=2\sin3x\left(-\dfrac{\pi}{6}\leqslant x\leqslant\dfrac{\pi}{6}\right)$；

(5) $y=1+\ln(x+2)$；　　　(6) $y=\dfrac{2^x}{2^x+1}$.

5. 证明：$y=x^2$ 为无界函数.

6. 利用 $y=2^x$ 的图像，画出 $y=3\cdot2^x+1$ 的图像.

章节提升习题一

1. 选择题：

(1) 下列各对函数中，（　　）中的两个函数相等.

(A) $f(x)=\sqrt{x^2}$，$g(x)=x$ 　　　(B) $f(x)=\dfrac{x\ln x-x}{x^2}$，$g(x)=\dfrac{\ln x-1}{x}$

(C) $f(x)=\ln x^2$，$g(x)=2\ln x$ 　　　(D) $f(x)=\dfrac{x^2-1}{x-1}$，$g(x)=x+1$

(2) 若 $f(x-1)=x(x-1)$，则 $f(x)=$（　　）.

(A) $x(x+1)$ 　　　(B) $(x-1)(x-2)$

(C) $x(x-1)$ 　　　(D) 不存在

(3) 函数 $y=|\sin x|+|\cos x|$ 是周期函数，它的最小正周期是（　　）.

(A) 2π 　　　(B) π

(C) $\dfrac{\pi}{2}$ 　　　(D) $\dfrac{\pi}{4}$

(4) 若函数 $f(e^x)=x+1$，则 $f(x)=$（　　）.

(A) e^x+1 　　　(B) $x+1$

(C) $\ln(x+1)$ 　　　(D) $\ln x+1$

(5) 函数 $f(x)=|x\sin x|e^{\cos x}$ 是（　　）.

(A) 偶函数 　　　(B) 奇函数

(C) 有界函数 　　　(D) 单调函数

(6) 函数 $f(x)=\dfrac{|x|\sin(x-2)}{x(x-1)(x-2)^2}$ 在下列哪个区间有界？（　　）

(A) $(-1,0)$ 　　　(B) $(0,1)$

(C) $(1,2)$ 　　　(D) $(2,3)$

2. 填空题：

(1) 函数 $f(x)=\ln(x+5)-\dfrac{1}{\sqrt{2-x}}$ 的定义域是_____.

(2) 若 $f\left(x+\dfrac{1}{x}\right)=x^2+\dfrac{1}{x^2}+3$，则 $f(x)=$_____.

(3) 设对于任意实数 x，y，恒有 $f(x+y)=f(x)+f(y)+xy$，并且 $f(4)=16$，则 $f(1)=$
_____.

(4) 设 $f(\frac{1}{x}) = x + \sqrt{1+x+x^2}$，其中 $x < 0$，则 $xf(x) = $＿＿＿＿＿＿.

(5) 函数 $y = 3^x - 1$ 的反函数是＿＿＿＿＿＿.

3. 设 $f(x) = \begin{cases} e^x, & x < 1 \\ x, & x \geqslant 1 \end{cases}$, $g(x) = \begin{cases} x+3, & x < 0 \\ x-2, & x \geqslant 0 \end{cases}$，求 $f[g(x)]$.

4. 已知 $f(x)$ 满足等式 $2f(x) + x^2 f(\frac{1}{x}) = \frac{x^2+2}{x+1}$，求 $f(x)$ 的表达式.

5. 设 $F(x)$ 除 0 与 1 两点外，对任意实数都有定义并且满足等式 $F(x) + F\left(\frac{x-1}{x}\right) = 1 + x$，试求函数 $F(x)$.

6. 设对于任意实数 x，有 $f\left(\frac{1}{2} + x\right) = \frac{1}{2} + \sqrt{f(x) - f^2(x)}$，试求 $f(x)$ 的周期.

7. 已知 $f(x)$ 是奇函数，判断 $F(x) = f(x)\left(\frac{1}{2^x+1} - \frac{1}{2}\right)$ 的奇偶性.

第二章
函数的极限：无限逼近条件下的函数状态

本章知识结构导图

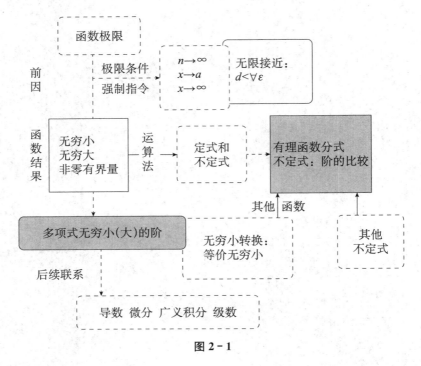

图 2-1

本章学习提示：

1. 极限表达的是自变量与函数的一种因果关系，是指自变量无限逼近某处时函数的逼近或到达状况.

2. 无穷小概念贯穿整个微分学，是最重要的基本概念. 两个同类的量的"距离"比任何正数小，是无穷小的基本理解.

3. 极限式有定式和不定式. 极限不定式是最重要的研究对象. 基本的解决方法是比较无穷小和无穷大的阶. 等价无穷小替换实现了其他函数到幂函数的无穷小转换. $x \to a$ 时的两个无穷小量等价的几何意义是对应的连续函数在 $(a, 0)$ 处相切.

2.1　极限定义

一元极限问题是以函数自变量 x 或 n 无限逼近目标点为前提，探讨函数的状态．这个前提条件描述的是"即将到达而未到达"前的"瞬间"的状态，并非通常意义下的变量，亦非常量．

一元极限指一个函数在某个逼近条件下，即自变量 x 无限逼近某个数 a 或无穷大时，函数值的逼近趋势．

二元极限是平面动点无限逼近定点时，其对应函数值的状态．

2.1.1　两种无限逼近的数学描述

无限逼近就是无限接近，用符号"→"表示．无限逼近分两种情形：趋近无穷大和逼近某个数．

（1）x 趋近无穷大是指距离原点无限远，即 $d=|x-0|$ 比任何数都大，可以表示为对任意正数 M，恒有

$$d=|x-0|>M，记为 x\to\infty.$$

2）逼近某个数，从几何意义上说，就是两者的距离达到任意小．这个距离通常用两者差的绝对值表示．所谓距离任意小是指：比任何给定的正数都小，即

对任意给定的正数 $\varepsilon>0$，x 恒有

$$d=|x-a|<\varepsilon，记为 x\to a.$$

2.1.2　极限条件：强迫指令

函数的极限问题是指自变量在某个特定的逼近指令下的函数的逼近趋势．函数自变量的逼近指令可分为三种类型．

在极限问题中，极限条件中的逼近是强迫性指令，只接近而不到达．函数的逼近趋势是被动逼近，可接近也可到达．

对区间内的一元函数而言，有两种逼近条件：$x\to a$，$x\to\infty$．

（1）$x\to a$．

x 无限逼近 a 是指 x 与 a 的距离比任何给定的正数都小．

定义 1　对任意指定的距离限制 $\delta>0$，

$$0<|x-a|<\delta$$

恒成立，则称 x 无限逼近 a，记为 $x\to a$．

其几何意义为 x 落在数轴上任意一个区间 $(a-\delta,a+\delta)$ 内，且 x 不等于 a．

$x\to a$ 分为 $x\to a^{+}$ 和 $x\to a^{-}$．

$x\to a^{+}$ 的意义：x 为比 a 大的数，无限接近但不等于 a．$x\to a^{+}$ 描述为：x 与 a 的距离

$x-a$ 比任何指定的正数都小. 这个接近程度用距离表述为：

对任意指定的距离限制 $\delta>0$，$0<x-a<\delta$ 恒成立.

几何上可以理解为 x 在数轴上落在任意一个 $(a，a+\delta)$ 区间内.

$x\to a^-$ 的意义：x 是比 a 小的数，与 a 无限接近但不等于 a. $x\to a^-$ 描述为：x 与 a 的距离 $a-x$ 比任何指定的正数都小. 这个接近程度用距离表述为：

对任意指定的距离限制 $\delta>0$，$0<a-x<\delta$ 恒成立.

几何上可以理解为 x 落在数轴上任意一个 $(a-\delta，a)$ 区间内.

（2）$x\to\infty$ 分为 $x\to-\infty$，$x\to+\infty$.

x 趋向负无限大可以描述为，x 比任何指定的负数都小.

定义 2 x 对任意给定的负数 $-M$，都有
$$x<-M，$$
则称 x 趋于负无穷大，记为 $x\to-\infty$.

可以理解为 x 落在数轴上任意一个 $(-\infty，-M)$ 区间内.

x 趋于正无穷大是指 x 比任何正数都大.

定义 3   对任意给定的正数 M，都有
$$x>M$$
恒成立，则称 x 趋于正无穷大，记为 $x\to+\infty$.

几何上可以理解为 x 落在数轴上任意一个 $(M，+\infty)$ 区间内.

同时考虑上面两种状况，则 $x\to\infty$ 表述为：

对任意给定的正数 M，都有
$$|x|>M.$$

（3）对数列而言，它的逼近条件是指 n 达到正无限大，也就是说，n 比任何给定的正整数都大.

定义 4   对任意给定的正整数 N，
$$n>N$$
恒成立，则称 n 趋于正无穷，记为
$$n\to+\infty \text{ 或 } n\to\infty（此时默认 \infty 为 +\infty，因为 n 非负）$$

几何上可以理解为在数轴上 n 落在任意一个 $(N，+\infty)$ 区间内.

2.1.3 函数的极限值：被动逼近

如果当自变量（数或向量）以所有方式逼近指定点时，函数值都有相同的逼近结果，则称该函数在这个极限条件下极限存在. 比如函数 $y=x+2$ 在极限条件 $x\to1$ 下，其左右逼近方式（x 比 1 小（大）很少，几乎为 0）都逼近 3，我们将求极限看作一个特殊的运算，用 $\lim$ 表示，可以记为
$$\lim_{x\to1}y=3，\text{ 即 }\lim_{x\to1}(x+2)=3 \text{ 或者 } y\to3（x\to1）.$$

上面的式子表明函数 $y=x+2$ 在极限条件 $x\to1$ 下极限存在，为 3. 又如，$\lim\limits_{x\to1}\dfrac{2}{x+1}=$

1，$\lim\limits_{x\to\infty}\dfrac{2}{x+1}=0$（见图 2-2）.

如果逼近的数不能唯一确定，则称在此条件下函数无极限（见图 2-3）.

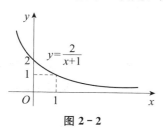

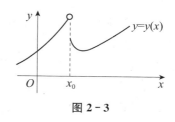

图 2-2　　　　　　　　　　　　图 2-3

$f(x)$ 的极限值（或极限）存在是指：在某个逼近指令下，函数值无限逼近某个唯一确定的数 A.

2.1.4　极限存在的统一定义与极限证明

定义 5　函数 $y=f(x)$ 在其自变量 x 满足某个极限条件的情况下，对任意给定的距离限制 $\varepsilon>0$，恒有

$$d=|y-A|<\varepsilon,$$

则称 y 在这个极限条件下以 A 为极限（见图 2-4），记为

$$\lim\limits_{\text{极限条件}}f(x)=A\quad\text{或者}\ f(x)\to A\ （\text{极限条件}）.$$

否则，称函数在这个极限条件下极限不存在.

极限问题由极限条件和极限结论组成，不可无视极限条件的限制. 函数在不同条件下的结果一般是不同的. 例如，$y=2^x$ 当 $x\to-\infty$ 时，无限接近 0，即以 0 为极限；而当 $x\to+\infty$ 时，$y\to+\infty$，极限不存在.

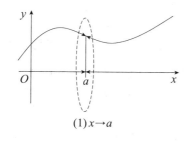

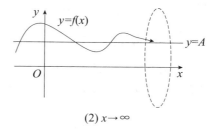

(1) $x\to a$　　　　　　　　　　(2) $x\to\infty$

图 2-4

注：（1）"$x\to a$" 与 "$x=a$" 的意义分别是："无限接近" 和 "到达".

（2）$\lim\limits_{x\to a}f(x)$ 与 $f(a)$ 分别表示 "接近" a 时和 "到达" a 时 $f(x)$ 的状态.

（3）其他教材对极限问题用的是下面的定义，大家可以相互对比理解.

以下是常用定义.

N-ε 定义：对任意给定的 $\varepsilon>0$，总存在自然数 N，当 $n>N$ 时，数列 x_n 恒有

$$|x_n-A|<\varepsilon,$$

则称数列 x_n 当 $n\to+\infty$ 时以 A 为极限. 记为

$$\lim_{n\to+\infty} x_n = A.$$

注：因为 $n\to+\infty$，从而 n 大于某个 N 是成立的．这里用"当 $n>N$ 时……恒"表述 $n\to+\infty$．

$\lim\limits_{n\to\infty} x_n = A$ 的意义是：当 n 无限趋于 ∞ 时，数列值 x_n 能无限接近数值 A（并非指所有数列值都无限接近 A）．"x_n 能无限接近数值 A"描述为：x_n 与 A 的距离 $|x_n-A|$ 比任意给定的距离限制 ε 都小，这个 ε 显然是个正数，故有 $\varepsilon>0$．随着 ε 不断减小，数列中能满足 x_n 与 A 的距离 $|x_n-A|<\varepsilon$ 这一要求的项数不断减少，对应的满足条件的起始项的位置 N 就越来越靠后，这个 N 是与距离要求有关的．

M-ε 定义：对任意给定的 $\varepsilon>0$，总存在正数 M，使当 $|x|>M$ 时，$f(x)$ 恒有
$$|f(x)-A|<\varepsilon,$$
则称函数 $f(x)$ 当 $x\to+\infty$ 时以 A 为极限，记为
$$\lim_{x\to+\infty} f(x) = A.$$

注：因为 $x\to+\infty$，故 $|x|$ 大于某个 $M>0$ 是总成立的．这里用"$|x|>M$ 时……恒"表述 $x\to+\infty$．

$\lim\limits_{n\to\infty} f(x) = A$ 的意义是：当 x 无限趋于 $+\infty$ 和 $-\infty$ 时，函数值 $f(x)$ 能无限接近数值 A（并非指所有函数值都无限接近 A）．"$f(x)$ 能无限接近数值 A"被描述为：$f(x)$ 与 A 的距离 $|f(x)-A|$ 比任意给定的距离限制 ε 小，这个 ε 显然是个正数，故有 $\varepsilon>0$．随着 ε 不断减小，函数中能满足 $f(x)$ 与 A 的距离 $|f(x)-A|<\varepsilon$ 这一要求的范围不断缩小，对应的满足条件的起始位置 $\pm M$ 就越来越靠近数轴两端．

δ-ε 定义：对任意 $\varepsilon>0$，总存在正数 δ，使当 $|x-a|<\delta$ 时，$f(x)$ 恒有
$$|f(x)-A|<\varepsilon,$$
则称 $f(x)$ 当 $x\to a$ 时以 A 为极限．记为
$$\lim_{x\to a} f(x) = A.$$

注：因为 $x\to a$，故对任意 $\delta>0$，$|x-a|<\delta$ 是成立的．这里用"$|x-a|<\delta$ 时……恒"表述 $x\to a$．

$\lim\limits_{x\to x_0} f(x) = A$ 的意义是：当 x 无限趋于 x_0 时，函数值 $f(x)$ 能无限接近数值 A（并非指所有函数值都无限接近 A），即 $|f(x)-A|$ 比任意给定的距离限制正数 ε 都小。随着 ε 不断减小，能满足 $|f(x)-A|<\varepsilon$ 这一要求的区域 $(x_0-\delta,x_0+\delta)$ 不断缩小，其中 $\delta=\delta(\varepsilon)$ 为区域半径．

$|x-x_0|<\delta$ 是指满足 $|f(x)-A|<\varepsilon$ 的对应区域，这个区域与距离限制 ε 有关．

以上定义注重描述"到达前的某个区域内"的变化过程，而本书关注的是"即将到达的一瞬间"的描述，将"$x\to a$"理解为：x 是介于一个变量与定量 a 之间的一个数．

定义 6　若数列在 $n\to\infty$ 时极限存在，设为 A，则称该数列收敛，收敛于 A．否则，称数列发散．

例 1　证明数列 $a_n = \dfrac{1}{n}$ 收敛，且 $\lim\limits_{n\to\infty}\dfrac{1}{n} = 0$．

证明：（演绎法）由 $n\to+\infty$，可知 n 大于任意给定数．因此，对任意距离限制 $\varepsilon>0$，恒有

$$n > \frac{1}{\varepsilon}.$$

而

$$d = \left| \frac{1}{n} - 0 \right| = \frac{1}{n} < \frac{1}{\frac{1}{\varepsilon}} = \varepsilon,$$

即 $d < \varepsilon$ 恒成立.

也即 $\frac{1}{n}$ 与 0 无限接近，所以 $a_n = \frac{1}{n}$ 在 $n \to +\infty$ 时，以 0 为极限.

例 2 证明：当 $x \to -\infty$ 时，$y = 2^x$ 以 0 为极限.

证明：（分析法）对任意给定的距离限制 $\varepsilon > 0$，如果 $d < \varepsilon$，即

$$d = |2^x - 0| = 2^x < \varepsilon,$$

则有

$$x < \log_2 \varepsilon.$$

因为 $x \to -\infty$，可知小于任意给定的数，所以对任意给定的距离限制 $\varepsilon > 0$ 所确定的 $\log_2 \varepsilon$，

$$x < \log_2 \varepsilon$$

成立，即

$$d < \varepsilon$$

成立. 即当 $x \to -\infty$ 时，$y = 2^x$ 与 0 任意接近，即以 0 为极限.

例 3 证明：$\lim\limits_{x \to 0} 2^x = 1$.

证明： $d = |2^x - 1|$，对任意 $\varepsilon > 0$，要使

$$d = |2^x - 1| < \varepsilon,$$

当 $x > 0$ 时，只需

$$2^x - 1 < \varepsilon,$$

即需 $0 < x < \log_2(1 + \varepsilon)$ 成立.

因 $x \to 0^+$，故 x 比任何正数都小，可知上面的不等式成立，所以 $\lim\limits_{x \to 0^+} 2^x = 1$.

同理可证，当 $x < 0$ 时，$\lim\limits_{x \to 0^-} 2^x = 1$ 成立.

综合两者，得 $\lim\limits_{x \to 0} 2^x = 1$ 成立.

注： $x \to x_0$，包括左右两种逼近方式.

例 4 证明：$\lim\limits_{x \to 1} \dfrac{2}{x+1} = 1$.

证明： $d = \left| \dfrac{2}{x+1} - 1 \right| = \left| \dfrac{x-1}{x+1} \right|$，

因为 $x \to 1$，故 $|x - 1| < \dfrac{1}{2}$ 成立，即有

$$\frac{1}{2} < x < \frac{3}{2}.$$

此时，$\dfrac{3}{2} < x + 1 < \dfrac{5}{2}$，

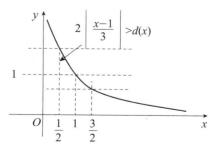

图 2-5

$$d = \left| \frac{x-1}{x+1} \right| < \left| \frac{x-1}{3/2} \right| \left(|x-1| < \frac{1}{2} \right).$$

由于 $x \to 1$，$|x-1|$ 小于任意给定的数，所以对任意 $\varepsilon > 0$，

$$|x-1| < \frac{3}{2}\varepsilon$$

成立，故有（见图 2-5）

$$d < 2\left| \frac{x-1}{3} \right| < \varepsilon,$$

即

$$\lim_{x \to 1} \frac{2}{x+1} = 1.$$

注：这里使用的距离放大法是利用了不等式的传递性. 常在含有 x_0 的给定的区间内（若 $x \to x_0$，则 x 必进入这个区间），把 d 放大为 $M|x-x_0|$，当 $M|x-x_0| < \varepsilon$ 时，有 $d < \varepsilon$.

例 5　证明对常数函数 $y = c$，有 $\lim\limits_{x \to \infty} c = c$.

证明： 对任意的距离限制 $\varepsilon > 0$，

$$d = |c-c| = 0,$$

故 $d < \varepsilon$ 恒成立. 因此，$\lim\limits_{x \to \infty} c = c$.

例 6　证明：$\lim\limits_{x \to 0} x^n = 0$（$n$ 为正整数）.

证明： 对任意的距离限制 $\varepsilon > 0$，

$$d = |x^n - 0| = |x^n|.$$

要使 $d < \varepsilon$，即 $|x^n| < \varepsilon$，则

$$|x| < \sqrt[n]{\varepsilon}.$$

由条件 $x \to 0$，得到 $|x-0| < \sqrt[n]{\varepsilon}$ 成立. 故对任意的距离限制 $\varepsilon > 0$，

$$d = |x^n| < \varepsilon$$

成立，即 $\lim\limits_{x \to 0} x^n = 0$.

例 7　证明：$\lim\limits_{x \to a} x^n = a^n$（$n$ 为正整数，$a \neq 0$）.

证明：（距离放大法）

$$d = |x^n - a^n|$$
$$= |(x-a)(x^{n-1} + ax^{n-2} + a^2 x^{n-3} + \cdots + a^{n-2}x + a^n)|.$$

由 $x \to a$，有 $|x-a| < \dfrac{|a|}{2}$，即

$$a - \frac{|a|}{2} < x < a + \frac{|a|}{2},$$

$$\frac{|a|}{2} < |x| < \frac{3|a|}{2}.$$

那么，

$$|x^{n-1} + ax^{n-2} + a^2 x^{n-3} + \cdots + a^{n-2}x + a^n|$$
$$< \left| \left(\frac{3|a|}{2} \right)^{n-1} + a\left(\frac{3|a|}{2} \right)^{n-2} + a^2\left(\frac{3|a|}{2} \right)^{n-3} + \cdots + a^{n-2}\frac{3|a|}{2} + a^n \right|$$

$$< \left| \left(\frac{3|a|}{2} \right)^{n-1} \right| + \left| a \left(\frac{3|a|}{2} \right)^{n-2} \right| + \left| a^2 \left(\frac{3|a|}{2} \right)^{n-3} \right| + \cdots + \left| a^{n-2} \frac{3|a|}{2} \right| + |a^n|$$

$$< n \left(\frac{3|a|}{2} \right)^{n-1}.$$

此时有

$$d < |x-a| n \left(\frac{3|a|}{2} \right)^{n-1}.$$

对任意 $\varepsilon > 0$，由 $x \to a$，有

$$|x-a| < \varepsilon \Big/ \left(n \left(\frac{3|a|}{2} \right)^{n-1} \right).$$

因此，$d < \varepsilon$ 成立. 即

$$\lim_{x \to a} x^n = a^n.$$

注：$d < |x-a| n \left(\frac{3|a|}{2} \right)^{n-1}$ 是指在 $\left(a - \frac{|a|}{2}, \ a + \frac{|a|}{2} \right)$ 内的所有 x 的函数值与极限值

的距离不超出 $|x-a| n \left(\frac{3|a|}{2} \right)^{n-1}$. 如图 2-6 所示.

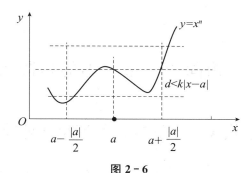

图 2-6

例 8 证明：$\lim\limits_{x \to x_0} \cos x = \cos x_0$.

证明：（距离放大法）

$$d = |\cos x - \cos x_0| = \left| -2 \sin \frac{x+x_0}{2} \sin \frac{x-x_0}{2} \right|.$$

因为 $\left| \sin \dfrac{x+x_0}{2} \right| \leqslant 1$，$\left| \sin \dfrac{x-x_0}{2} \right| \leqslant \left| \dfrac{x-x_0}{2} \right|$，所以

$$d \leqslant 2 \frac{|x-x_0|}{2}.$$

由 $x \to x_0$，对 $\forall \varepsilon > 0$，$|x-x_0| < \varepsilon$ 都成立，所以 $d < \varepsilon$.

即两者距离比任何正数小，亦即

$$\lim_{x \to x_0} \cos x = \cos x_0.$$

注：用极限的定义证明极限，就是用极限条件说明函数与目标函数值的距离（差的绝对值）无限接近 0（比任何正数都小）.

习题 2.1

1. 观察如下一般项 x_n 的数列 $\{x_n\}$ 的变化趋势，写出它们的极限：

(1) $x_n = \dfrac{1}{2^n}$；　　　　(2) $x_n = (-1)^n \dfrac{1}{n}$；　　　　(3) $x_n = 2 + \dfrac{1}{n^2}$；

(4) $x_n = \dfrac{n-1}{n+1}$；　　　　(5) $x_n = n(-1)^n$.

2. 证明：$y = x^2 - 1$ 当 $x \to 1$ 时以 0 为极限.

3. 证明：$\lim\limits_{x \to \infty} \dfrac{\sin x}{x} = 0$.

4. 证明：$\lim\limits_{n \to \infty} \dfrac{n}{2n+1} = \dfrac{1}{2}$.

5. 证明：$\lim\limits_{x \to 1} \dfrac{2}{x+1} = 1$.

6. 证明：$\lim\limits_{x \to x_0} a^x = a^{x_0} \quad (a > 0)$.

2.2　相同极限条件下的极限运算

2.2.1　三种极限量：无穷大、无穷小和非零有界量

对一个变量 y 而言，它的绝对值在某个极限条件下的趋势（极限值）只有三种状态.
(1) 趋于 0.

定义 1　变量 y 在某逼近条件下趋于 0，此时称 y 是在这个条件下的无穷小. 即对 $\forall \varepsilon > 0$，在该极限条件下，有

$$|y| < \varepsilon, \text{记为} \lim\limits_{\text{极限条件}} y = 0.$$

(2) 趋于无穷大.

无穷大有正负两种情况.

定义 2　若变量 y 在某个极限条件下，对任意给定的正数 M，都有

$$y > M,$$

则称 y 是**正无穷大**；

若变量 y 在某个极限条件下，对任意给定的负数 M，都有

$$y < M,$$

则称 y 是**负无穷大**.

如果不考虑符号，只考虑绝对值，那么无穷大可以这样表示：

若变量 y 在某个极限条件下，对任意给定的正数 M，都有

$$|y| > M,$$

则称 y 是**无穷大**.

（3）介于无穷大和无穷小之间的极限量，称为非零有界量（见图 2-7）.

例 1 证明：当 $x \to 0$ 时，$\dfrac{a}{x}$ 是无穷大.

证明： 对任意给定的正数 M，由 $x \to 0$，有 $|x-0| < \left|\dfrac{a}{M}\right|$

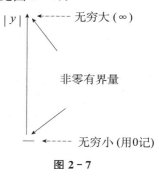

图 2-7

成立.

因此
$$\left|\frac{a}{x}\right| > |a|\left|\frac{M}{a}\right| = M,$$

即当 $x \to 0$ 时，$\left|\dfrac{a}{x}\right|$ 比任何正数都大，亦即 $\dfrac{a}{x}$ 是无穷大.

例 2 证明：x^n 当 $x \to \infty$ 时是无穷大.

证明： 对任意 $M > 0$，由 $x \to \infty$，有 $|x| > \sqrt[n]{M} > 0$，因此
$$|x^n| > M,$$

即 x^n 当 $x \to \infty$ 时是无穷大. 记为
$$\lim_{x \to \infty} x^n = \infty.$$

例 3 证明：当 $x \to 1$ 时，$x(x-1)$ 为无穷小.

证明： 对 $\forall \varepsilon > 0$，
$$d = |x(x-1) - 0| = |x||x-1|.$$

因为 $x \to 1$，可设 $0 < x < 1$，此时
$$d < |x-1|.$$

由 $x \to 1$，$|x-1| < \varepsilon$ 恒成立，所以 $d < \varepsilon$ 成立.

即 $\lim_{x \to 1} x(x-1) = 0$，亦即 $x(x-1)$ 为无穷小.

2.2.2 无穷小与极限的关系

定理 1 在某个极限条件下，$y \to A$，那么 $y - A$ 为无穷小的充要条件是
$$y = A + \alpha \quad (\alpha \text{ 为无穷小}).$$

证明：（必要性）设 y 以 A 为极限. 对任意 $\varepsilon > 0$，
$$d = |(y-A) - 0| = |y-A|.$$

由 $y \to A$，可知
$$|y-A| < \varepsilon \text{ 成立,}$$

即
$$d < \varepsilon \text{ 成立.}$$

亦即 $y - A$ 为无穷小.

设 $y - A = \alpha$，则 α 为无穷小. 于是
$$y = A + \alpha.$$

（充分性）设 $y = A + \alpha$（α 为无穷小），即

$$\lim (y-A)=0.$$

对任意 $\varepsilon>0$，由所设可知

$$d=|y-A|=|(y-A)-0|<\varepsilon$$

成立，即 $y-A\rightarrow0$，亦即 $y-A$ 为无穷小，设为 α，有

$$y=A+\alpha.$$

命题得证.

这个定理通俗的说法是：y 无限逼近 A，则两者距离为无穷小.

例如，$2x+1$ 当 $x\rightarrow1$ 时，以 3 为极限，此时

$$2x+1=3+2(x-1)=3+\alpha,$$

其中 $\alpha=2(x-1)$ 是 $x\rightarrow1$ 时的无穷小．又如 $\cos x=1-2\sin^2\dfrac{x}{2}$，当 $x\rightarrow0$ 时，$\cos x\rightarrow1$，

$-2\sin^2\dfrac{x}{2}$ 为无穷小.

容易证明如下定理：

定理 2　若在某个极限条件下，$y\rightarrow A$，那么 cy 以 cA 为极限．（证明略）

定理 3　无穷小的倒数是无穷大；无穷大的倒数是无穷小 $\left(\dfrac{1}{0}=\infty,\dfrac{1}{\infty}=0\right)$.

证明：（只证明后者）设在某个极限条件下，y 是无穷大．现在证明 y 的倒数趋于 0，

即 $\dfrac{1}{y}$ 为无穷小.

对任意的 $\varepsilon>0$，

$$d=\left|\dfrac{1}{y}-0\right|=\left|\dfrac{1}{y}\right|.$$

由于 y 是无穷大，有 $y>\dfrac{1}{\varepsilon}$. 即得

$$d=\left|\dfrac{1}{y}\right|<\varepsilon.$$

定理得证.

定理 4　如果极限值存在，则极限值是唯一的.

证明：设在某个极限条件下，y 以 A、B 为极限值.

若 $A\neq B$，不妨设 $A<B$，则在这个条件下，y 与 A、B 的距离可以任意小，即有

$$d_A=|y-A|<\dfrac{B-A}{2}\quad 且\quad d_B=|y-B|<\dfrac{B-A}{2}$$

成立．即

$$-\dfrac{B-A}{2}<y-A<\dfrac{B-A}{2}\text{且}-\dfrac{B-A}{2}<y-B<\dfrac{B-A}{2}.$$

所以有

$$\dfrac{3A-B}{2}<y<\dfrac{B+A}{2}\text{且}\dfrac{B+A}{2}<y<\dfrac{3B-A}{2},$$

两式矛盾．假设错误．故 $A=B$.

2.2.3　无穷小、无穷大及非零有界量的四则运算：极限定式与不定式

在同一个极限条件下，极限量可以进行四则运算．在以下式子中，0 表示无穷小，∞ 为无穷大，M 表示非零有界量.

用定义计算或证明极限是不太方便的．今后主要运用极限与无穷小的关系以及三种极限量的运算，证明和求函数的极限.

以下是三种极限量的四则运算：

$0\pm0=0,\ 0\times0=0,\ 0/0$　（不定式）

$\infty\pm\infty$

$+\infty+(+\infty)=+\infty,\quad -\infty+(-\infty)=-\infty$

$+\infty+(-\infty),\qquad\qquad +\infty+(-\infty)$　（不定式）

$\infty\times\infty=\infty,\qquad\qquad \infty/\infty$　（不定式）

$\infty\pm0=\infty,\qquad\quad 0\times\infty$　（不定式），$\quad \infty/0=\infty,\qquad 0/\infty=0$

$M\pm0=M,\qquad\qquad M\times0=0\qquad\qquad 0/M=0,\qquad\quad M/0=\infty$

$\infty\pm M=\infty,\qquad\qquad M\times\infty=\infty,\qquad\quad \infty/M=\infty$

$M+M=M,\qquad\qquad M-M=M,\qquad\qquad MM=M,\qquad\quad M/M=M$

以上含等号的式子称为极限定式（定式是作者为教学方便所附加的概念，这类极限只有结构相同，其结果类型是固定的，如无穷大的倒数为无穷小），其正确性均可证明，因此也是定理．其他式子称为极限**不定式**或**待定式**.

不定式也称为待定式、未定式．原因是这些类型的极限的结构特征相同，而结果未必相同，需要经适当变换后才能得到明确结论.

例如：$\lim\limits_{x\to0}\dfrac{2x}{x}$，$\lim\limits_{x\to0}\dfrac{x^2}{x}$，$\lim\limits_{x\to0}\dfrac{2x}{x^2}$ 均为 $\dfrac{0}{0}$ 型极限，但结果分别为：

$\lim\limits_{x\to0}\dfrac{2x}{x}=\lim\limits_{x\to0}2=2$，为非零有界量；

$\lim\limits_{x\to0}\dfrac{x^2}{x}=\lim\limits_{x\to0}x=0$，为无穷小；

$\lim\limits_{x\to0}\dfrac{2x}{x^2}=\lim\limits_{x\to0}\dfrac{2}{x}=\infty$.

又如：$\lim\limits_{x\to\infty}\dfrac{2x}{x}$，$\lim\limits_{x\to\infty}\dfrac{x+1}{x}$，$\lim\limits_{x\to\infty}\dfrac{2x}{x^2+1}$ 均为 $\dfrac{\infty}{\infty}$ 型极限，结果分别为：

$\lim\limits_{x\to\infty}\dfrac{2x}{x}=2$，

$\lim\limits_{x\to\infty}\dfrac{x+1}{x}=\lim\limits_{x\to\infty}\left(1+\dfrac{1}{x}\right)=1$，

$\lim\limits_{x\to\infty}\dfrac{2x}{x^2+1}=\lim\limits_{x\to\infty}\dfrac{2}{x+\dfrac{1}{x}}=0$.

$\dfrac{0}{0}$ 型和 $\dfrac{\infty}{\infty}$ 型为基本的极限不定式.

又如∞±∞型极限．当 $x\to\infty$ 时 x^2，$-x^2+1$，$-x^2$，x 均为无穷大，

$$\lim_{x\to\infty}(x^2+(-x^2+1))=1,$$

$$\lim_{x\to\infty}(x^2+x)=\infty,$$

$$\lim_{x\to\infty}(x^2+(-x^2))=0.$$

下面对部分定式给出证明，其余读者可自行证明．

定理 5 在相同的极限条件下，无穷小之和为无穷小．（0+0=0）

证明： 设 $\lim f(x)=0$，$\lim g(x)=0$，那么

$$d=|f(x)+g(x)|$$
$$\leqslant|f(x)-0|+|g(x)-0|$$

对任意的 $\varepsilon>0$，由已知

$$|f(x)-0|<\varepsilon/2,|g(x)-0|<\varepsilon/2\text{ 成立，}$$

得到 $d<\varepsilon$ 成立．

定理 6 有界量 M 与无穷小的乘积为无穷小．（$M\times0=0$）

证明： 设 $\lim f(x)=A$，$\lim g(x)=0$，则

$$d=|f(x)g(x)-0|=|f(x)||g(x)|.$$

由于 $\lim f(x)=A$，故在目标点的某个邻域内有 $|f(x)-A|<\dfrac{|A|}{2}$，得

$$A-\frac{|A|}{2}<f(x)<A+\frac{|A|}{2},$$

即

$$|f(x)|<\max\left\{\left|A+\frac{|A|}{2}\right|,\left|A-\frac{|A|}{2}\right|\right\}=M$$

在上面的邻域内，对任意给定的 $\varepsilon>0$，由 $\lim g(x)=0$，有 $|g(x)|<\dfrac{\varepsilon}{M}$ 成立，故

$$d=|f(x)g(x)|<M|g(x)|<M\cdot\frac{\varepsilon}{M}=\varepsilon,$$

即距离 $d=|f(x)g(x)-0|$ 小于任意正数 ε. 定理得证．

定理 7 在相同的极限条件下，设 $\lim f(x)=A$，$\lim g(x)=B$，则

$$\lim f(x)g(x)=AB.$$

证明： 由已知，有

$$\lim(f(x)-A)=0,\ \lim(g(x)-B)=0.$$

从而有 $f(x)=A+\alpha$，$g(x)=B+\beta$，这里 α，β 是无穷小．从而

$$f(x)g(x)=(A+\alpha)(B+\beta)=AB+(A\beta+B\alpha).$$

由 α，β 是无穷小，可知 $A\beta+B\alpha$ 也是无穷小．所以

$$\lim f(x)g(x)=AB.$$

2.2.4 复合函数的极限

定理 8 如果 $\lim\limits_{x\to x_0}g(x)=a$，$a$ 在 $f(u)$ 的定义域内，且 $\lim\limits_{u\to a}f(u)=A$，那么

$$\lim_{x \to x_0} f(g(x)) = A \quad (\text{证明略，见图 2-8})$$

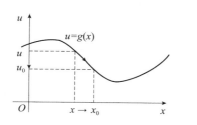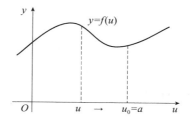

图 2-8

上式表达了这样的事实：当自变量变化时，只对被运算元产生影响，而运算方式并不改变．例如，

$$\lim_{x \to 1} \frac{1}{x+1} = \frac{1}{\lim_{x \to 1}(x+1)} = \frac{1}{\lim_{x \to 1} x + 1},$$

$$\lim_{x \to 1} \ln x = \ln \lim_{x \to 1} x,$$

$$\lim_{x \to 0} \sin 2x = \sin(\lim_{x \to 0} 2x) = \sin 0 = 0.$$

2.2.5　$x \to a$ 时的左右极限

x 为数轴上的变量，它可以从左边（小于 a）或右边（大于 a）逼近 a．从左（右）边逼近所得的 y 的极限，称为左（右）极限．记为 $\lim\limits_{x \to a^-} y$（或 $\lim\limits_{x \to a^+} y$）．左右极限只是两种逼近方式中的一种，$x \to a$ 包含了所有逼近方式，即左右逼近．

函数 y 的左右极限不一定相同．如图 2-9 所示．

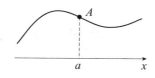

图 2-9

根据极限的定义，可知：

极限 $\lim\limits_{x \to a} f(x)$ 存在的充要条件为 $\lim\limits_{x \to a^-} f(x) = \lim\limits_{x \to a^+} f(x)$.

例 4　已知 $y = \begin{cases} x+1, & x<1 \\ 2^x, & x>1 \end{cases}$，$\lim\limits_{x \to 1} y$ 是否存在？

解： 当 $x \to 1^-$ 时，$x<1$，$y = x+1$.

由 $\lim\limits_{x \to 1^-} x = 1$，$\lim\limits_{x \to 1^-} 1 = 1$，即有

$$\lim_{x \to 1^-}(x+1) = 2.$$

当 $x \to 1^+$ 时，$x>1$，$y = 2^x$，$\lim\limits_{x \to 1^+} 2^x = 2$.

综合两种情况，可知 $\lim\limits_{x \to 1} y = 2$. 如图 2-10 所示．

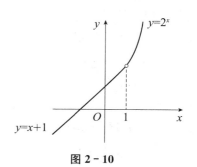

图 2-10

注：$\lim\limits_{x\to a}f(x)$ 存在，（1）表明左右逼近的结果相同；（2）$x\to a$ 包括了左右两种逼近方式.

习题 2.2

1. 根据定义证明：

（1）$y=\dfrac{x^2-9}{x+3}$ 当 $x\to 3$ 时为无穷小；

（2）$y=\dfrac{x+1}{x}$ 当 $x\to\infty$ 时极限为 1.

2. 证明：$y=\log_2 x$ 当 $x\to 0$ 时为无穷大.

3. 证明：当 $x\to -3$ 时，$\dfrac{1}{x+3}$ 为无穷大.

4. 用极限运算公式求下列极限，并作图验证.

（1）$\lim\limits_{x\to\infty}\dfrac{2x+1}{x}$；　　　　　（2）$\lim\limits_{x\to 0}\dfrac{1-x^2}{1-x}$.

5. 证明：函数 $y=\dfrac{1}{x^2}$ 在区间（0，1]上无界.

6. 研究分段函数 $f(x)=\begin{cases}2x+1, & x<0 \\ 1-x, & x\geqslant 0\end{cases}$ 在 $x\to 0$ 时是否有极限.

7. 证明：数列 $\{x_n\}$ 有界，又 $\lim\limits_{n\to\infty}y_n=0$，则 $\lim\limits_{n\to\infty}x_ny_n=0$.

8. 指出 $\lim\limits_{x\to 0}x\sin\dfrac{1}{x}$，$\lim\limits_{x\to\infty}\dfrac{\sin x}{x}$ 的值，并说出理由.

2.3　有理函数的极限：基本不定式的基础解法

2.3.1　有理函数的极限

函数极限只有两种类型：定式和不定式.定式可以直接得到结果.不定式需要转换成定式得到结果.对有理函数的不定式，通过同时除以无穷小（大）（即抵消无穷小或无穷大）将其转换为定式.

例 1　求 $\lim\limits_{x\to 1}(x^2-2x+3)$ 的值.

解：$\lim\limits_{x\to 1}(x^2-2x+3)=\lim\limits_{x\to 1}x^2-\lim\limits_{x\to 1}2x+\lim\limits_{x\to 1}3$
$=2.$

利用极限的运算公式，可以得到：

$$\lim\limits_{x\to x_0}(a_nx^n+a_{n-1}x^{n-1}+\cdots+a_1x+a_0)=a_nx_0^n+a_{n-1}x_0^{n-1}+\cdots+a_1x_0+a_0.$$

例 2　求 $\lim\limits_{x\to 1}\dfrac{x^2-1}{x-1}$（$x\neq 1$）的值.

解：因为 $\dfrac{x^2-1}{x-1}=x+1\left(\dfrac{0}{0}\right)$，所以

$$\lim_{x\to 1}\frac{x^2-1}{x-1}=\lim_{x\to 1}(x+1)$$
$$=2.$$

在这个例子中，当 $x\to 1$ 时，分子和分母都趋于 0（无穷小）是不定式，需要将其化为定式进行计算. 约分无穷小 $x-1$，实际是将无穷小抵消.

例 3　计算 $\lim\limits_{x\to\infty}\dfrac{2x+3}{x^2}$. $\left(\dfrac{\infty}{\infty}\right)$

解：$\lim\limits_{x\to\infty}\dfrac{2x+3}{x^2}=\lim\limits_{x\to\infty}\dfrac{2+3/x}{x}$

$$=\lim_{x\to\infty}\frac{2}{x}+\lim_{x\to\infty}\frac{3}{x^2}$$
$$=0+0=0.$$

这是无穷大与无穷大比值的不定式，可以通过除以合适的无穷大将其转换为定式进行计算. 方法与例 3 类似. 注意，分子和分母的无穷大的阶是不同的. 阶的高低决定了不定式的极限值.

例 4　计算 $\lim\limits_{n\to\infty}\dfrac{2+3n}{3n}$.

解：分子和分母同除以 n，

$$\lim_{n\to\infty}\frac{2+3n}{3n}=\lim_{n\to\infty}\frac{2/n+3}{3}=\lim_{n\to\infty}\frac{2/n}{3}+\lim_{n\to\infty}\frac{3}{3}=1.$$

2.3.2　根式的极限

结论 1　若 $a>0$，则在定义域内，$\lim\limits_{x\to a}\sqrt[n]{x}=\sqrt[n]{a}$.

证明：对任意 $\varepsilon>0$，

$$d=\left|\sqrt[n]{x}-\sqrt[n]{a}\right|$$
$$=\left|\frac{x-a}{\sqrt[n]{x^{n-1}}+\sqrt[n]{x^{n-2}}\sqrt[n]{a}+\cdots+\sqrt[n]{x}\sqrt[n]{a^{n-2}}+\sqrt[n]{a^{n-1}}}\right|.$$

由 $x\to a$，必有 $|x-a|<\dfrac{a}{2}$，即 $\dfrac{a}{2}<x<\dfrac{3a}{2}$，则有

$$\sqrt[n]{x^{n-1}}+\sqrt[n]{x^{n-2}}\sqrt[n]{a}+\cdots+\sqrt[n]{x}\sqrt[n]{a^{n-2}}+\sqrt[n]{a^{n-1}}$$
$$>\sqrt[n]{\left(\frac{a}{2}\right)^{n-1}}+\sqrt[n]{\left(\frac{a}{2}\right)^{n-2}}\sqrt[n]{a}+\cdots+\sqrt[n]{a^{n-1}}$$
$$>\frac{n}{2}\sqrt[n]{a^{n-1}}.$$

由于 a 和 n 为定值，因此 $\dfrac{n}{2}\sqrt[n]{a^{n-1}}$ 为常数，设为 k，则有

$$d=|x-a|/k.$$

由 $x \to a$，有 $|x-a| < k\varepsilon$ 成立，因此，

$$d < \varepsilon \text{ 成立}.$$

得证.

可以证明，对于 $a < 0$，n 为奇数的情形，上面的结论也是正确的.

例 5 计算 $\lim\limits_{x \to 2} \dfrac{\sqrt{x+2}-2}{x-2}$.

解：$\lim\limits_{x \to 2} \dfrac{\sqrt{x+2}-2}{x-2} = \lim\limits_{x \to 2} \dfrac{x-2}{(x-2)(\sqrt{x+2}+2)}$

$$= \lim\limits_{x \to 2} \dfrac{1}{\sqrt{x+2}+2}$$

$$= \dfrac{1}{4}.$$

例 6 计算 $\lim\limits_{x \to +\infty} (\sqrt{x^2+2x}-x)$ $(+\infty - (+\infty))$.

解：$\lim\limits_{x \to +\infty} (\sqrt{x^2+2x}-x) = \lim\limits_{x \to +\infty} \dfrac{2x}{\sqrt{x^2+2x}+x} \left(\text{化为基本不定式} \dfrac{\infty}{\infty}\right)$

$$= \lim\limits_{x \to +\infty} \dfrac{2}{\sqrt{1+2/x}+1}$$

$$= 1.$$

极限定式的结果很容易得到，因此不定式是极限研究的主要对象. 极限不定式大都可以转化为 $\dfrac{0}{0}$ 和 $\dfrac{\infty}{\infty}$ 两种基本形式.

例 7 计算 $\lim\limits_{x \to 1} \left(\dfrac{2}{x-1} - \dfrac{x+3}{x^2-1} \right)$ $(\infty - \infty)$.

解：$\lim\limits_{x \to 1} \left(\dfrac{2}{x-1} - \dfrac{x+3}{x^2-1} \right) = \lim\limits_{x \to 1} \dfrac{x-1}{x^2-1} \quad \left(\dfrac{0}{0} \right)$

$$= \lim\limits_{x \to 1} \dfrac{1}{x+1} = \dfrac{1}{2}.$$

例 8 计算 $\lim\limits_{n \to \infty} \left(1 + \dfrac{2}{3} + \dfrac{4}{9} + \dfrac{8}{27} + \cdots + \dfrac{2^n}{3^n} \right)$ （无穷个数之和）.

解：$1 + \dfrac{2}{3} + \dfrac{4}{9} + \dfrac{8}{27} + \cdots + \dfrac{2^n}{3^n} = \dfrac{1-\left(\dfrac{2}{3}\right)^{n+1}}{1-\dfrac{2}{3}}$,

所以，

$$\lim\limits_{n \to \infty} \left(1 + \dfrac{2}{3} + \dfrac{4}{9} + \dfrac{8}{27} + \cdots + \dfrac{2^n}{3^n} \right) = \lim\limits_{n \to \infty} 3 \left(1 - \left(\dfrac{2}{3} \right)^{n+1} \right) = 3.$$

习题 2.3

1. 判断下列各式是不是极限不定式，是何类不定式，并计算其极限.

(1) $\lim\limits_{x \to 2} \dfrac{x^2+5}{x-3}$;

(2) $\lim\limits_{x \to \sqrt{3}} \dfrac{x^2-3}{x^2+1}$;

(3) $\lim\limits_{x\to 1}\dfrac{x^2-2x+1}{x^2-1}$;

(4) $\lim\limits_{x\to 0}\dfrac{4x^3-2x^2+x}{3x^2+2x}$;

(5) $\lim\limits_{h\to 0}\dfrac{(x+h)^2-x^2}{h}$;

(6) $\lim\limits_{x\to\infty}\left(2-\dfrac{1}{x}+\dfrac{1}{x^2}\right)$;

(7) $\lim\limits_{x\to 1}\dfrac{x^2-1}{2x^2-x-1}$;

(8) $\lim\limits_{x\to\infty}\dfrac{x^2+x}{x^4-3x^2-1}$;

(9) $\lim\limits_{x\to 4}\dfrac{x^2-6x+8}{x^2-5x+4}$;

(10) $\lim\limits_{x\to\infty}\left(1+\dfrac{1}{x}\right)\left(2-\dfrac{1}{x^2}\right)$;

(11) $\lim\limits_{x\to 1}\left(\dfrac{1}{1-x}-\dfrac{3}{1-x^3}\right)$;

(12) $\lim\limits_{x\to 1}\dfrac{x-1}{\sqrt{1+x}-\sqrt{2}}$;

(13) $\lim\limits_{x\to +\infty}\left(\sqrt{4x^2+3x+1}-\sqrt{4x^2-3x-2}\right)$;

(14) $\lim\limits_{x\to 2}\dfrac{x^3-2x^2}{(x-2)^2}$;

(15) $\lim\limits_{x\to\infty}\dfrac{x^2}{2x+1}$;

(16) $\lim\limits_{x\to\infty}(2x^3-x+1)$;

(17) $\lim\limits_{x\to 1}\dfrac{\sqrt{3x+1}-2}{x-1}$;

(18) $\lim\limits_{x\to 2}\dfrac{\sqrt[3]{3x+2}-2}{\sqrt{x+2}-2}$;

(19) $\lim\limits_{x\to +\infty}\dfrac{\sqrt{x^2+1}+x}{2x}$;

(20) $\lim\limits_{x\to +\infty}\dfrac{3^x+2^x}{3^x}$.

2. 计算下列数列极限.

(1) $\lim\limits_{n\to\infty}\left(1+\dfrac{1}{2}+\dfrac{1}{4}+\cdots+\dfrac{1}{2^n}\right)$;

(2) $\lim\limits_{n\to\infty}\dfrac{1+2+3+\cdots+(n-1)}{n^2}$;

(3) $\lim\limits_{n\to\infty}\dfrac{(n+1)(n+2)(n+3)}{5n^3}$;

(4) $\lim\limits_{n\to\infty}\sqrt[n^2]{2}\ \sqrt[n^2]{2^2}\cdots\sqrt[n^2]{2^n}$;

(5) $\lim\limits_{n\to\infty}\left(\dfrac{1+2+\cdots+n}{n}-\dfrac{n}{2}\right)$;

(6) $\lim\limits_{n\to\infty}(\sqrt{n^2+n}-\sqrt{n^2+1})$.

2.4 重要极限公式一：三角函数不定式 $\dfrac{0}{0}$ 的解法

对于含其他函数（如三角函数、对数函数、指数函数）的极限，特别是不定式的计算，常常不能运用除法约分. 我们需要将这类无穷小和无穷大转换为幂函数，这涉及这类函数无穷小与无穷大的阶的知识.

2.4.1 正余弦函数的基本极限

结论 1 $\lim\limits_{x\to 0}\sin x=0$.

证明： $d=|\sin x-0|$

$=|\sin x|\leqslant|x|$.

对任意 $\varepsilon>0$，由 $x\to 0$，有 $|x|<\varepsilon$ 成立，即 $d<\varepsilon$，得证.

结论 2 $\lim\limits_{x\to 0}\cos x=1$.

证明：$d = |\cos x - 1|$　　$(\cos 2x = 1 - 2\sin^2 x)$

$$= 2|\sin^2 \frac{x}{2}| < \frac{x^2}{2}.$$

对任意 $\varepsilon > 0$，由 $x \to 1$，有 $|x| < \sqrt{2\varepsilon}$ 成立.

所以 $d < \varepsilon$ 成立. 得证.

结论 3　$\lim\limits_{x \to a} \sin x = \sin a$，$\lim\limits_{x \to a} \cos x = \cos a$.

证明：$d = |\sin x - \sin a|$

$$= 2|\sin\frac{x-a}{2}\cos\frac{x+a}{2}|$$

$$\leqslant 2|\sin\frac{x-a}{2}|$$

$$< 2|\frac{x-a}{2}| = |x-a|.$$

对任意 $\varepsilon > 0$，由 $x \to a$，有 $|x - a| < \varepsilon$. 所以 $d < \varepsilon$ 成立，得证.

同理可证，$\lim\limits_{x \to a} \cos x = \cos a$.

注：无限接近也就是说距离为无穷小. 无穷小就是比任何正数都小.

2.4.2　极限的夹逼准则

定理 1　变量 X，Y，Z 满足 $X \leqslant Z \leqslant Y$，且在同一个极限条件下有 $X \to A$，$Y \to A$，那么有 $Z \to A$.

证明：对任意 $\varepsilon > 0$，由于 $X \to A$，$Y \to A$，故有

$$|X - A| < \varepsilon \text{ 且 } |Y - A| < \varepsilon,$$

即

$$A - \varepsilon < X < A + \varepsilon, \quad A - \varepsilon < Y < A + \varepsilon.$$

因为 $X \leqslant Z \leqslant Y$（见图 2-11），所以有

$$A - \varepsilon < X \leqslant Z \leqslant Y < A + \varepsilon,$$

即

$$A - \varepsilon < Z < A + \varepsilon.$$

亦即

$$|Z - A| < \varepsilon.$$

得证.

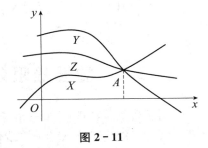

图 2-11

例 1　计算 $\lim\limits_{n \to \infty} \left(\dfrac{1}{\sqrt{n^2 + 1}} + \dfrac{1}{\sqrt{n^2 + 2}} + \cdots + \dfrac{1}{\sqrt{n^2 + n}} \right)$.

解：$\dfrac{1}{\sqrt{n^2 + 1}} + \dfrac{1}{\sqrt{n^2 + 2}} + \cdots + \dfrac{1}{\sqrt{n^2 + n}}$

$$\leqslant \frac{1}{\sqrt{n^2}} + \frac{1}{\sqrt{n^2}} + \cdots + \frac{1}{\sqrt{n^2}} = \frac{n}{\sqrt{n^2}} = 1.$$

又　$\dfrac{1}{\sqrt{n^2 + 1}} + \dfrac{1}{\sqrt{n^2 + 2}} + \cdots + \dfrac{1}{\sqrt{n^2 + n}}$

$$\geqslant \frac{1}{\sqrt{n^2+n}}+\frac{1}{\sqrt{n^2+n}}+\cdots+\frac{1}{\sqrt{n^2+n}}=\frac{n}{\sqrt{n^2+n}}.$$

即有

$$1=\lim_{n\to\infty}\frac{n}{\sqrt{n^2+n}}\leqslant\lim_{n\to\infty}\left(\frac{1}{\sqrt{n^2+1}}+\frac{1}{\sqrt{n^2+2}}+\cdots+\frac{1}{\sqrt{n^2+n}}\right)\leqslant 1.$$

所以

$$\lim_{n\to\infty}\left(\frac{1}{\sqrt{n^2+1}}+\frac{1}{\sqrt{n^2+2}}+\cdots+\frac{1}{\sqrt{n^2+n}}\right)=1.$$

2.4.3　重要极限公式一：三角函数不定式的解决

定理 2　$\lim\limits_{x\to 0}\dfrac{\sin x}{x}=1.$

证明： 由 $x\to 0$，可设 $0<x<1$．x 为角的弧度数．如图 $2-12$ 所示．

$\triangle AOB$ 的面积 $=\dfrac{\sin x}{2}$，

扇形 AOB 的面积 $=\dfrac{x}{2}$，

$\triangle POB$ 的面积 $=\dfrac{\tan x}{2}$．

$$\frac{\sin x}{2}<\frac{x}{2}<\frac{\tan x}{2}.$$

当 $0<x<1$ 时，

$$1<\frac{x}{\sin x}<\frac{1}{\cos x},$$

而 $\lim\limits_{x\to 0}\cos x=1$ 且 $\lim\limits_{x\to 0}1=1$，于是得到

$$\lim_{x\to 0}\frac{x}{\sin x}=1,$$

即

$$\lim_{x\to 0}\frac{\sin x}{x}=1.$$

同理可证，当 $-1<x<0$ 时，有

$$\lim_{x\to 0}\frac{x}{\sin x}=1.$$

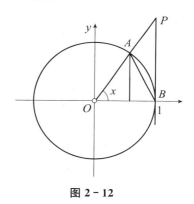

图 2 - 12

例 2　计算 $\lim\limits_{x\to 0}\dfrac{1-\cos x}{x^2}$ 的值．

解： 分子和分母都趋于 0，为三角不定式．

$$\lim_{x\to 0}\frac{1-\cos x}{x^2}=\lim_{x\to 0}\frac{1-\cos^2 x}{x^2(1+\cos x)}$$

$$=\lim_{x\to 0}\frac{\sin^2 x}{x^2(1+\cos x)}$$

$$= \lim_{x \to 0} \frac{\sin^2 x}{x^2} \times \lim_{x \to 0} \frac{1}{1 + \cos x}$$

$$= \frac{1}{2}.$$

例 3   求 $\lim\limits_{x \to 0} \dfrac{\tan x}{x}$ 的值.

解： $\lim\limits_{x \to 0} \dfrac{\tan x}{x} = \lim\limits_{x \to 0} \dfrac{\sin x}{x \cos x} = \lim\limits_{x \to 0} \dfrac{\sin x}{x} \lim\limits_{x \to 0} \dfrac{1}{\cos x} = 1.$

例 4   求极限 $\lim\limits_{x \to 1} \dfrac{\sin(x-1)}{\sqrt{3+x}-2}$ 的值.

解： $\lim\limits_{x \to 1} \dfrac{\sin(x-1)}{\sqrt{3+x}-2} = \lim\limits_{x \to 1} \dfrac{(\sqrt{3+x}+2)\sin(x-1)}{x-1}$

$$= \lim_{x \to 1} \frac{\sqrt{3+x}+2}{1} \lim_{x \to 1} \frac{\sin(x-1)}{x-1}$$

$$= 4 \quad \left(\text{其中} \lim_{x \to 1} \frac{\sin(x-1)}{x-1} \xlongequal{u=x-1} \lim_{u \to 0} \frac{\sin u}{u} = 1 \right).$$

例 5   求极限 $\lim\limits_{x \to \frac{\pi}{2}} \dfrac{\cos x}{2x - \pi}$.

解：（余弦转换为正弦）令 $x = \dfrac{\pi}{2} - t$，则

$$\lim_{x \to \frac{\pi}{2}} \frac{\cos x}{2x - \pi} = \lim_{t \to 0} \frac{\sin t}{-2t} = -\frac{1}{2}.$$

例 6   求极限 $\lim\limits_{x \to 1} \dfrac{\sin(x^2-1)}{x^2-3x+2}$.

解： $\lim\limits_{x \to 1} \dfrac{\sin(x^2-1)}{x^2-3x+2} = \lim\limits_{x \to 1} \dfrac{(x+1)\sin(x^2-1)}{(x+1)(x-1)(x-2)}$

$$= \lim_{x \to 1} \frac{\sin(x^2-1)}{x^2-1} \frac{x+1}{x-2}$$

$$= -2.$$

习题 2.4

1. 计算下列极限：

(1) $\lim\limits_{x \to 0} \dfrac{\tan 3x}{x}$;

(2) $\lim\limits_{x \to 0} \dfrac{\tan x - \sin x}{x^2}$;

(3) $\lim\limits_{x \to 1} \dfrac{\sin(x^2-1)}{x-1}$;

(4) $\lim\limits_{x \to 0} \dfrac{\sqrt{\sin 2x+1}-1}{\tan x}$;

(5) $\lim\limits_{x \to \frac{\pi}{2}} \dfrac{\cos x}{\cot 3x}$;

(6) $\lim\limits_{x \to \pi} \dfrac{\sin x}{\pi - x}$.

2. 计算下列极限：

(1) $\lim\limits_{x \to 0} x^2 \sin \dfrac{1}{x}$;

(2) $\lim\limits_{x \to 0} \dfrac{\arctan x}{x}$;

（3）$\lim\limits_{x\to\infty}\dfrac{\sin x+1}{x^2+1}$；

（4）$\lim\limits_{x\to\infty}\dfrac{x\arcsin\dfrac{1}{x}}{x^2+1}$；

（5）$\lim\limits_{x\to0}x\cot2x$；

（6）$\lim\limits_{x\to0}\dfrac{x-\sin x}{x+\sin x}$.

3. 用夹逼准则求：

（1）$\lim\limits_{n\to\infty}\left(\dfrac{1}{n^2+n+1}+\dfrac{2}{n^2+n+2}+\cdots\cdots+\dfrac{n}{n^2+n+n}\right)$；

（2）$\lim\limits_{n\to\infty}\dfrac{2^n}{n!}$.

4. 用夹逼准则证明：$\lim\limits_{x\to0^+}x^a=0$，其中 $a>0$.（提示：设 $n\leqslant a<n+1$.）

2.5 同一极限条件下的无穷小（大）的阶的比较

2.5.1 同一极限条件下无穷小的比较

当 $x\to0$ 时，x，x^2 均为无穷小，$\lim\limits_{x\to0}\dfrac{x^2}{x}=0$，这时 $\dfrac{0}{0}\to\dfrac{0}{1}$. 这说明分子含有更多无穷小因子. 也就是说，同为无穷小，级别是不同的.

定义 1 当 $x\to a$ 时，若

$$\lim\limits_{x\to a}\dfrac{y}{(x-a)^k}=A\neq0,$$

则称 y 为 $x\to a$ 时的 k 阶无穷小.

定义 2 对两个在同一极限条件下的无穷小 X，Y，如果它们的比 $\dfrac{X}{Y}$

（1）趋于 0 $\left(\dfrac{0}{0}\to\dfrac{0}{1}\right)$

称 X 是比 Y **高阶**的无穷小，记为

$$X=o(Y) \quad （这里 o 代表无穷小）；$$

也称 Y 是比 X **低阶**的无穷小；

（2）趋于 ∞ $\left(\dfrac{0}{0}\to\dfrac{1}{0}\right)$

称 X 是比 Y **低阶**的无穷小.

（3）趋于 A $\left(\dfrac{0}{0}\to\dfrac{A}{1}\right)$

若 $A\neq0$，则称 X，Y 为**同阶**无穷小.

如下方例 1 中，$1-\cos x$ 与 x^2 是同阶无穷小.

当 $A=1$ 时，称两者为在这个极限条件下的**等价无穷小**，记为

$$X\sim Y.$$

如例 1 中的 $\sin x \sim x$.

同阶无穷小的等式写法

定理 1　如果 X 与 Y 为同阶无穷小，且

$$\lim_{\text{某极限条件}} \frac{X}{Y} = A,$$

那么

$$X = AY + o(Y).$$

特别地，当 $X \sim Y$ 时，

$$X = Y + o(Y).$$

证明： 由 $\lim\limits_{\text{某极限条件}} \dfrac{X}{Y} = A$，可知 $\dfrac{X}{Y} - A$ 为无穷小，如记为 α，即

$$\frac{X}{Y} = A + \alpha.$$

那么得 $X = AY + Y\alpha$

$\qquad\quad = AY + o(Y)$ 　　（$Y\alpha$ 为有界量与无穷小之积）

若 $X \sim Y$，那么得到

$$X = Y + o(Y).$$

例 1　证明：$\tan x \sim x$，$1 - \cos x \sim \dfrac{x^2}{2}$ $(x \to 0)$.

证明： 因为当 $x \to 0$ 时 $\tan x$ 和 x 都是无穷小，且

$$\lim_{x \to 0} \frac{\tan x}{x} = \lim_{x \to 0} \frac{\sin x}{x \cos x} = 1,$$

$$\lim_{x \to 0} \frac{1 - \cos x}{\frac{x^2}{2}} = \lim_{x \to 0} \frac{2\sin^2 x}{x^2(1 + \cos x)} = 1,$$

所以 $\tan x \sim x$，$1 - \cos x \sim \dfrac{x^2}{2}$.

高阶无穷小 $X = o(Y)$ 的解释：

X 逼近 0 的速度比 Y 的速度快.

例如，当 $x \to 0$ 时，x^2 是比 x 高阶的无穷小.

如果 $x = 0.1$，则 $x^2 = 0.01$；如果 $x = 0.01$，则 $x^2 = 0.0001$（此处令 x 为具体值，有悖于无穷小的概念，这样假设，只是为了让读者容易理解）. 从数值上看，后者的小数点后有更多 0，更快地接近 0. 从几何的角度看，高阶无穷小以更贴近 x 轴的角度逼近 x 轴. 如图 2-13 所示. 常数 0 可以视为比任何无穷小都高阶的无穷小.

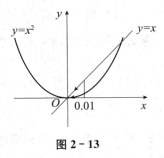

图 2-13

例 2　判断当 $x \to 1$ 时，$1 - x^3$ 与 $x - 1$ 的阶的高低.

解： $\lim\limits_{x \to 1} \dfrac{1 - x^3}{x - 1} = -\lim\limits_{x \to 1}(1 + x + x^2) = -3.$

两者为同阶无穷小.

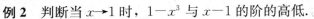

事实上，$1-x^3=(1-x)(1+x+x^2)$，后一个因式是非零有界量．

例 3　已知 $\lim\limits_{x\to 2}\dfrac{x^2-5x+b}{x^2-4}=A\neq 0$，求 b，A 的值．

解：当 $x\to 2$ 时，分母 x^2-4 为无穷小，而极限值不为 0，所以分子和分母是同阶无穷小，即

$$\lim\limits_{x\to 2}(x^2-5x+b)=0.$$

从而得到 $b=6$，代入原式，得

$$\lim\limits_{x\to 2}\dfrac{x^2-5x+6}{x^2-4}=\lim\limits_{x\to 2}\dfrac{x-3}{x+2}=-\dfrac{1}{4}=A.$$

例 4　当 $x\to 1$ 时，$\sqrt{x}-1$ 和 $x(x-1)^2$ 是关于 $x-1$ 的几阶无穷小？

解：设 $\sqrt{x}-1$ 为关于 $x-1$ 的 k 阶无穷小，则

$$\lim\limits_{x\to 1}\dfrac{\sqrt{x}-1}{(x-1)^k}=\lim\limits_{x\to 1}\dfrac{x-1}{(x-1)^k(\sqrt{x}+1)}$$
$$=\lim\limits_{x\to 1}\dfrac{1}{(x-1)^{k-1}(\sqrt{x}+1)}.$$

当 $k=1$ 时，极限为 $\dfrac{1}{2}$．所以其阶为 1．

$$\lim\limits_{x\to 1}\dfrac{x(x-1)^2}{(x-1)^k}=\lim\limits_{x\to 1}\dfrac{x}{(x-1)^{k-2}}.$$

当 $k=2$ 时，极限为 1，等价于 $(x-1)^2$，为 2 阶无穷小．

注：一个无穷小的阶取决于它含有的无穷小因式的阶．

2.5.2　同一极限条件下的无穷大的阶

定义 3　当 $x\to\infty$ 时，$\lim\limits_{x\to\infty}\dfrac{y}{x^k}=A\neq 0$，称 y 为关于 x 的 k 阶无穷大．

（注：其他教材中没有此概念，本教材引入这个概念是为了方便后面的教学．）

例 5　求当 $x\to+\infty$ 时，无穷大 x^2+x+1 及 $\sqrt{x^3+1}+x$ 的阶．

解：设当 $x\to+\infty$ 时，x^2+x+1 与 x^k 为同阶无穷大，

$$\lim\limits_{x\to\infty}\dfrac{x^2+x+1}{x^k}=\lim\limits_{x\to\infty}\dfrac{1+\dfrac{1}{x}+\dfrac{1}{x^2}}{x^{k-2}}.$$

当 $k=2$ 时，极限为 1．因此 x^2+x+1 为关于 x 的 2 阶无穷大．

$$\lim\limits_{x\to\infty}\dfrac{\sqrt{x^3+1}+x}{x^{\frac{3}{2}}}=\lim\limits_{x\to\infty}\dfrac{\sqrt{1+\dfrac{1}{x^3}}+\dfrac{1}{\sqrt{x}}}{1}=1,$$

所以，$\sqrt{x^3+1}+x$ 的阶为 $\dfrac{3}{2}$．

类似于无穷小的阶，在同一极限条件下，无穷大的阶的高低可以定义如下．

定义 4　对两个在同一极限条件下的无穷大 X，Y，如果它们的比 $\dfrac{X}{Y}$

（1）趋于 $A \neq 0$，则称 X，Y 为同阶无穷大；

（2）趋于 0，则称 Y 是比 X 高阶的无穷大，X 是比 Y 低阶的无穷大；

（3）趋于 ∞，则称 X 是比 Y 高阶的无穷大．

例如，当 $x \to 0$ 时，$\dfrac{\cos x}{x} \to \infty$，$\csc x \to \infty$，

$$\lim_{x \to 0} \frac{\frac{\cos x}{x}}{\csc x} = \lim_{x \to 0} \frac{\cos x \sin x}{x} = 1.$$

可知 $\dfrac{\cos x}{x}$，$\csc x$ 为 $x \to 0$ 时的同阶无穷大．

高阶无穷大的几何意义是：当自变量趋近目标点时，其趋于无穷大的速度更快．例如，当 $x \to 0$ 时，$\dfrac{1}{x^2}$ 趋于无穷大的速度比 $\dfrac{1}{x}$ 更快，图像更陡．若取 $x = 0.01$，则从数值上看，前者的值要远大于后者．如图 2 - 14 所示．

当 $x \to \infty$ 时，幂函数的无穷大的阶是它的最高次；而其他函数的无穷大的阶可能不能用幂函数的阶确定．

例如，当 $x \to +\infty$ 时，$\ln x$ 和 2^x 均为无穷大，后者的阶更高（见图 2 - 15）．事实上，2^x 关于 x 的无穷大的阶是无穷大，$\ln x$ 关于 x 的无穷大的阶趋于 0（但不为 0，后证）．

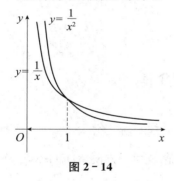

图 2 - 14

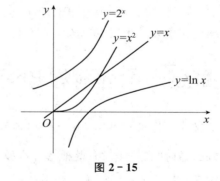

图 2 - 15

例 6　已知 $\lim\limits_{x \to \infty} \dfrac{x^k + bx + c}{x^2} = 1$，求 k，b，c 的值．

解：分子和分母同时除以 x^2，

$$1 = \lim_{x \to \infty} \frac{x^k + bx + c}{x^2} = \lim_{x \to \infty} \left(x^{k-2} + \frac{b}{x} + \frac{c}{x^2} \right) = \lim_{x \to \infty} x^{k-2},$$

因而得到，$k = 2$，b，c 为任意常数．

注：此题表明，多项式的无穷大的阶由其最高次数决定，与低次项无关．

2.5.3　等价无穷小的应用

等价无穷小的概念的引入实现了对非幂函数类的无穷小的阶的判断，同时使这些不同类型的无穷小通过转换为幂函数类的无穷小，有了各类函数的无穷小的阶的比较的依据．

等价无穷小替换定理

定理 2 在无穷小的乘除运算中，等价无穷小可以替换.

如果 $X \sim X'$，$Y \sim Y'$，那么

$$XY \sim X'Y', \quad \frac{Y}{X} \sim \frac{Y'}{X'}.$$

证明： $\lim\limits_{\text{某极限条件}} \dfrac{XY}{X'Y'} = \lim\limits_{\text{某极限条件}} \dfrac{X}{X'} \dfrac{Y}{Y'}$

$$= \lim\limits_{\text{某极限条件}} \frac{X}{X'} \times \lim\limits_{\text{某极限条件}} \frac{Y}{Y'}$$

$$= 1.$$

可得

$$XY \sim X'Y'.$$

同样可证明

$$\frac{Y}{X} \sim \frac{Y'}{X'}.$$

特殊地，由于 $X \sim X'$，$Y \sim Y'$，有

$$XY \sim XY', \quad \frac{Y}{X} \sim \frac{Y'}{X}, \quad \frac{Y}{X} \sim \frac{Y}{X'}.$$

例 7 计算 $\lim\limits_{x \to 0} \dfrac{1 - \cos x}{x \tan 2x}$.

解：（方法一）$\lim\limits_{x \to 0} \dfrac{1 - \cos x}{x \tan 2x} = \lim\limits_{x \to 0} \dfrac{(1 - \cos x)(1 + \cos x)}{2x^2(1 + \cos x)}$

$$= \lim\limits_{x \to 0} \frac{\sin^2 x}{2x^2(1 + \cos x)}$$

$$= \frac{1}{4}.$$

（方法二）$\lim\limits_{x \to 0} \dfrac{1 - \cos x}{x \tan 2x} = \lim\limits_{x \to 0} \dfrac{\frac{x^2}{2}}{x(2x)} = \dfrac{1}{4}$.

例 8 计算 $\lim\limits_{x \to 1} \dfrac{\sin(x - 1)}{x^2 - 1}$.

解： 因为当 $x \to 1$ 时，$\sin(x - 1) \sim (x - 1)$，所以有

$$\lim\limits_{x \to 1} \frac{\sin(x - 1)}{x^2 - 1} = \lim\limits_{x \to 1} \frac{x - 1}{x^2 - 1}$$

$$= \lim\limits_{x \to 1} \frac{1}{x + 1}$$

$$= \frac{1}{2}.$$

等价无穷小替换可以将其他类型的无穷小统一转换为幂函数的无穷小，以便于计算.

在上面的例子中，我们可以看到 $\sin x$、$\tan x$ 等价于 x，为 $x \to 0$ 时 x 的 1 阶无穷小；而 $1 - \cos x$ 等价于 $\dfrac{x^2}{2}$.

2.5.4   等价无穷小的几何意义

观察 x 与 kx 随 k 变化的图像. 当 $k=1$ 时，$\lim\limits_{x \to 1} \dfrac{kx}{x}=1$，两者重合. 而当 $k=2$ 时，两者不同. 结合 $\lim\limits_{x \to 1} \dfrac{\sin x}{kx}=\dfrac{1}{k}$，当 $k=1$ 时，$\lim\limits_{x \to 0} \dfrac{\sin x}{x}=1$. 说明 x 和 $\sin x$ 的图像在 $x=0$ 的极小领域内几乎没有差别！即 $\lim\limits_{x \to 0} \dfrac{\sin x}{x}=1$ 描述的是：x 和 $\sin x$ 在无限接近 0 时，体现在几何图像上就是它们在 x 轴上相切（如图 2-16 所示）.

注：（1）$x=0$ 与 $x \to 0$ 有本质的区别，前者是 x "到达、取得" 0，后者是 "无限接近" 0，只是接近 0. 也就是说，$\lim\limits_{x \to x_0} f(x)$ 与 $f(x_0)$ 有本质区别. 前者只是表达 $f(x)$ 在 x 接近 x_0 时的状态，与 $x=x_0$ 处（"到达 x_0"）的函数值无关.

（2）对连续光滑的函数（参看下一章），当 $x \to a$ 时，无穷小 $f(x)$ 与 $g(x)$ 等价，可以视为这两个函数在 $x=a$ 处在 x 轴上相切. 如图 2-17 所示.

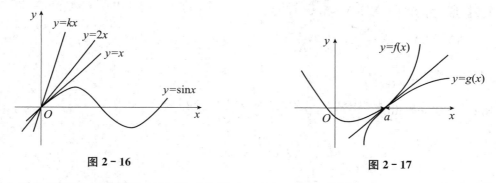

图 2-16   图 2-17

由互为反函数的图像的对称性（见图 2-18），容易理解：$\sin x$、$\tan x$ 的反函数 $\arcsin x$、$\arctan x$ 当 $x \to 0$ 时为 x 的等价无穷小.

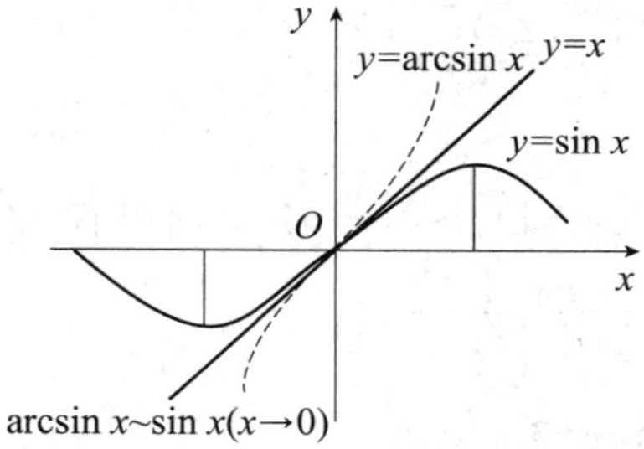

图 2-18

事实上，
$$\lim_{x \to 0} \frac{\arcsin x}{x}=\lim_{u \to 0} \frac{u}{\sin u}=1,$$
其中 $u=\arcsin x$，即 $\sin u=x$.

习题 2.5

1. 当 $x \to 0$ 时，$2x - x^2$ 与 $x^2 - x^3$ 相比，哪一个是高阶无穷小？

2. 当 $x \to 1$ 时，无穷小 $1 - x$ 和（1）$1 - x^3$，（2）$\dfrac{1}{2}(1 - x^2)$ 是否同阶？是否等价？

3. 证明：当 $x \to 0$ 时，有：

(1) $\tan x - \sin x \sim \dfrac{1}{2}x^3$；　　　　（2）$\arctan x \sim x$；　　　　（3）$\sec x - 1 \sim \dfrac{x^2}{2}$.

4. 已知 $\lim\limits_{x \to 1} \dfrac{x^2 + ax + b}{x - 1} = 4$，求 a，b 的值.（提示：分子有因式 $(x - 1)$.)

5. 已知：$\lim\limits_{x \to \infty}\left(\dfrac{x^2 + 1}{x} - ax - b\right) = 0$，求 a，b 的值.

6. 当 $x \to 0$ 时，$(x^2 + x)\sin x$ 是关于 x 的几阶无穷小？

7. 试确定常数 a 和 b，使当 $x \to 0$ 时，$f(x) = (a + b\cos x)\sin x \sim x^3$.

8. 证明：$\sin 2x - 2\sin x$ 为 3 阶无穷小.

2.6 重要极限公式二：对数指数 $\dfrac{0}{0}$ 的解法

公式二是解决指数函数与对数函数的不定式 $\dfrac{0}{0}$ 问题的基础公式.

准则 单调有界数列在 $n \to \infty$ 时有极限. 参见图 2-19.

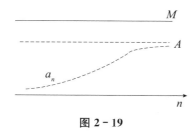

图 2-19

2.6.1 重要极限公式二

定理 1 $\lim\limits_{n \to \infty}\left(1 + \dfrac{1}{n}\right)^n = \mathrm{e}.$

证明： 先证明 $u_n = \left(1 + \dfrac{1}{n}\right)^n$ 递增，根据

$$(a + b)^n = C_n^0 a^n b^0 + C_n^1 a^{n-1} b^1 + \cdots + C_n^{n-1} a^1 b^{n-1} + C_n^n a^0 b^n$$

有

$$\left(1+\frac{1}{n}\right)^n = 1+1+\frac{1-\frac{1}{n}}{2!}+\frac{\left(1-\frac{1}{n}\right)\left(1-\frac{2}{n}\right)}{3!}+\cdots+\frac{\left(1-\frac{1}{n}\right)\cdots\left(1-\frac{n-1}{n}\right)}{n!},$$

$$\left(1+\frac{1}{n+1}\right)^{n+1} = 1+1+\frac{1-\frac{1}{n+1}}{2!}+\frac{\left(1-\frac{1}{n+1}\right)\left(1-\frac{2}{n+1}\right)}{3!}+\cdots$$

$$+\frac{\left(1-\frac{1}{n+1}\right)\cdots\left(1-\frac{n-1}{n+1}\right)}{n!}+\frac{\left(1-\frac{1}{n+1}\right)\cdots\left(1-\frac{n}{n+1}\right)}{(n+1)!},$$

比较各项分子，可知

$$\left(1+\frac{1}{n+1}\right)^{n+1} > \left(1+\frac{1}{n}\right)^n.$$

再证明 $\left(1+\frac{1}{n}\right)^n$ 有界.

$$\left(1+\frac{1}{n}\right)^n < 1+1+\frac{1}{2}+\frac{1}{2^2}+\cdots+\frac{1}{2^{n-1}}$$

$$=1+\frac{1-\left(\frac{1}{2}\right)^n}{\frac{1}{2}}<3.$$

由此可知，当 $x\to\infty$ 时，$u_n=\left(1+\frac{1}{n}\right)^n$ 有极限.用 e 特指这个极限值，于是有

$$\lim_{n\to\infty}\left(1+\frac{1}{n}\right)^n = e\ (e=2.718\ 281).$$

这个公式表明，对 $\lim_{s.t.}(1+正无穷小)^{无穷大}$，如果其中的无穷大和无穷小互为倒数，结果为 e.如果用正数 x 替换 n，即 x 趋于正无穷大，上式是否成立？结论是肯定的.即

$$\lim_{x\to+\infty}\left(1+\frac{1}{x}\right)^x = e.（证略）$$

现在证明 $x\to-\infty$ 的情形：

$$\lim_{x\to-\infty}\left(1+\frac{1}{x}\right)^x = e.$$

令 $y=-x$（将 $x\to-\infty$ 转化为 $x\to+\infty$），

$$\lim_{x\to-\infty}\left(1+\frac{1}{x}\right)^x = \lim_{y\to+\infty}\left(1-\frac{1}{y}\right)^{-y}$$

$$=\lim_{y\to+\infty}\left(\frac{y-1}{y}\right)^{-y}$$

$$=\lim_{y\to+\infty}\left(1+\frac{1}{y-1}\right)^y$$

$$=\lim_{y\to+\infty}\left(1+\frac{1}{y-1}\right)^{y-1+1}$$

$$=\lim_{y\to+\infty}\left(1+\frac{1}{y-1}\right)^{y-1}\lim_{y\to+\infty}\left(1+\frac{1}{y-1}\right)\quad（令 y-1=u）$$

$$=e.$$

结合两种情况，可得

$$\lim_{x\to\infty}\left(1+\frac{1}{x}\right)^{x}=\mathrm{e}.$$

令 $u=\dfrac{1}{x}$，可得

$$\lim_{u\to0}(1+u)^{\frac{1}{u}}=\mathrm{e}.$$

即

$$\lim_{x\to0}(1+x)^{\frac{1}{x}}=\mathrm{e}.$$

2.6.2 **对数指数函数的等价无穷小**

由上面的公式，可以推导出

$$\lim_{x\to0}\frac{\ln(1+x)}{x}=1.$$

证明： $\displaystyle\lim_{x\to0}\frac{\ln(1+x)}{x}\quad\left(\frac{0}{0}\right)$

$$=\lim_{x\to0}\ln(1+x)^{\frac{1}{x}}$$

$$=\ln\lim_{x\to0}(1+x)^{\frac{1}{x}}$$

$$=\ln\mathrm{e}$$

$$=1.$$

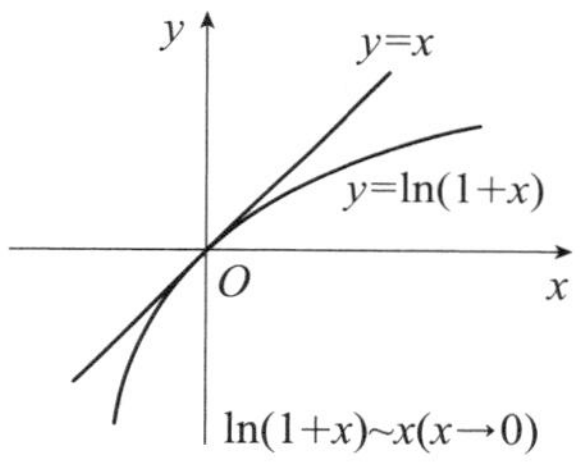

这个公式说明了函数 $\ln(1+x)$ 与 $\dfrac{1}{x}$ 当 $x\to0$ 时为等价无穷

小，两者的图像在 $x=0$ 处相切．如图 2-20 所示．

例 1 求 $\displaystyle\lim_{x\to0}\ln(1+2x)^{\frac{1}{x}}$.

解： $\displaystyle\lim_{x\to0}\ln(1+2x)^{\frac{1}{x}}=\lim_{x\to0}\ln(1+2x)^{\frac{1}{2x}\cdot2}$

$$=\lim_{x\to0}\ln\left((1+2x)^{\frac{1}{2x}}\right)^{2}$$

$$=\ln\left[\lim_{x\to0}(1+2x)^{\frac{1}{2x}}\right]^{2}$$

$$=\ln\mathrm{e}^{2}$$

$$=2.$$

例 2 求 $\displaystyle\lim_{x\to\infty}\left(\frac{2x-1}{2x+1}\right)^{x-1}$.

解： $\displaystyle\lim_{x\to\infty}\left(\frac{2x-1}{2x+1}\right)^{x-1}=\lim_{x\to\infty}\left(1-\frac{2}{2x+1}\right)^{x-1}$

$$=\lim_{x\to\infty}\left(1-\frac{2}{2x+1}\right)^{-\frac{2x+1}{2}\frac{2(1-x)}{2x+1}}$$

$$=\left(\lim_{x\to\infty}\left(1-\frac{2}{2x+1}\right)^{-\frac{2x+1}{2}}\right)^{\lim_{x\to\infty}\frac{2(1-x)}{2x+1}}$$

$$=\mathrm{e}^{-1}.$$

$\ln(1+x)\sim x(x\to0)$

图 2-20

例 3　求 $\lim\limits_{x\to 0}(\cos x)^{\frac{1}{x^2}}$.

解：（方法一）$\lim\limits_{x\to 0}(\cos x)^{\frac{1}{x^2}} = \lim\limits_{x\to 0}(1+(\cos x-1))^{\frac{1}{x^2}}$

$$= \lim\limits_{x\to 0}(1+(\cos x-1))^{\frac{\cos x-1}{(\cos x-1)x^2}}$$

$$= \lim\limits_{x\to 0}(1+(\cos x-1))^{\frac{-x^2}{(\cos x-1)2x^2}}$$

$$= e^{-\frac{1}{2}}.$$

（方法二）$\lim\limits_{x\to 0}(\cos x)^{\frac{1}{x^2}} = \lim\limits_{x\to 0}e^{\frac{\ln\cos x}{x^2}}$　$(e^{\ln\cos x}=\cos x)$

$$= \lim\limits_{x\to 0}e^{\frac{\ln(1+(\cos x-1))}{x^2}}$$

$$= e^{\lim\limits_{x\to 0}\frac{\cos x-1}{x^2}}$$

$$= e^{\lim\limits_{x\to 0}\frac{-x^2}{2x^2}}$$

$$= e^{-\frac{1}{2}}.$$

指数函数的等价无穷小公式为

$$\lim\limits_{x\to 0}\frac{e^x-1}{x} = 1.$$

e^x-1 和 $\ln(1+x)$ 的图像关于 $y=x$ 对称，由 $\ln(1+x)\sim x$ $(x\to 0)$，容易理解 $e^x-1\sim x$.

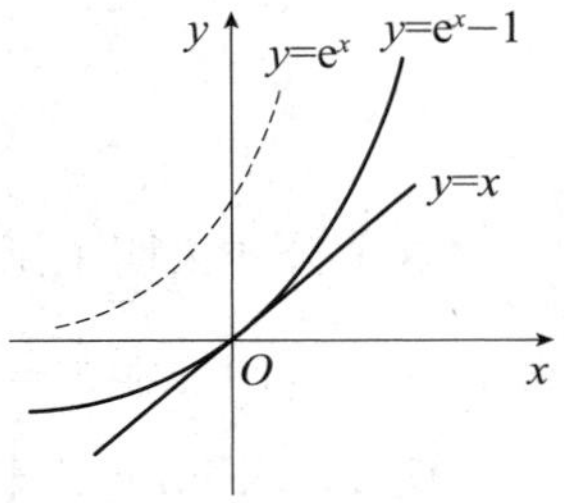

证明：令 $u=e^x-1$，当 $x\to 0$ 时 $u\to 0$，则有

$$\lim\limits_{x\to 0}\frac{e^x-1}{x} = \lim\limits_{u\to 0}\frac{u}{\ln(1+u)} = 1.$$

图 2 - 21

上面两个公式提供了对数函数和指数函数类 $\frac{0}{0}$ 型不定式的解决方法.

例 4　求 $\lim\limits_{x\to 0}\dfrac{e^{\sin 2x}-1}{x}$.

解：（方法一）令 $u=\sin 2x$，当 $x\to 0$ 时，$u\to 0$.

$$\lim\limits_{x\to 0}\frac{e^{\sin 2x}-1}{x} = \lim\limits_{x\to 0}\frac{(e^{\sin 2x}-1)\sin 2x}{x\sin 2x}$$

$$= \lim\limits_{u\to 0}\frac{e^u-1}{u}\lim\limits_{x\to 0}\frac{\sin 2x}{x}$$

$$= 2.$$

（方法二）原式 $= \lim\limits_{x\to 0}\dfrac{\sin 2x}{x} = 2$（用等价无穷小替换）.

例 5　求 $\lim\limits_{x\to 0}\dfrac{e^{2x}-1}{x\tan x}\ln(1-\sin x)$ 的值.

解：$\lim\limits_{x\to 0}\dfrac{e^{2x}-1}{x\tan x}\ln(1-\sin x) = \lim\limits_{x\to 0}\dfrac{2x(-\sin x)}{x\tan x} = -2.$

例 6　证明：当 $x\to 0$ 时，$\sqrt[n]{1+x}-1\sim \dfrac{x}{n}$.

证明： 设 $a = \sqrt[n]{1+x}$，则 $x = a^n - 1$，那么

$$\lim_{x \to 0} \frac{\sqrt[n]{1+x} - 1}{\dfrac{x}{n}} = \lim_{a \to 1} \frac{n(a-1)}{a^n - 1}$$

$$= \lim_{a \to 1} \frac{n}{a^{n-1} + a^{n-2} + \cdots + a + 1}$$

$$= 1.$$

至此，我们得到了如下所示的当 $x \to 0$ 时各类函数极限的一系列等价无穷小公式.

（1）三角函数类

$$\sin x \sim x,\ 1 - \cos^2 x \sim \frac{x^2}{2},\ \tan x \sim x$$

（2）反三角函数类

$$\arcsin x \sim x,\ \arctan x \sim x$$

（3）指数函数与对数函数类

$$\mathrm{e}^x - 1 \sim x,\ \ln(1+x) \sim x$$

（4）根式类

$$\sqrt[n]{1+x} - 1 \sim \frac{x}{n}$$

这些公式使我们能将其他类型函数的 $\dfrac{0}{0}$ 型不定式转换为幂函数的类型，从而可以通过约分抵消无穷小，达到解决问题的目的．另外，这些公式可以使我们了解其他函数的无穷小的阶（"级别"）成为可能.

例 7 求极限 $\displaystyle\lim_{x \to 1} \frac{(\sqrt{x} - 1)(\mathrm{e}^{x-1} - 1)}{\sin(x^2 - 1)\ln x}$.

解：（方法一）令 $u = x - 1$，则

$$\lim_{x \to 1} \frac{(\sqrt{x} - 1)(\mathrm{e}^{x-1} - 1)}{\sin(x^2 - 1)\ln x} = \lim_{u \to 0} \frac{(\sqrt{u+1} - 1)(\mathrm{e}^u - 1)}{\sin(u^2 + 2u) \cdot \ln(1+u)}$$

$$= \lim_{u \to 0} \frac{\dfrac{u}{2} \cdot u}{(u^2 + 2u)u}$$

$$= \frac{1}{4}.$$

（方法二） $\displaystyle\lim_{x \to 1} \frac{(\sqrt{x} - 1)(\mathrm{e}^{x-1} - 1)}{\sin(x^2 - 1)\ln x} = \lim_{x \to 1} \frac{(\sqrt{1 + (x-1)} - 1)(x-1)}{(x^2 - 1)\ln(1 + (x-1))}$

$$= \lim_{x \to 1} \frac{(x-1)^2}{2(x^2 - 1)(x-1)}$$

$$= \lim_{x \to 1} \frac{1}{2(x+1)}$$

$$= \frac{1}{4}.$$

例 8 求极限 $\displaystyle\lim_{x \to 1} \frac{\ln x \cdot \tan \pi x}{(\sqrt{x} - 1)\arctan(1-x)}$.

解：（方法一） $\lim\limits_{x\to 1}\dfrac{\ln x\cdot\tan\pi x}{(\sqrt{x}-1)\arctan(1-x)}$

$$=\lim\limits_{x\to 1}\dfrac{\ln(1+(x-1))\cdot(-\tan(\pi-\pi x))\cdot(\sqrt{x}+1)}{(x-1)(1-x)}$$

$$=\lim\limits_{x\to 1}\dfrac{\pi(x-1)^2(\sqrt{x}+1)}{-(x-1)^2}$$

$$=-2\pi.$$

（方法二）令 $u=x-1$，则

$$\lim\limits_{x\to 1}\dfrac{\ln x\cdot\tan\pi x}{(\sqrt{x}-1)\arctan(1-x)}=\lim\limits_{u\to 0}\dfrac{\ln(1+u)\cdot\tan(\pi+\pi u)}{(\sqrt{1+u}-1)\arctan(-u)}$$

$$=\lim\limits_{u\to 0}\dfrac{u\tan(\pi u)}{\dfrac{u}{2}\cdot(-u)}$$

$$=-2\pi.$$

习题 2.6

1. 利用等价无穷小的性质，求下列极限：

（1） $\lim\limits_{x\to 0}\dfrac{\tan 3x}{2x}$；

（2） $\lim\limits_{x\to 0}\dfrac{\sin(x^n)}{(\sin x)^m}$ （n，m 为正整数）；

（3） $\lim\limits_{x\to 0}\dfrac{\tan x-\sin x}{\sin^3 x}$；

（4） $\lim\limits_{x\to 0}\dfrac{\sin x-\tan x}{(\sqrt[3]{1+x^2}-1)(\sqrt{1+\sin x}-1)}$.

2. 证明无穷小的等价关系具有下列性质：

（1） $\alpha\sim\alpha$（自反性）；

（2） 若 $\alpha\sim\beta$，则 $\beta\sim\alpha$（对称性）；

（3） 若 $\alpha\sim\beta$，$\beta\sim\gamma$，则 $\alpha\sim\gamma$（传递性）.

3. 证明：当 $x\to 1$ 时，$y=x^2-3x+2$ 与它在 $x=1$ 处的切线为等价无穷小.

4. 用等价无穷小和重要极限公式求下列极限：

（1） $\lim\limits_{x\to 0}\dfrac{2^{x+1}-2}{\sin 3x}$；

（2） $\lim\limits_{x\to 1}\dfrac{\ln x}{x^2-1}$；

（3） $\lim\limits_{x\to\infty}\left(\dfrac{x-1}{x+1}\right)^{2x+1}$；

（4） $\lim\limits_{x\to 0}\dfrac{1-\cos x}{2x\arctan x}$；

（5） $\lim\limits_{x\to 0}(1+\sin x)^{\frac{1}{x}}$；

（6） $\lim\limits_{x\to 1}\dfrac{\sin(\pi x)}{x-1}$

（7） $\lim\limits_{x\to\frac{\pi}{2}}(1+\cos x)^{2\sec x}$；

（8） $\lim\limits_{x\to 0}(1+3\tan^2 x)^{\cot^2 x}$；

（9） $\lim\limits_{x\to\infty}\left(\dfrac{3x-1}{3x+1}\right)^{3x-1}$；

（10） $\lim\limits_{n\to\infty}\left(1+\dfrac{2}{3^n}\right)^{3^n}$；

（11） $\lim\limits_{x\to 1}(2-x)^{\sec\frac{\pi x}{2}}$；

（12） $\lim\limits_{x\to+\infty}x(\ln(x+1)-\ln x)$.

章节提升习题二

1. 选择题：

(1) 设 $\{a_n\}$，$\{b_n\}$，$\{c_n\}$ 均为非负数列，且 $\lim\limits_{n\to\infty}a_n=0$，$\lim\limits_{n\to\infty}b_n=1$，$\lim\limits_{n\to\infty}c_n=\infty$，则必有 （   ）.

(A) $a_n<b_n$ 对任意 n 成立   (B) $b_n<c_n$ 对任意 n 成立

(C) 极限 $\lim\limits_{n\to\infty}a_nc_n$ 不存在   (D) 极限 $\lim\limits_{n\to\infty}b_nc_n$ 不存在

(2) 设 $\lim\limits a_n=a$，且 $a\neq0$，则当 n 充分大时有 （   ）.

(A) $|a_n|=\dfrac{|a|}{2}$ (B) $|a_n|=\dfrac{|a|}{2}$

(C) $a_n>a-\dfrac{1}{n}$ (D) $a_n<a+\dfrac{1}{n}$

(3) 设数列 $\{x_n\}$ 收敛，则 （   ）.

(A) 当 $\lim\limits_{n\to\infty}\sin x_n=0$ 时，$\lim\limits_{n\to\infty}x_n=0$

(B) 当 $\lim\limits_{n\to\infty}(x_n+\sqrt{|x_n|})=0$ 时，$\lim\limits_{n\to\infty}x_n=0$

(C) 当 $\lim\limits_{n\to\infty}(x_n+x_n^2)=0$ 时，$\lim\limits_{n\to\infty}x_n=0$

(D) 当 $\lim\limits_{n\to\infty}(x_n+\sin x_n)=0$ 时，$\lim\limits_{n\to\infty}x_n=0$

(4) 设对任意的 x，总有 $\varphi(x)\leqslant f(x)\leqslant g(x)$，且 $\lim\limits_{x\to\infty}[g(x)-\varphi(x)]=0$，则 $\lim\limits_{x\to\infty}f(x)$ （   ）.

(A) 存在且一定等于零   (B) 存在但不一定等于零

(C) 一定不存在   (D) 不一定存在

(5) 设 $f(x)=\ln^{10}x$，$g(x)=x$，$h(x)=\mathrm{e}^{\frac{x}{10}}$，则当 x 充分大时有 （   ）.

(A) $g(x)<h(x)<f(x)$ (B) $h(x)<g(x)<f(x)$

(C) $f(x)<g(x)<h(x)$ (D) $g(x)<f(x)<h(x)$

(6) 当 $x\to0$ 时，$f(x)=x-\sin ax$ 与 $g(x)=x^2\ln(1-bx)$ 是等价无穷小，则 （   ）.

(A) $a=1$，$b=-\dfrac{1}{6}$ (B) $a=1$，$b=\dfrac{1}{6}$

(C) $a=-1$，$b=-\dfrac{1}{6}$ (D) $a=-1$，$b=\dfrac{1}{6}$

(7) 极限 $\lim\limits_{x\to\infty}\left[\dfrac{x^2}{(x-a)(x+b)}\right]^x=$ （   ）.

(A) 1 (B) e

(C) e^{a-b} (D) e^{b-a}

(8) 若 $\lim\limits_{x\to0}\left[\dfrac{1}{x}-\left(\dfrac{1}{x}-a\right)\mathrm{e}^x\right]=1$，则 a 等于 （   ）.

(A) 0 (B) 1

(C) 2 (D) 3

(9) 当 $x \to 0^+$ 时，与 $\sqrt{x}$ 等价的无穷小量是（   ）.

(A) $1 - e^{\sqrt{x}}$

(B) $\ln \dfrac{1+x}{1-\sqrt{x}}$

(C) $\sqrt{1+\sqrt{x}} - 1$

(D) $1 - \cos\sqrt{x}$

(10) 已知当 $x \to 0$ 时，$f(x) = 3\sin x - \sin 3x$ 与 cx^k 是等价无穷小，则（   ）.

(A) $k=1$，$c=4$

(B) $k=1$，$c=-4$

(C) $k=3$，$c=4$

(D) $k=3$，$c=-4$

(11) 设 $\cos x - 1 = x\sin\alpha(x)$，其中 $|\alpha(x)| < \dfrac{\pi}{2}$，则当 $x \to 0$ 时，$\alpha(x)$ 是（   ）.

(A) 比 x 高阶的无穷小

(B) 比 x 低阶的无穷小

(C) 与 x 同阶但不等价的无穷小

(D) 与 x 等价的无穷小

(12) 当 $x \to 0$ 时，用 $o(x)$ 表示比 x 高阶的无穷小，则下列式子中错误的是（   ）.

(A) $x \cdot o(x^2) = o(x^3)$

(B) $o(x) \cdot o(x^2) = o(x^3)$

(C) $o(x^2) + o(x^2) = o(x^2)$

(D) $o(x) + o(x^2) = o(x^2)$

(13) 当 $x \to 0^+$ 时，若 $\ln^\alpha(1+2x)$，$(1-\cos x)^{\frac{1}{\alpha}}$ 均是比 x 高阶的无穷小，则 α 可能的取值范围是（   ）.

(A) $(2, +\infty)$

(B) $(1, 2)$

(C) $\left(\dfrac{1}{2}, 1\right)$

(D) $\left(0, \dfrac{1}{2}\right)$

(14) 设当 $x \to 0$ 时，$(1-\cos x)\ln(1+x^2)$ 是比 $x\sin x^n$ 高阶的无穷小，$x\sin x^n$ 是比 $(e^{x^2}-1)$ 高阶的无穷小，则正整数 n 等于（   ）.

(A) 1

(B) 2

(C) 3

(D) 4

2. 填空题：

(1) $\lim\limits_{x \to 1} \dfrac{\sqrt{3-x} - \sqrt{1+x}}{x^2+x-2} = $ _____.

(2) 设常数 $a \neq \dfrac{1}{2}$，则 $\lim\limits_{n \to \infty} \ln\left[\dfrac{n-2na+1}{n(1-2a)}\right]^n = $ _____.

(3) $\lim\limits_{x \to 0} (\cos x)^{\frac{1}{\ln(1+x^2)}} = $ _____.

(4) 若当 $x \to 0$ 时，$(1-ax^2)^{\frac{1}{4}} - 1$ 与 $x\sin x$ 是等价无穷小，则 $a = $ _____.

(5) 极限 $\lim\limits_{x \to \infty} x\sin\dfrac{2x}{x^2+1} = $ _____.

(6) $\lim\limits_{x \to 0} \dfrac{x\ln(1+x)}{1-\cos x} = $ _____.

(7) $\lim\limits_{n \to \infty} \left(\dfrac{n+1}{n}\right)^{(-1)^n} = $ _____.

(8) $\lim\limits_{x \to 0} \dfrac{e - e^{\cos x}}{\sqrt[3]{1+x^2} - 1} = $ _____.

(9) $\lim\limits_{x \to 0} \left(\dfrac{1+2^x}{2}\right)^{\frac{1}{x}} = $ _____.

(10) $\lim\limits_{x\to\frac{\pi}{4}}(\tan x)^{\frac{1}{\cos x-\sin x}}=$ _____ .

(11) 若 $\lim\limits_{x\to 0}\left(\dfrac{1-\tan x}{1+\tan x}\right)^{\frac{1}{\sin kx}}=\mathrm{e}$，则 $k=$ _____ .

3. 求下列极限：

(1) $\lim\limits_{x\to 0}\left(\dfrac{2+\mathrm{e}^{\frac{1}{x}}}{1+\mathrm{e}^{\frac{4}{x}}}+\dfrac{\sin x}{|x|}\right)$；

(2) $\lim\limits_{x\to 0}\dfrac{1}{x^2}\ln\dfrac{\sin x}{x}$；

(3) $\lim\limits_{x\to 0}\left(\dfrac{\ln(1+x)}{x}\right)^{\frac{1}{\mathrm{e}^x-1}}$；

(4) $\lim\limits_{x\to+\infty}(x^{\frac{1}{x}}-1)^{\frac{1}{\ln x}}$；

(5) $\lim\limits_{x\to 0}\dfrac{\sqrt{1+2\sin x}-x-1}{x\ln(1+x)}$．

4. 设 $0<x_1<3$，$x_{n+1}=\sqrt{x_n(3-x_n)}$ $(n=1,2,\cdots)$，证明数列 $\{x_n\}$ 的极限存在，并求此极限.

5. 设数列 $\{x_n\}$ 满足 $0<x_1<\pi$，证明：$x_{n+1}=\sin x_n(n=1,2,\cdots)$.

6. 当 $x\to 0$ 时，$1-\cos x\cdot\cos 2x\cdot\cos 3x$ 与 ax^n 为等价无穷小，求 n 与 a 的值.

7. 设函数 $f(x)=x+a\ln(1+x)+bx\sin x$，$g(x)=kx^3$，若 $f(x)$ 与 $g(x)$ 当 $x\to 0$ 时是等价无穷小，求 a,b,k 的值.

第三章
连续函数与导数

本章知识结构导图

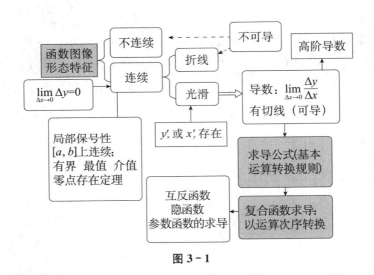

图 3-1

本章学习提示：

1. 连续是自变量增加一个无穷小，函数也增加一个无穷小．

2. 以直代曲是微积分研究的主要方法．曲线在某处有切线表明此处光滑．

3. 求导公式是运算的转换公式．复合函数的求导是最重要的知识点，正确求导的关键是看清函数的运算次序．隐函数、参数函数的求导可视为复合函数的求导．

4. 极值分为可导（光滑）型和不可导（折线）型．

3.1 连续的定义与性质

数轴可以看成连续的时间轴. 函数连续是一个图像化的概念. 连续的根本原因在于定义域上的点的连续或者稠密性, 即函数是否连续是设定在自变量是连续变化的条件下的.

先观察图 3-2 中 x_0 处的极限与定义情况.

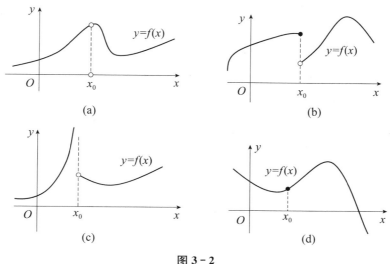

图 3-2

点连续是描述在 x_0 处的函数值与左右两侧点的连接状态. 在图 3-2 中, (a) 和 (c) 两图在 x_0 处没有图像, 即没有函数值; (b) 和 (d) 两图在 x_0 处有图像, 但图 (b) 只在 x_0 左侧连续, 图 (d) 在 x_0 处的左右两侧连续. 通过对图 3-2 的观察, 可以得到函数在某个点连续的定义.

3.1.1 连续的第一定义

定义 1 设 $y=f(x)$ 在 x_0 的某个邻域内有定义. 若当 $x \to x_0$ 时, y 的极限值为 A, 且 $f(x_0)=A$, 则称 $f(x)$ 在 x_0 处连续, 即

$$\lim_{x \to x_0} f(x) = f(x_0).$$

若不成立, 则称 $f(x)$ 在此处不连续, x_0 称为**间断点**.

通俗的描述为: 逼近值等于到达值.

间断点的类型分为如下几种:

可去间断点: 函数在 a 处无定义时, 极限存在, 或有定义时 $\lim\limits_{x \to a} f(x) = A \neq f(a)$, 如图 3-2 (a) 所示.

跳跃间断点: $\lim\limits_{x \to a^+} f(x) = A \neq \lim\limits_{x \to a^-} f(x) = B$, 如图 3-2 (b) 所示.

无穷间断点: $\lim\limits_{x \to a^+} f(x) = \infty$ 或 $\lim\limits_{x \to a^-} f(x) = \infty$, 如图 3-2 (c) 所示.

振荡间断点：如 $x=0$ 为 $y=\sin\dfrac{1}{x}$ 的振荡间断点.

设 $y=f(x)$ 在 x_0 的某个邻域内有定义. 如果当 $x\rightarrow x_0^-$ 时，y 的极限值为 A，并且 $f(x_0)=A$，则称 $f(x)$ 在 x_0 处**左连续**，即

$$\lim_{x\rightarrow x_0^-}f(x)=f(x_0).$$

设 $y=f(x)$ 在 x_0 的某个邻域内有定义. 如果当 $x\rightarrow x_0^+$ 时，y 的极限值为 A，并且 $f(x_0)=A$，则称 $f(x)$ 在 x_0 处**右连续**，即

$$\lim_{x\rightarrow x_0^+}f(x)=f(x_0).$$

定理 1   函数在 x_0 处左右连续 $\Leftrightarrow$ 函数在 x_0 处连续.

例 1   证明：$y=x^2$ 在 $x=1$ 处连续.

证明：（根据定义，利用距离放大法）$y=f(x)=x^2,f(1)=1$.

由 $x\rightarrow 1$，设 $-\dfrac{1}{2}<x-1<\dfrac{1}{2}$，得到 $\dfrac{3}{2}<x+1<\dfrac{5}{2}$，

$$d=|x^2-1|=|(x-1)(x+1)|<\frac{5}{2}|x-1|.$$

对 $\forall\varepsilon>0$，要使 $d<\varepsilon$，须有

$$\frac{5}{2}|x-1|<\varepsilon,$$

即

$$|x-1|<\frac{2}{5}\varepsilon.$$

因为 $x\rightarrow 1$，故可知 $|x-1|<\dfrac{2}{5}\varepsilon$ 成立，即得 $d<\varepsilon$ 成立.

由上述分析可知，函数在 $x=1$ 处连续.

例 2   研究 $f(x)=\begin{cases}\dfrac{e^{\frac{1}{x}}}{1-e^{\frac{1}{x}}}, & x\neq 0 \\ 0, & x=0\end{cases}$ 在 $x=0$ 处的连续性.

解：当 $x\rightarrow 0^-$ 时，$\lim\limits_{x\rightarrow 0^-}e^{\frac{1}{x}}=0$，

$$\lim_{x\rightarrow 0^-}\frac{e^{\frac{1}{x}}}{1-e^{\frac{1}{x}}}=0=f(0).$$

当 $x\rightarrow 0^+$ 时，$\lim\limits_{x\rightarrow 0^+}e^{\frac{1}{x}}=+\infty$，

$$\lim_{x\rightarrow 0^+}\frac{e^{\frac{1}{x}}}{1-e^{\frac{1}{x}}}=-1\neq f(0).$$

所以，$f(x)$ 在 0 处左连续.

注：分段函数在区间分界点处的极限要用到左右极限，因为两侧的函数不同.

3.1.2   连续的第二定义

定义 2   设 $y=f(x)$ 在 x 的某个邻域有定义，$x+\Delta x$ 在邻域内. 记

$$\Delta y = f(x + \Delta x) - f(x).$$

如果当 $\Delta x \to 0$ 时，有 $\Delta y \to 0$，即

$$\lim_{\Delta x \to 0} \Delta y = 0,$$

则称 $f(x)$ 在 x 处连续（如图 3-3 所示）. 否则称 $f(x)$ 在此处不连续，也称为间断.

连续就是自变量增加一个无穷小，函数值也增加一个无穷小.

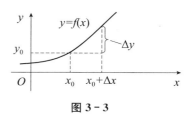

图 3-3

3.1.3　区间上的连续函数

定义 3　若函数在开区间 (a,b) 内的每一点处都连续，则称函数在区间 (a,b) 内连续.

定义 4　若函数在区间内的每一点处都连续，且在左端点处右连续，在右端点处左连续，则称函数在闭区间上连续.

例 3　证明：$y = \ln x$ 当 $x > 0$ 时连续.

证明：定义域为 $\{x \mid x > 0\}$. 对 $\forall x > 0$，有

$$\begin{aligned}
\Delta y &= \ln(x + \Delta x) - \ln x \\
&= \ln \frac{x + \Delta x}{x} \\
&= \ln\left(1 + \frac{\Delta x}{x}\right) \\
&= \frac{\ln\left(1 + \frac{\Delta x}{x}\right)}{\frac{\Delta x}{x}} \frac{\Delta x}{x}.
\end{aligned}$$

所以，$\displaystyle \lim_{\Delta x \to 0} \Delta y = \lim_{\Delta x \to 0} \frac{\ln\left(1 + \frac{\Delta x}{x}\right)}{\frac{\Delta x}{x}} \frac{\Delta x}{x}$

$$\begin{aligned}
&= \lim_{\Delta x \to 0} \frac{\ln\left(1 + \frac{\Delta x}{x}\right)}{\frac{\Delta x}{x}} \lim_{\Delta x \to 0} \frac{\Delta x}{x} \\
&= 0.
\end{aligned}$$

由定义 2 可知，对任意 $x > 0$，函数连续.

例 4　证明函数 $y = a^x (a > 0, a \neq 1)$ 在 R 上连续.

证明：设 $\forall x \in R$，其增量为 Δx，则

$$\begin{aligned}
\Delta y &= a^{x + \Delta x} - a^x \\
&= a^x(a^{\Delta x} - 1) \\
&= a^x(e^{\Delta x \ln a} - 1),
\end{aligned}$$

所以，

$$\lim_{\Delta x \to 0} a^x (\mathrm{e}^{\Delta x \ln a} - 1) = \lim_{\Delta x \to 0} \left(\Delta x a^x \cdot \frac{\mathrm{e}^{\Delta x \ln a} - 1}{\Delta x} \right)$$
$$= a^x \ln a \lim_{\Delta x \to 0} \Delta x = 0.$$

由此可知函数 $y = a^x$ 在任意点处连续，即在 R 上连续.

定义 5　函数在区间内所有点处连续，称此区间为这个函数的**连续区间**.

一个函数可能有几个连续区间，如 $y = \dfrac{1}{x}$.

例 5　求 $f(x) = \begin{cases} 2x+1, & x>0 \\ x^2+1, & x \leqslant 0 \end{cases}$ 的连续区间.

解：函数的定义域为 R. 右侧函数 $2x+1$ 当 $x>0$ 时连续. 同样，右侧函数 x^2+1 当 $x<0$ 时连续，在 $x=0$ 处左连续. 现在证明在 $x=0$ 处右连续.
$$f(0) = 1, \lim_{x \to 0^+} f(x) = \lim_{x \to 0^+} (2x+1) = 1,$$
右极限等于函数值，所以右连续.

综合上述，$f(x)$ 的连续区间为 R.

例 6　求 $f(x) = \begin{cases} \dfrac{x^2-4}{x-2}, & x \neq 2 \\ 3, & x = 2 \end{cases}$ 的间断点（见图 3-4）.

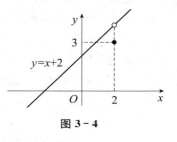

图 3-4

解：$\lim_{x \to 2} f(x) = \lim_{x \to 2} \dfrac{x^2-4}{x-2}$
$$= \lim_{x \to 2} (x+2)$$
$$= 4.$$

而 $f(2) = 3$. 因此，函数在 $x=2$ 处间断. 当 $x \neq 2$ 时，$f(x) = \dfrac{x^2-4}{x-2}$ 连续.

例 7　设 $f(x)$，$g(x)$ 在 x 的某邻域内连续，证明：$f(x) \pm g(x)$，$f(x)g(x)$ 在 x 处连续.

证明：设 Δx 为 x 的增量，
(1) $\Delta y = (f(x+\Delta x) \pm g(x+\Delta x)) - (f(x) \pm g(x))$
$$= (f(x+\Delta x) - f(x)) \pm (g(x+\Delta x) - g(x))$$
$$= \Delta f \pm \Delta g.$$

由 $f(x)$，$g(x)$ 在 x 处连续知，当 $\Delta x \to 0$ 时，$\Delta f \pm \Delta g \to 0$，函数 $f(x) \pm g(x)$ 连续.

(2) $\Delta y = f(x+\Delta x)g(x+\Delta x) - f(x)g(x)$
$$= (f(x+\Delta x)g(x+\Delta x) - f(x+\Delta x)g(x)) + (f(x+\Delta x)g(x) - f(x)g(x))$$
$$= f(x+\Delta x)\Delta g + g(x)\Delta f.（找出 \Delta f, \Delta g）$$

由 $f(x)$，$g(x)$ 在 x 处连续知，当 $\Delta x \to 0$ 时，$\Delta f \to 0$，$\Delta g \to 0$，得 $\Delta y \to 0$，故函数 $f(x)g(x)$ 在 x 处连续.

例 8　设 $f(u)$ 在 $u_0 = u(x_0)$ 的某邻域内连续，$u = u(x)$ 在 x_0 的某邻域内连续. 证明 $y = f(u(x))$ 在 x_0 处连续.

证明：设 Δx 为 x_0 的增量，由 $u = u(x)$ 在 x_0 处连续，有 $\Delta u \to 0 (\Delta x \to 0)$，从而
$$\Delta y = f(u(x_0 + \Delta x)) - f(u(x_0)).$$

所以，$\lim\limits_{\Delta x \to 0} \Delta y = \lim\limits_{\Delta x \to 0} (f(u(x_0 + \Delta x)) - f(u(x_0)))$

$$= \lim_{\Delta x \to 0} f(u(x_0 + \Delta x)) - f(u(x_0))$$

$$= f(\lim_{\Delta x \to 0} u(x_0 + \Delta x)) - f(u(x_0)).$$

当 $\Delta x \to 0$ 时，$u(x_0 + \Delta x) \to u_0$，$f(u)$ 连续，$\lim\limits_{u \to u_0} f(u) = f(\lim\limits_{u \to u_0} u)$，所以

$$\lim_{\Delta x \to 0} \Delta y = f(u(\lim_{\Delta x \to 0} (x_0 + \Delta x))) - f(u(x_0))$$

$$= f(u(x_0)) - f(u(x_0)) = 0.$$

故由连续的第二定义可知，函数 $y = f(u(x))$ 在 x_0 处连续.

3.1.4 　初等函数的连续性

由第二章知，对任意的 x_0，有

$$\lim_{x \to x_0} (a_n x^n + \cdots + a_1 x + a_0) = a_n x_0{}^n + \cdots + a_1 x_0 + a_0.$$

我们得到多项式 $y = a_n x^n + \cdots + a_1 x + a_0$ 在 R 中的每个 x_0 处都连续，即函数在 R 上连续.

同样，由 $\lim\limits_{x \to a} \sin x = \sin a$，$\lim\limits_{x \to a} \cos x = \cos a$，$\lim\limits_{x \to a} \sqrt[n]{x} = \sqrt[n]{a}$，我们知道 $\sin x$，$\cos x$，$\sqrt[n]{x}$ 在定义域上连续.

应该指出，**初等函数在其定义域上是连续的**.

初等函数是指幂函数、三角函数、反三角函数、指数函数、对数函数及其四则运算或复合所得到的函数. 比如，$y = \dfrac{1}{x}$ 在数轴上不连续，但在 $(-\infty, 0)$ 和 $(0, +\infty)$ 内是连续的.

分段函数和补充定义的函数有可能不满足上面的特性.

由连续的定义可知，如果函数在该点处连续，就可以用其函数值代替极限值. 因此，将不定式转换为连续函数是求解不定式的主要方法.

例 9　下列函数在极限目标点处是否连续？如果不连续，有无极限值？

(1) $f(x) = x^2 - 1 (x \to 1)$；

(2) $f(x) = \dfrac{x^2 - 4}{x^2 - x - 2} (x \to 2)$；

(3) $f(x) = \dfrac{1}{x} (x \to 0)$.

解：(1) $f(x)$ 为初等函数，在 $x = 1$ 处连续. 所以极限值＝函数值，即

$$\lim_{x \to 1} (x^2 - 1) = f(1) = 0.$$

(2) 函数在 $x = 2$ 处无定义，所以不连续. 求极限需转化为连续函数.

$$\lim_{x \to 2} \frac{x^2 - 4}{x^2 - x - 2} = \lim_{x \to 2} \frac{x + 2}{x + 1}.$$

因为函数 $\dfrac{x+2}{x+1}$ 连续，所以 $\lim\limits_{x \to 2} \dfrac{x+2}{x+1} = \dfrac{2+2}{2+1}$，即

$$\lim_{x \to 2} f(x) = \frac{4}{3}.$$

（3）$f(x)=\dfrac{1}{x}$ 在 $x=0$ 处间断．因为 $y=x$ 连续，可得 $\lim\limits_{x\to0}x=0$，所以

$$\lim_{x\to0}\frac{1}{x}=\infty.$$

例 10　函数 $f(x)=\begin{cases}e^x,&x\leqslant0\\x+b,&x>0\end{cases}$ 连续，求 b 的值（见图 $3-5$）.

解：因为 e^x 在 $x=0$ 处连续，所以 $\lim\limits_{x\to0^-}f(x)=\lim\limits_{x\to0^-}e^x=1.$

又 $\lim\limits_{x\to0^+}f(x)=\lim\limits_{x\to0^+}(x+b)=b.$

因为 $f(x)$ 连续，故在 $x=0$ 处连续，即

$$\lim_{x\to0^-}f(x)=\lim_{x\to0^+}f(x).$$

由此可得 $b=1$.

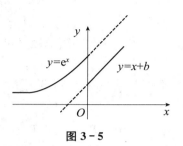

图 $3-5$

习题 3.1

1．研究下列函数的连续性，并画出函数的图形：

（1）$f(x)=\begin{cases}x^2,&0\leqslant x\leqslant1\\2-x,&1<x\leqslant2\end{cases}$；

（2）$f(x)=\begin{cases}x,&-1\leqslant x\leqslant1\\1,&|x|>1\end{cases}$.

2．下列函数在指定点处间断，说明这些间断点属于哪一类．如果是可去间断点，则补充或改变函数的定义使它连续：

（1）$y=\dfrac{x^2-1}{x^2-3x+2}$，$x=1$，$x=2$；

（2）$y=\dfrac{x}{\tan x}$，$x=k$，$x=k\pi+\dfrac{\pi}{2}$（$k=0,\pm1,\pm2,\cdots$）；

（3）$y=\cos^2\dfrac{1}{x}$，$x=0$.

3．讨论函数 $f(x)=\lim\limits_{n\to\infty}\dfrac{1-x^{2n}}{1+x^{2n}}x$ 的连续性，若有间断点，判别其类型.

4．求函数 $f(x)=\dfrac{x^3+3x^2-x-3}{x^2+x-6}$ 的连续区间，并求极限 $\lim\limits_{x\to0}f(x)$，$\lim\limits_{x\to-3}f(x)$ 及 $\lim\limits_{x\to2}f(x)$.

5．下列函数在极限目标点处是否连续？并求其极限.

（1）$\lim\limits_{x\to0}\sqrt{x^2-2x+5}$；

（2）$\lim\limits_{x\to\frac{\pi}{4}}(\sin2x)^3$；

（3）$\lim\limits_{x\to\frac{\pi}{6}}\ln(2\cos2x)$；

（4）$\lim\limits_{x\to0}\dfrac{\sqrt{x+1}-1}{x}$；

（5）$\lim\limits_{x\to1}\dfrac{\sqrt{5x-4}-\sqrt{x}}{x-1}$；

（6）$\lim\limits_{x\to a}\dfrac{\sin x-\sin a}{x-a}$.

6. 证明：$y = \cos x$ 为连续函数.

7. 设函数 $f(x) = \begin{cases} \cos x, & x < 0 \\ a + x, & x \geqslant 0 \end{cases}$，应当如何选择数 a，可使 $f(x)$ 成为 $(-\infty, +\infty)$ 内的连续函数?

8. 设 $f(x)$，$g(x)$ 在 x 的某邻域内连续，证明：当 $g(x) \neq 0$ 时，$\dfrac{f(x)}{g(x)}$ 连续.

3.2　关于连续函数的定理

3.2.1　最值存在定理

定理 1　闭区间上的连续函数有最大值和最小值.

证明略（见图 3-6）.

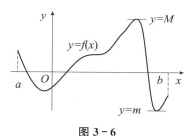

图 3-6

3.2.2　零点定理与介值定理

定理 2（零点定理）　设 $f(x)$ 在 $[a, b]$ 上连续，且 $f(a)f(b) < 0$，那么，在开区间 (a, b) 内至少存在一个零点 ε，使得

$$f(\varepsilon) = 0.$$

（证明略，如图 3-7 所示.）

定理 3（介值定理）　设 $f(x)$ 在 $[a, b]$ 上连续，c 为 $f(a), f(b)$ 之间的一个数，那么在 (a, b) 内存在 ε，使得 $f(\varepsilon) = c$.

证明：由 $f(x)$ 连续，得 $F(x) = f(x) - c$ 连续.

如图 3-8 所示，不妨设 $f(a) < c < f(b)$，则有

$$F(a) = f(a) - c < 0, F(b) = f(b) - c > 0.$$

由零点定理可知，在 (a, b) 内存在 ε，使

$$F(\varepsilon) = c, \text{ 即 } f(\varepsilon) = c.$$

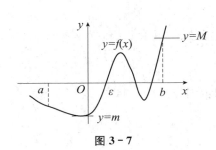

图 3 - 7

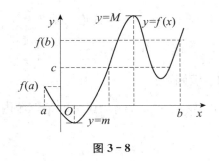

图 3 - 8

推论 1　$[a, b]$ 上连续函数的值域为 $[m, M]$．M、m 分别为最大值、最小值．

例 1　证明：方程 $x^3 - x + 3 = 0$ 在（0，2）内有根．

证明：设 $f(x) = x^3 - x + 3$，那么，$f(x)$ 在 $[0, 2]$ 上连续，且

$$f(0) = -3 < 0, \quad f(2) = 9 > 0.$$

由零点定理可知，在（0，2）内存在 ε，使

$$f(\varepsilon) = 0,$$

即 ε 为方程的根．

例 2　证明：函数 $f(x) = x^3 - 2x + 1$ 在（0，2）内有零点．

分析：$f(0)$，$f(2)$ 为正值，需找到区间内的负值点．

证明：$f\left(\dfrac{2}{3}\right) = \dfrac{8}{27} - \dfrac{4}{3} + 1 = -\dfrac{1}{27} < 0,$

$$f(0) = 1 > 0.$$

而 $f(x)$ 在区间内连续，由零点定理可知，在 $\left(0, \dfrac{2}{3}\right)$ 内有零点．故函数 $f(x)$ 在（0，2）内有零点．

例 3　已知 $f(x)$ 在（a，b] 上连续，$\lim\limits_{x \to a^+} f(x) = A > 0$，$f(b) < 0$．证明：方程 $f(x) = 0$ 有实根．

证明：由 $\lim\limits_{x \to a^+} f(x) = A > 0$，令 $F(x) = \begin{cases} A, & x = a \\ f(x), & x \in (a, b] \end{cases}$，则函数 $F(x)$ 在 $[a, b]$ 上连续．

因为 $F(a)F(b) < 0$，故由零点定理知，在（a，b）内有某点 x_0，使得 $F(x_0) = 0$，即方程 $f(x) = 0$ 有实根．

3.2.3　连续函数极限的局部保号性

定理 4　设函数 $f(x)$ 在 a 的某个邻域内连续，当 $x \to a$ 时，以 $A > 0$ 或 $A < 0$ 为极限．那么，在该邻域内存在较小邻域，使得 $f(x) > 0$ 或 $f(x) < 0$．

（证明略，如图 3 - 9 所示．）

定理 5　连续函数在 $x \to +\infty$ 或 $x \to -\infty$ 时以 A 为极限，那么存在 $M > 0$，使得 $x > M$ 或 $x < -M$ 时，函数值与 A

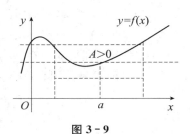

图 3 - 9

同号.

（证明略）

例 4 已知 $f(x)$ 在 R 上连续，$\lim\limits_{x\to-\infty}f(x)=A<0$，$\lim\limits_{x\to+\infty}f(x)=B>0$. 证明：方程 $f(x)=0$ 有实根.

证明： 由 $\lim\limits_{x\to-\infty}f(x)=A<0$ 及极限的局部保号性，可知存在 $m<0$，使得 $\forall x\in(-\infty,m)$，$f(x)<0$. 取 $x=m-1$，则有 $f(m-1)<0$.

同理，存在 $M>0$ 使得 $\forall x\in(M,\infty)$，$f(x)>0$. 取 $x=M+1$，则有 $f(M+1)>0$. 那么由零点定理，在 $(m-1,M+1)$ 内 $f(x)$ 有零点，即方程 $f(x)=0$ 有实根.

习题 3.2

1. 证明方程 $x^5-3x=1$ 至少有一个根介于 1 和 2 之间.

2. 证明方程 $\sin x+x+1=0$ 在开区间 $\left(-\dfrac{\pi}{2},\dfrac{\pi}{2}\right)$ 内至少有一个根.

3. 证明方程 $x=a\sin x+b$（其中 $a>0$，$b>0$）至少有一个正根，并且它不超过 $a+b$.（提示：设 $y=x-a\sin x-b$.）

4. 证明：若 $f(x)$ 在 $[a,b]$ 上连续，$a<x_1<x_2<\cdots<x_n<b$，则在 $[x_1,x_n]$ 上至少有一点 ξ，使
$$f(\xi)=\frac{f(x_1)+f(x_2)+\cdots+f(x_n)}{n}.$$

5. 设有函数 $f(x)$，对于闭区间 $[a,b]$ 上的任意两点 x，y，恒有 $|f(x)-f(y)|\leqslant L|x-y|$，其中 L 为正常数，且 $f(a)f(b)<0$. 证明：至少有一点 $\xi\in(a,b)$，使得 $f(\xi)=0$.（提示：证明函数连续即可.）

3.3　导数：光滑与走向

3.3.1　导数的定义

曲线是否光滑、走向如何主要用导数描述. 函数在某个点 x 处有导数，是指函数图像上的点 $(x,f(x))$ 处有切线. 这条切线的斜率就是函数在点 x 处的导数. 这个数（斜率）不是无穷大时，就说函数在 x 处可导. 导数的值指出了动点沿曲线无限逼近点 $(x,f(x))$ 时的走向. 可导可以理解为曲线在此处光滑.

切线的求法

过曲线上两个不同的点 P_1，P_2 的直线，称为割线. 当 P_1，P_2 无限趋于同一点 P 时，所得的直线称为曲线在 P 处的切线. 这时 P 称为切点. 求切线的方法有两种.

第一种方法：取定切点 $P_0(x_0, y_0)$ 不动，另一点 $P(x, y)$ 为动点，沿着曲线向切点逼近.

当 P 向切点逼近时，$x \to x_0$，P 在曲线 $y = f(x)$ 上. 在逼近过程中，割线的斜率为

$$k_{PP_0} = \frac{y - y_0}{x - x_0}.$$

令 $P \to P_0$，就可以得到切线的斜率. 如图 3 - 10 所示.

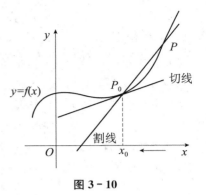

图 3 - 10

导数的第一定义

定义 1 设 $y = f(x)$ 在 x_0 的某个邻域内有定义，如果极限

$$\lim_{x \to x_0} \frac{y - y_0}{x - x_0} = \lim_{x \to x_0} \frac{f(x) - f(x_0)}{x - x_0} = A,$$

那么称函数 $y = f(x)$ 在 x_0 处**可导**，A 是函数在 x_0 处的**导数**，记为

$$(f(x))' \big|_{x=x_0} = A \text{ 或 } f'(x_0) = A \text{ 或 } \frac{\mathrm{d}y}{\mathrm{d}x}\bigg|_{x=x_0} = A \text{ 或 } \frac{\mathrm{d}f(x)}{\mathrm{d}x}\bigg|_{x=x_0} = A.$$

当 x 不特指某个数时，记为

$$(f(x))' \text{ 或 } f'(x) \text{ 或 } \frac{\mathrm{d}y}{\mathrm{d}x} \text{ 或 } \frac{\mathrm{d}f(x)}{\mathrm{d}x}.$$

此时也可称之为**导函数**（因为含有自变量 x）.

如果记 $\Delta x = x - x_0$，$\Delta y = y - y_0$，则有

$$f'(x_0) = \lim_{x \to x_0} \frac{\Delta y}{\Delta x} = A,$$

其中 Δx，Δy 分别为 x_0，y_0 的增量.

注：$f'(x_0)$ 表示 $f(x)$ 求导后，将 x_0 代入. 与 $(f(x_0))'$ 的运算次序相反. 后者是常数的导数，为 0.

例 1 求 $y = x^2$ 在 $(1, 1)$ 处的切线.

解：切点为 $(1, 1)$.

切线斜率为 $k = \lim\limits_{x \to 1} \dfrac{y - 1}{x - 1}$

$$= \lim_{x \to 1} \frac{x^2 - 1}{x - 1}$$
$$= \lim_{x \to 1}(x + 1)$$
$$= 2.$$

所以切线为 $y - 1 = 2(x - 1)$，即 $y = 2x - 1$.

从定义看，导数实际上就是函数增量与自变量增量比值的极限. 因此，导数是否存在就是这个极限是否存在. 我们已经知道，极限存在等价于其左右极限相等. 分析分段函数的交界点处是否可导时常用此法.

例 2 研究 $y = f(x) = \begin{cases} -x, & x < 0 \\ x, & x \geq 0 \end{cases}$ 在 $x = 0$ 和 $x = 1$ 处是否可导.

解：在 $x = 0$ 处，$f(0) = 0$.

$$\lim_{x \to 0} \frac{\Delta y}{\Delta x} = \lim_{x \to 0} \frac{f(x) - f(0)}{x - 0}.$$

当 $x \to 0^-$ 时，$f(x) = -x$，所以

$$\lim_{x \to 0^-} \frac{\Delta y}{\Delta x} = \lim_{x \to 0^-} \frac{-x - 0}{x} = -1.$$

当 $x \to 0^+$ 时，$f(x) = x$，所以

$$\lim_{x \to 0^+} \frac{\Delta y}{\Delta x} = \lim_{x \to 0^+} \frac{x - 0}{x} = 1.$$

因此，极限 $\lim\limits_{x \to 0} \dfrac{\Delta y}{\Delta x}$ 不存在，即在 $x = 0$ 处不可导.

在 $x = 1$ 处，$f(1) = 1$. 当 $x \to 1$ 时，$f(x) = x$，所以

$$\lim_{x \to 1} \frac{\Delta y}{\Delta x} = \lim_{x \to 1} \frac{f(x) - f(1)}{x - 1} = \lim_{x \to 1} \frac{x - 1}{x - 1} = 1.$$

所以 $y = f(x)$ 在 $x = 1$ 处可导，且导数为 1.

平均变化率与点变化率

导数的数量意义：函数对自变量在 x 处的**增量变化率**.

函数的**平均变化率**是指从 x 变到 $x + \Delta x$ 时，函数值增量 Δy 与自变量增量 Δx 的比值，即

$$\frac{\Delta y}{\Delta x} = \frac{f(x + \Delta x) - f(x)}{(x + \Delta x) - x}.$$

当 $x + \Delta x \to x$，即 $\Delta x \to 0$ 时，这个变化率为

$$\lim_{\Delta x \to 0} \frac{f(x + \Delta x) - f(x)}{(x + \Delta x) - x} = \lim_{\Delta x \to 0} \frac{\Delta y}{\Delta x} = f'(x) = y'.$$

我们称这个数为函数在 x 处的**点变化率**，也就是在 x 处的导数.

导数的第二定义

以两个动点趋向切点的方式也可以得到切线. 如图 3-11 所示，设切点为 $P_0(x_0, y_0)$，两个动点分别为 $P_1(x_0 - a\Delta x, f(x_0 - a\Delta x))$ 和 $P_2(x_0 + b\Delta x, f(x_0 + b\Delta x))$，当两点趋向切点时，$\Delta x \to 0$. 所以，函数在 x_0 处的导数为

$$f'(x_0) = \lim_{\Delta x \to 0} \frac{f(x_0 + b\Delta x) - f(x_0 - a\Delta x)}{(b + a)\Delta x}.$$

例 3 已知函数 $f(x)$ 在 $x = 2$ 处的导数为 1，求 $\lim\limits_{\Delta x \to 0} \dfrac{f(2 + 3\Delta x) - f(2 - 3\Delta x)}{\Delta x}$ 的值.

解：因为

$$f'(2) = \lim_{\Delta x \to 0} \frac{f(2 + 3\Delta x) - f(2 - 3\Delta x)}{(3 + 3)\Delta x} = 1,$$

所以

$$\lim_{\Delta x \to 0} \frac{f(2 + 3\Delta x) - f(2 - 3\Delta x)}{\Delta x}$$

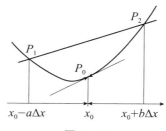

图 3-11

$$= (3+3) \lim_{\Delta x \to 0} \frac{f(2+3\Delta x) - f(2-3\Delta x)}{(3+3)\Delta x} = 6.$$

3.3.2 基本函数的导数公式：运算的转换规则

基本函数的导数公式

例 4 求 $y = x^2$ 在 x 处的导数.

解：切点为 (x, x^2)，动点为 $(x+\Delta x, (x+\Delta x)^2)$.

$$\begin{aligned}
f'(x) &= \lim_{\Delta x \to 0} \frac{\Delta y}{\Delta x} \\
&= \lim_{\Delta x \to 0} \frac{(x+\Delta x)^2 - x^2}{\Delta x} \\
&= \lim_{\Delta x \to 0} \frac{(\Delta x)^2 + 2x\Delta x}{\Delta x} \\
&= \lim_{\Delta x \to 0} (\Delta x + 2x) \\
&= 2x.
\end{aligned}$$

简记为 $(x^2)' = 2x$.

仿照这个方法，可以得到整数幂函数的导数公式：

$$(x^n)' = nx^{n-1}.$$

$$\begin{aligned}
(x^n)' &= \lim_{\Delta x \to 0} \frac{(x+\Delta x)^n - x^n}{\Delta x} \\
&= \lim_{\Delta x \to 0} \frac{\Delta x (x^{n-1} + x^{n-2}(x+\Delta x) + \cdots + (x+\Delta x)^{n-1})}{\Delta x} \\
&= nx^{n-1}.
\end{aligned}$$

这个公式也适用于非正整数幂函数，即

$$(x^a)' = ax^{a-1}.$$

如 $\left(\dfrac{1}{x}\right)' = -\dfrac{1}{x^2}$，$(\sqrt{x})' = \dfrac{1}{2\sqrt{x}}$.

例 5 求 $y = \sin x$ 的导数.

解：设 x 的增量为 Δx.

$$\begin{aligned}
(\sin x)' &= \lim_{\Delta x \to 0} \frac{\sin(x+\Delta x) - \sin x}{\Delta x} \\
&= \lim_{\Delta x \to 0} \frac{2\cos\left(x+\dfrac{\Delta x}{2}\right)\sin\dfrac{\Delta x}{2}}{\Delta x} \\
&= \lim_{\Delta x \to 0} \cos\left(x+\dfrac{\Delta x}{2}\right) \cdot \frac{\sin\dfrac{\Delta x}{2}}{\dfrac{\Delta x}{2}} \\
&= \cos x.
\end{aligned}$$

例 6 求 $y = \ln x$ 的导数.

解：设 x 的增量为 Δx.

$$(\ln x)' = \lim_{\Delta x \to 0} \frac{\ln(x + \Delta x) - \ln x}{\Delta x}$$

$$= \lim_{\Delta x \to 0} \frac{\ln \dfrac{x + \Delta x}{x}}{\Delta x}$$

$$= \lim_{\Delta x \to 0} \frac{\ln\left(1 + \dfrac{\Delta x}{x}\right)}{x \dfrac{\Delta x}{x}}$$

$$= \frac{1}{x}.$$

例 7　求 $\dfrac{\mathrm{d}e^x}{\mathrm{d}x}$.

解： $\dfrac{\mathrm{d}e^x}{\mathrm{d}x} = \lim_{\Delta x \to 0} \dfrac{e^{x+\Delta x} - e^x}{\Delta x}$

$$= \lim_{\Delta x \to 0} \frac{e^x(e^{\Delta x} - 1)}{\Delta x}$$

$$= e^x.$$

例 8　证明常数函数 $y = c$ 的导数为 0.

证明： 因为 $\Delta y = c - c = 0$，所以 $(c)' = \lim_{\Delta x \to 0} \dfrac{\Delta y}{\Delta x} = 0$.

从以上公式可以看出，基本函数的求导实际是运算的转换，自变量不改变.

导数的四则运算公式

定理 1　设 $f(x)$，$g(x)$ 在 x 处可导，那么有

(1) $(f(x) \pm g(x))' = f'(x) \pm g'(x)$;

(2) $(f(x)g(x))' = f'(x)g(x) + f(x)g'(x)$;

(3) $\left(\dfrac{g(x)}{f(x)}\right)' = \dfrac{f(x)g'(x) - g(x)f'(x)}{f^2(x)}$.

证明：（只证明乘法公式（2））

$$(f(x)g(x))' = \lim_{\Delta x \to 0} \frac{f(x+\Delta x)g(x+\Delta x) - f(x)g(x)}{\Delta x}$$

$$= \lim_{\Delta x \to 0} \frac{(f(x+\Delta x) - f(x))g(x+\Delta x) + f(x)(g(x+\Delta x) - g(x))}{\Delta x}$$

$$= \lim_{\Delta x \to 0} \frac{(f(x+\Delta x) - f(x))g(x+\Delta x)}{\Delta x} + \lim_{\Delta x \to 0} \frac{f(x)(g(x+\Delta x) - g(x))}{\Delta x}$$

$$= f'(x)g(x) + f(x)g'(x).$$

特殊地，$(cf(x))' = cf'(x)$.

例 9　求 $f(x) = \dfrac{e^x}{x} + \sin x$ 的导数.

解： $f'(x) = \left(\dfrac{e^x}{x} + \sin x\right)'$

$$= \left(\frac{e^x}{x}\right)' + (\sin x)'$$

$$= \frac{xe^x - e^x}{x^2} + \cos x.$$

例 10 求$(x\sin x\ln x)'$

解：
$$\begin{aligned}(x\sin x\ln x)' &= ((x\sin x)\ln x)' \\ &= (x\sin x)'\ln x + (x\sin x)(\ln x)' \\ &= (\sin x + x\cos x)\ln x + \sin x \\ &= \sin x(1+\ln x) + x\cos x\ln x.\end{aligned}$$

例 11 求$\frac{\mathrm{d}}{\mathrm{d}x}(f(x)g(x)h(x))$.

解：
$$\begin{aligned}\frac{\mathrm{d}}{\mathrm{d}x}(f(x)g(x)h(x)) &= f'(x)(g(x)h(x)) + f(x)(g(x)h(x))' \\ &= f'(x)g(x)h(x) + f(x)g'(x)h(x) + f(x)g(x)h'(x).\end{aligned}$$

从导数的四则运算公式可以看到，式子中有几个 x 就有几项，即对每个因式的 x 各求导一次再相加．这个规律也适用于其他类型的求导.

3.3.3 导数的其他意义

例如，非匀速的运动物体在不同的时间段走过的路程不同，体现了在不同的时间平均速度不同，当这个时间段无限短，即 $x+\Delta x\to x$ 时，也即 $\Delta x\to 0$ 时，这个速度就是在 x 处的瞬间速度.

例 12 自由落体运动中位移 s 和时间 t（秒）的关系为

$$s=\frac{1}{2}gt^2.$$

求物体在 t 时的速度（如图 3-12 所示).

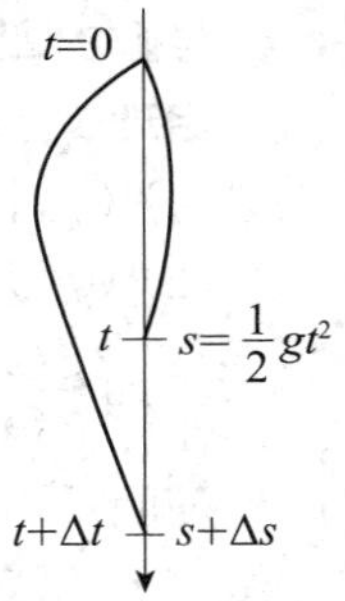

图 3-12

解： 物体从 t 秒到 $t+\Delta t$ 秒经过的位移为

$$\Delta s = \frac{1}{2}g(t+\Delta t)^2 - \frac{1}{2}gt^2,$$

那么平均速度为

$$\begin{aligned}\bar{v} &= \frac{\Delta s}{\Delta t} \\ &= \frac{\frac{1}{2}g(t+\Delta t)^2 - \frac{1}{2}gt^2}{\Delta t} \\ &= gt + \frac{1}{2}g\Delta t,\end{aligned}$$

$$\begin{aligned}v &= s' \\ &= \lim_{\Delta t\to 0}\left(gt + \frac{1}{2}g\Delta t\right) = gt.\end{aligned}$$

例 13 水滴落到纸上后，圆形水迹的半径以每秒 0.2cm 的速度扩展，求水滴落到纸上第二秒时的水迹面积及面积扩展速度（如图 3-13 所示).

解： $r(2) = 0.4$,

$$S = \pi r^2 = 0.16\pi,$$
$$r(2+\Delta t) = 0.4 + 0.2\Delta t,$$
$$S(2+\Delta t) = \pi(0.4+0.2\Delta t)^2.$$

$t=2$ 到 $t=2+\Delta t$ 时的平均面积扩展速度为

$$\frac{(0.4+0.2\Delta t)^2 - 0.16}{\Delta t}\pi \ (\text{cm}^2/\text{s}).$$

瞬间面积扩展速度为

$$S'(2) = \lim_{\Delta t \to 0} \frac{(0.4+0.2\Delta t)^2 - 0.16}{\Delta t}\pi$$
$$= 0.16\pi \ (\text{cm}^2/\text{s}).$$

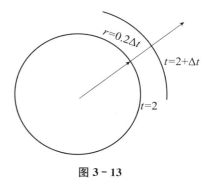

图 3-13

故第二秒时的水迹面积为 $0.16\pi\,\text{cm}^2$，面积扩展速度为 $0.16\pi\,\text{cm}^2/\text{s}$.

3.3.4 可导与连续的关系

可导与连续的关系

观察图 3-14 中各图割线在各种情况下的变化，可以发现，不连续的点处没有切线（如图 3-14（a）所示），连续的点处可能有切线（如图 3-14（c）所示），也可能没有切线（连续的折线在分界点左右导数不同，在分界点处没有导数，如图 3-14（b）所示）；而有切线的点处一定连续．这是我们说可导可以大致理解为光滑的原因．

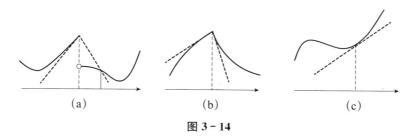

图 3-14

定理 2 设 $f(x)$ 在 x 处可导，那么，函数 $f(x)$ 在此处连续．

证明： 因为 $f(x)$ 在 x 处可导，故可设

$$f'(x) = \lim_{\Delta x \to 0} \frac{\Delta y}{\Delta x} = A \qquad (\Delta x，\Delta y \ \text{分别称为} \ x，y \ \text{的增量}).$$

那么，当 $\Delta x \to 0$ 时，由极限的意义可知，$\dfrac{\Delta y}{\Delta x}$ 与 A 相差一个无穷小，即

$$\frac{\Delta y}{\Delta x} = A + \alpha,$$

这里 α 为 $\Delta x \to 0$ 时的无穷小．

所以

$$\Delta y = A\Delta x + \alpha \Delta x.$$

而

$$\lim_{\Delta x \to 0} \Delta y = \lim_{\Delta x \to 0}(A\Delta x + \alpha \Delta x) = 0.$$

那么由连续的第二定义可知，$f(x)$ 在 x 处连续.

注：可导一定连续；连续不一定可导.

例如，$y = \sqrt[3]{x^2}$ 连续，但是

$$y' = \frac{2}{3\sqrt[3]{x}},$$

在 $x=0$ 处导数为无穷大．其图像如图 3-15 所示.

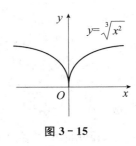

图 3-15

例 14 求 $f(x) = \begin{cases} 2x+1, & x \geq 0 \\ \mathrm{e}^x, & x < 0 \end{cases}$ 的导函数（如图 3-16 所示）.

解：定义域为 R.

当 $x > 0$ 时，$f'(x) = 2$；

当 $x < 0$ 时，$f'(x) = \mathrm{e}^x$；

当 $x = 0$ 时，$f(0) = 1$.

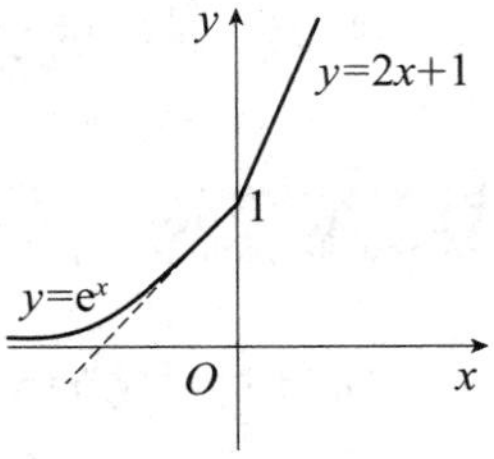

所以，左导数 $f'(0^-) = \lim\limits_{x \to 0^-} \dfrac{f(x) - f(0)}{x - 0}$

$$= \lim\limits_{x \to 0^-} \frac{\mathrm{e}^x - 1}{x - 0}$$

$$= 1.$$

右导数 $f'(0^+) = \lim\limits_{x \to 0^+} \dfrac{f(x) - f(0)}{x - 0}$

$$= \lim\limits_{x \to 0^+} \frac{2x + 1 - 1}{x - 0}$$

$$= 2.$$

导数 $f'(0) = \lim\limits_{x \to 0} \dfrac{f(x) - f(0)}{x - 0}$ 不唯一确定，即不可导.

所以

$$f'(x) = \begin{cases} 2, & x > 0 \\ \mathrm{e}^x, & x < 0 \end{cases}.$$

根据导数的定义，$\lim\limits_{x \to x_0} \dfrac{f(x) - f(x_0)}{x - x_0} = A$，则左右极限存在且相等．其几何意义是：割线的动点 x 从左右两侧趋近 x_0，所形成的切线是一样的，也就是说，在此处是光滑的；又由于切线可能与横轴垂直，为不可导状态，如 $x = 0$ 时 $y = \sqrt[3]{x}$ 的图像，如图 3-17 所示，故可导可以理解为光滑而切线不与横轴垂直.

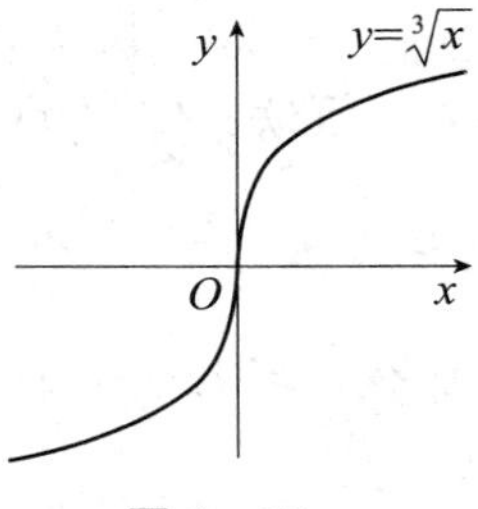

3.3.5 光滑曲线

曲线 $F(x, y) = 0$ 在 (x, y) 处 y'_x 或 x'_y 存在，则曲线在此处光滑．如在 $(0, 0)$ 处，$y = \sqrt[3]{x}$ 对 x 的导数不存在，但其反函数 $x = y^3$ 对 y 的导数 $x'_y = 3y^2$ 存在，为 0，所以曲线光滑.

光滑曲线是函数的主要研究对象.

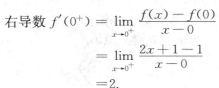

图 3-16

图 3-17

例 15　函数 $y=\begin{cases} x\sin\dfrac{1}{x}, & x\neq0 \\ 0, & x=0 \end{cases}$ 在 $x=0$ 处是否连续? 是否可导?

解：$\lim\limits_{x\to0}x\sin\dfrac{1}{x}=0$（无穷小与有界量之积），$f(0)=0$，连续.

$$y'=\lim\limits_{x\to0}\frac{f(x)-f(0)}{x-0}$$

$$=\lim\limits_{x\to0}\frac{x\sin\dfrac{1}{x}}{x}=\lim\limits_{x\to0}\sin\frac{1}{x}.$$

导数在 $x=0$ 处不存在.

例 16　函数 $y=\begin{cases} \sin x, & x\leqslant0 \\ x+1, & x>0 \end{cases}$ 在 $x=0$ 处是否可导（如图 3-18 所示）?

解：当 $x\to0^-$ 时，$f(0)=0$，

$$\lim\limits_{x\to0^-}\frac{\Delta y}{\Delta x}=\lim\limits_{x\to0^-}\frac{\sin x}{x}=1.$$

当 $x\to0^+$ 时，

$$\lim\limits_{x\to0^+}\frac{\Delta y}{\Delta x}=\lim\limits_{x\to0}\frac{x+1}{x}=+\infty.$$

所以，函数在 $x=0$ 处不可导.

错解：$(\sin x)'=\cos x$，$\cos0=1$，又 $(x=1)'=1$，可导.

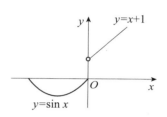

图 3-18

例 17　研究 $y=|x-1|$ 的可导性.

解：当 $x<1$ 时，$y=1-x$，$y'=-1$.

当 $x>1$ 时，$y=x-1$，$y'=1$.

当 $x=1$ 时，$\lim\limits_{x\to1}\dfrac{y-y(1)}{x-1}$ 分两种情况：

(1) 当 $x<1$ 时，$\lim\limits_{x\to1^-}\dfrac{y-y(1)}{x-1}=\lim\limits_{x\to1^-}\dfrac{1-x-0}{x-1}=-1$；

(2) 当 $x>1$ 时，$\lim\limits_{x\to1^+}\dfrac{y-y(1)}{x-1}=\lim\limits_{x\to1^+}\dfrac{x-1-0}{x-1}=1$；

所以，$\lim\limits_{x\to1}\dfrac{y-y(1)}{x-1}$ 不存在，即在 $x=1$ 处不可导.

因此，函数除 $x=1$ 处外，处处可导.

习题 3.3

1. 已知 $f(x)=10x^2$，试按定义求 $f'(-1)$.

2. 证明 $(\cos x)'=-\sin x$.

3. 下列各题中均假定 $f'(0)$ 存在，指出 A 与其关系：

(1) $\lim\limits_{\Delta x\to0}\dfrac{f(x_0-\Delta x)-f(x_0)}{\Delta x}=A$；

(2) $\lim\limits_{x\to 0}\dfrac{f(x)}{x}=A$，其中 $f(0)=0$，且 $f'(0)$ 存在；

(3) $\lim\limits_{h\to 0}\dfrac{f(x_0+h)-f(x_0-h)}{h}=A$.

(4) 已知 $f'(x_0)=A$，$\lim\limits_{\Delta x\to 0}\dfrac{f(x_0-2\Delta x)-f(x_0+\Delta x)}{\Delta x}=3$.

4. 求下列函数的导数：

(1) $y=x^4$；　　　　　　　　　　(2) $y=\sqrt[3]{x^2}$；

(3) $y=x^{1.6}$；　　　　　　　　　(4) $y=\dfrac{1}{\sqrt{x}}$；

(5) $y=\dfrac{1}{x^2}$；　　　　　　　　　(6) $y=x^3\sqrt[5]{x}$；

(7) $y=\dfrac{x^2\sqrt[3]{x^2}}{\sqrt{x^5}}$；　　　　　　　(8) $y=2\sin x\cos x$；

(9) $y=x\mathrm{e}^x$；　　　　　　　　(10) $y=x^2\ln x$；

(11) $y=\mathrm{e}^x\cos x$；　　　　　　　(12) $y=2x^2-3x+2$；

(13) $y=x^n+2\sin x$；　　　　　　(14) $y=\dfrac{1}{\sin x}$；

(15) $y=\dfrac{\ln x}{x}$；　　　　　　　　(16) $y=\dfrac{2x+\cos x}{\mathrm{e}^x}$；

(17) $y=\dfrac{x-\mathrm{e}^x}{\cos x}$；　　　　　　　(18) $y=\cos x\cdot\sqrt{x}\cdot\ln x$.

5. 已知物体的运动规律为 $s=t^3$ (m)．求该物体在 $t=2$ 秒（s）时的速度.

6. 如果函数 $f(x)$ 为可导的偶函数，且 $f'(0)$ 存在，证明 $f'(0)=0$.

7. 求曲线 $y=\sin x$ 在具有下列横坐标的各点处切线的斜率：$x=\dfrac{2}{3}\pi$，$x=\pi$.

8. 求曲线 $y=\cos x$ 上点 $\left(\dfrac{\pi}{3},\ \dfrac{1}{2}\right)$ 处的切线方程和法线方程.

9. 求曲线 $y=\mathrm{e}^x$ 在点 $(0,\ 1)$ 处的切线方程.

10. 在抛物线 $y=x^2$ 上取横坐标为 $x_1=1$ 及 $x_2=3$ 的两点，作过这两点的割线，问该抛物线上哪一点的切线平行于这条割线？

11. 讨论下列函数在 $x=0$ 处的连续性与可导性：

(1) $y=|\sin x|$；

(2) $y=\begin{cases}x^2\sin\dfrac{1}{2}, & x\neq 0 \\ 0, & x=0\end{cases}$.

12. 设函数 $f(x)=\begin{cases}x^2, & x\leqslant 1 \\ ax+b, & x>1\end{cases}$，为了使函数 $f(x)$ 在 $x=1$ 处连续且可导，a，b 应取什么值？

13. 已知 $f(x)=\begin{cases}x^2, & x\geqslant 0 \\ -x, & x<0\end{cases}$，$f'_+(0)$ 及 $f'_-(0)$，又 $f'(0)$ 是否存在？

14. 已知 $f(x) = \begin{cases} \sin x, & x < 0 \\ x, & x \geqslant 0 \end{cases}$，求 $f'(x)$.

15. 证明：双曲线 $xy = a$ 上任一点处的切线与两坐标轴构成的三角形的面积都等于 $2a^2$.

3.4　复合运算的导数公式

3.4.1　复合运算求导的转换规则：链式法则

定理 1　设 $f(x)$ 在 u 处可导，$u = g(x)$，而 $g(x)$ 在 x 处可导，那么
$$[f(g(x))]' = f'(u)g'(x).$$

证明： $u = g(x)$ 在 x 处可导，$g(x)$ 在 x 处连续.

当 $\Delta x \to 0$ 时，$\Delta u \to 0$，记 $\Delta u = g(x + \Delta x) - g(x)$.

$$
\begin{aligned}
[f(g(x))]' &= \lim_{\Delta x \to 0} \frac{\Delta f(g(x))}{\Delta x} \\
&= \lim_{\Delta x \to 0} \frac{f(g(x + \Delta x)) - f(g(x))}{\Delta x} \\
&= \lim_{\Delta x \to 0} \frac{f(g(x + \Delta x)) - f(g(x))}{g(x + \Delta x) - g(x)} \cdot \frac{g(x + \Delta x) - g(x)}{\Delta x} \\
&= \lim_{\Delta u \to 0} \frac{f(u + \Delta u) - f(u)}{\Delta u} \cdot \lim_{\Delta x \to 0} \frac{g(x + \Delta x) - g(x)}{\Delta x} \\
&= f'(u)g'(x).
\end{aligned}
$$

$$\boxed{x \xrightarrow{\;g\;} g(x) = u \xrightarrow{\;f\;} f(u) = f(g(x))}$$

$$\boxed{g'(x) \cdot f'(u) = (f(g(x)))'_x}$$

可以看出，复合函数的求导是各运算的转换公式的连续运用.

例 1　求 $(\sin e^x)'$.

解： 令 $u = e^x$，

$$\boxed{x \xrightarrow{\text{指数运算}} e^x = u \xrightarrow{\text{正弦运算}} \sin u = \sin e^x}$$

$$
\begin{aligned}
(\sin e^x)' &= (\sin u)'_u (e^x)' \\
&= \cos u \cdot e^x \\
&= e^x \cos e^x.
\end{aligned}
$$

例 2　求 $(a^x)'$.

解：
$$\boxed{x \xrightarrow{\text{倍数运算}} x\ln a = u \xrightarrow{\text{指数运算}} e^u = a^x}$$

$$
\begin{aligned}
(a^x)' &= (e^{x\ln a})' \\
&= (e^{x\ln a})'_{x\ln a}(x\ln a)' \\
&= e^{x\ln a}\ln a \\
&= a^x\ln a.
\end{aligned}
$$

至此，我们得到了各个基本运算对应的求导公式.

$$(x^n)' = nx^{n-1}$$

$$(\sin x)' = \cos x, \quad (\cos x)' = -\sin x$$

$$(\tan x)' = \sec^2 x, \ (\cot x)' = -\csc^2 x$$

$$(\sec x)' = \sec x \tan x, \ (\csc x)' = -\cot x \csc x$$

$$(\ln x)' = \frac{1}{x}, \ (\log_a x)' = \frac{1}{x \ln a}$$

$$(\mathrm{e}^x)' = \mathrm{e}^x, \ (a^x)' = a^x \ln a$$

$$(\arcsin x)' = \frac{1}{\sqrt{1-x^2}}, \ (\arccos x)' = -\frac{1}{\sqrt{1-x^2}}$$

$$(\arctan x)' = \frac{1}{1+x^2} \quad (\text{arccot} x)' = -\frac{1}{1+x^2}$$

$$[f(g(x))]' = f'(u)g'(x) \quad [u = g(x)]$$

$$[cf(x)]' = cf'(x)$$

$$[f(x) \pm g(x)]' = f'(x) \pm g'(x)$$

$$[f(x) \cdot g(x)]' = f'(x)g(x) + f(x)g'(x)$$

$$\left[\frac{f(x)}{g(x)}\right]' = \frac{f'(x)g(x) - f(x)g'(x)}{g^2(x)} (g(x) \neq 0)$$

说明：（1）上面各式都是对 x 求导，即是对这个运算的被运算元求导．如果被运算元是 u，那么右边式子中的 x 要换成 u．

（2）导数有明确的被运算元．$f'(u)$ 是指以 u 为被运算元，与 $f'(x)$ 不同．

对复合函数求导时，必须注意套用公式后，求导结果是否对应题目指定的被运算元．

例如：求（$\sin 2x$）′．（1）默认以 x 为自变量求导．（2）（$\sin 2x$）′$= \cos 2x$ 只体现了复合运算中正弦运算得到的结果，即对 $2x$ 求导的结果，$2x$ 还需要对 x 求导．（3）从变化率的角度看，是函数对 x 而不是对 $2x$ 的变化率．

事实上，

$$
\begin{aligned}
(\sin 2x)' &= (2\sin x \cos x)' \\
&= 2(\sin x \cos x)' \\
&= 2(\cos^2 x - \sin^2 x)' \\
&= 2\cos 2x.
\end{aligned}
$$

以上的导数公式实际上表明了求导是将被运算元从原来的运算中转换到某个特定的运算中，被运算元不变．简单地说，就是运算的特定转换．除了加减法和乘以常数，其余所有运算都进行了相应的特定转换．分清运算次序和对应的被运算元，是正确求导的关键．

例 3 求 $(2x+3)^3$ 的导数．

分析：函数的运算次序为 $x \rightarrow 2x \rightarrow 2x+3 \rightarrow (2x+3)^3$，运用三个导数公式．

解：（方法一）$\left[(2x+3)^3\right]' = 3(2x+3)^2(2x+3)'$ （对 $2x+3$ 的立方运算公式）

$\qquad\qquad\qquad = 3(2x+3)^2((2x)'+0)$ （加法运算公式）

$\qquad\qquad\qquad = 3(2x+3)^2 \cdot 2$ （乘法运算公式）

$\qquad\qquad\qquad = 6(2x+3)^2.$

（方法二）令 $u = 2x+3$，则 $y = (2x+3)^3 = u^3$，

$\qquad y' = (u^3)'_u u'_x = 3u^2(2x+3)' = 3(2x+3)^2 \cdot (2+0) = 6(2x+3)^2.$

例 4 求 $\sin \mathrm{e}^{-x}$ 的导数．

解：$(\sin \mathrm{e}^{-x})' = (\sin u)'_u u'_x \quad (u = \mathrm{e}^{-x})$

$$=\cos u \cdot (\mathrm{e}^{-x})'_x$$
$$=\cos u \cdot \mathrm{e}^{-x} \cdot v'_x \qquad (v=-x)$$
$$=-\mathrm{e}^{-x}\cos\mathrm{e}^{-x}.$$

例 5 求 $y=\ln(\sqrt{1+x^2}-x)$ 的导数.

解： $y' = (\ln u)'_u u'_x \quad (u=\sqrt{1+x^2}-x)$

$$=\frac{1}{u}(\sqrt{1+x^2}-x)'$$

$$=\frac{1}{\sqrt{1+x^2}-x}\left(\frac{1}{2\sqrt{1+x^2}}(1+x^2)'-1\right)$$

$$=\frac{1}{\sqrt{1+x^2}-x}\left(\frac{2x}{2\sqrt{1+x^2}}-1\right)$$

$$=-\frac{1}{\sqrt{1+x^2}}.$$

例 6 已知 $y=f^2(g(\tan x))$，求 $\dfrac{\mathrm{d}y}{\mathrm{d}x}$.

分析： 函数有四次运算. f 和 g 为未知函数，对应的导数只能用 f'，g' 表示.

解： $y' = 2f(g(\tan x))[f(g(\tan x))]'$

$$= 2f(g(\tan x))f'(g(\tan x))[g(\tan x)]'$$

$$= 2f(g(\tan x))f'(g(\tan x))g'(\tan x)(\tan x)'$$

$$= 2f(g(\tan x))f'(g(\tan x))g'(\tan x)\sec^2 x.$$

3.4.2 复合函数求导公式的运用

复合函数是复杂函数求导的基础.

下面介绍隐函数的导数.

在二元及二元以上的方程中，其中的一个变量可以视为由剩余的变量决定，即这个变量被称为方程中的隐函数. 如方程 $x-y=3$ 中的 $y=x-3$. 二元方程中隐含着一元函数. 利用复合函数的求导法则，可以比较方便地求导.

例 7 求圆 $x^2+y^2=4$ 在点 $(1,\sqrt{3})$ 处的切线.

解： 先求切线的斜率.

x 为自变量，y 为 x 的函数. 两边对 x 求导，得到

$$2x+2yy'=0 \qquad (y^2\ 含两次运算：x\xrightarrow[y']{}y\xrightarrow[2y]{}y^2).$$

从而得到 $y'=-\dfrac{x}{y}$.

将切点代入，得

$$k=-\frac{\sqrt{3}}{3}.$$

故切线为

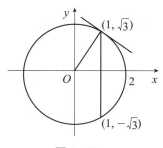

图 3-19

$$y-\sqrt{3}=-\frac{\sqrt{3}}{3}(x-1).$$

即

$$y=-\frac{\sqrt{3}}{3}x+\frac{4\sqrt{3}}{3}.$$

注：在方程中，一个 x 可能对应几个 y．所以，要给出切点 (x,y) 的明确位置才能得到切线斜率．因此，结果常常含有 y．

例 8　求 $\arcsin x$ 的导数．

解：令 $u=\arcsin x$，则有

$$x=\sin u,\quad (x\xrightarrow[u']{}u\xrightarrow[\cos u]{}\sin u)$$

以 x 为自变量两边求导，得到

$$1=\cos u\cdot u',$$

$$u'=\frac{1}{\cos u}.$$

$$u\in\left[-\frac{\pi}{2},\frac{\pi}{2}\right],\cos u\geqslant 0,\cos u=\sqrt{1-\sin^2 u},$$

即 $(\arcsin x)'=\dfrac{1}{\sqrt{1-x^2}}.$

用同样的方法可以求得：

$$(\arccos x)'=-\frac{1}{\sqrt{1-x^2}},(\arctan x)'=\frac{1}{1+x^2},(\text{arccot}x)'=-\frac{1}{1+x^2}.$$

例 9　已知 $y=x\arctan\sqrt{x}$，求 $\dfrac{\mathrm{d}y}{\mathrm{d}x}$．

解：$y'=(x\arctan\sqrt{x})'$

$$=x'\arctan\sqrt{x}+x(\arctan\sqrt{x})'$$

$$=\arctan\sqrt{x}+x\frac{1}{1+(\sqrt{x})^2}(\sqrt{x})'$$

$$=\arctan\sqrt{x}+x\frac{1}{2(1+x)\sqrt{x}}.$$

3.4.3　对数求导法

例 10　求 x^x 的导数．（注：底和指数都是变量的函数称为幂指函数．）

解：（方法一）令 $y=x^x$，则 $y=\mathrm{e}^{x\ln x}$．

$$y'=\mathrm{e}^{x\ln x}\left(\ln x+x\frac{1}{x}\right)$$

$$=\mathrm{e}^{x\ln x}(\ln x+1)$$

$$=x^x(1+\ln x).$$

（方法二）（对数求导法）令 $y=x^x$，两边取对数，得

$$\ln y=x\ln x.$$

两边对 x 求导，得

$$\frac{1}{y}y' = \ln x + 1,$$

$$y' = y(1+\ln x)$$
$$= x^x(1+\ln x).$$

例 11　求 $y = \dfrac{(x-1)(x-2)(x-3)}{x+1}$ 的导数.

解：两边取对数（乘除法可用对数转换成加减法）

$$\ln|y| = \ln|x-1| + \ln|x-2| + \ln|x-3| - \ln|x+1|.$$

两边对 x 求导，得

$$\frac{1}{y}y' = \frac{1}{x-1} + \frac{1}{x-2} + \frac{1}{x-3} - \frac{1}{x+1}.$$

所以，$y' = y\left(\dfrac{1}{x-1} + \dfrac{1}{x-2} + \dfrac{1}{x-3} - \dfrac{1}{x+1}\right)$

$$= \frac{(x-1)(x-2)(x-3)}{x+1}\left(\frac{1}{x-1} + \frac{1}{x-2} + \frac{1}{x-3} - \frac{1}{x+1}\right).$$

注意：对数求导法对加减法不可用，其适用类型为乘积或乘方形式.

例 12　求 $y = 2^x + x^x + 4$ 的导数.

解：令 $u = x^x$，那么由例 10 得 $u' = x^x(1+\ln x)$. 所以，

$$y' = 2^x \ln 2 + x^x(1+\ln x).$$

3.4.4　同一个二元方程中变量间的导数关系

设方程的图像在切点附近光滑，如图 3-20 所示. $P(x,$ $y)$ 为切点. 若以 x 为自变量，则 y 是 x 的函数. 此时，$y'(x)$ 的几何意义是切线的斜率，即切线与 x 轴正向形成夹角的正切值 $\tan\alpha$. 反之，$x'(y)$ 则是切线与 y 轴正向形成夹角的正切值 $\tan\beta$. 显然，当 y' 不为 0 时，$\alpha+\beta=\dfrac{\pi}{2}$，即有

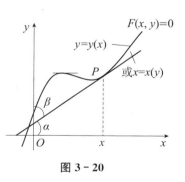

图 3-20

$$\tan\alpha\tan\beta = 1, \quad 即\ y'(x) \cdot x'(y) = 1.$$

事实上，由导数的定义，有

$$y'(x) \cdot x'(y) = \lim_{\Delta x \to 0}\frac{\Delta y}{\Delta x}\lim_{\Delta y \to 0}\frac{\Delta x}{\Delta y} = \lim_{\Delta x \to 0}\frac{\Delta y}{\Delta x}\frac{\Delta x}{\Delta y} = 1.$$

如果将 y 看成 x 的函数，就有 $y = y(x)$；此时，又将 x 看成 y 的函数，就有

$$y = y(x(y)).$$

两边以 y 为自变量求导，有

$$y'_y = y'(x)x'(y) = 1 \qquad (y \xrightarrow{\;f\,运算\;} x \xrightarrow{\;f\,逆运算\;} y)$$

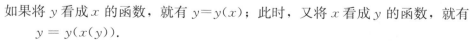

例 13　求 $y = \arctan x$ 的导数.

解：（方法一）$\tan y = x$，两边以 x 为自变量求导，得

$$y'\sec^2 y = 1,$$

$$y' = \frac{1}{\sec^2 y} = \frac{1}{1 + \tan^2 y} = \frac{1}{1 + x^2}.$$

（方法二）$x = \tan y$，x 为 y 的函数.

两边以 y 为自变量求导，得

$$x'_y = \sec^2 y,$$

$$y' = \frac{1}{x'_y} = \frac{1}{\sec^2 y} = \frac{1}{1 + \tan^2 y} = \frac{1}{1 + x^2}.$$

附：三角函数关系图（见图 3-21），对角线为倒数关系，三角形为平方关系.

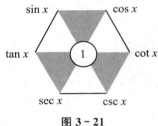

图 3-21

3.4.5 参数函数的导数

设 $\begin{cases} x = f(t) \\ y = g(t) \end{cases}$，那么，$y$ 称为关于 x 以 t 为参数的函数. 其运算次序如下：

$$x \xrightarrow[f \text{逆运算}]{} t \xrightarrow[g \text{运算}]{} y$$

由此，可以得到 $y'_t \cdot t'_x = y'_x$. 而 $t'_x = \frac{1}{x'_t}$，所以

$$y'_x = \frac{y'_t}{x'_t}.$$

例 14　求 $\begin{cases} x = a\cos t \\ y = a\sin t \end{cases}$ 决定的 $y(x)$ 的导数及二阶导数（导数的导数）.

解：$x'_t = -a\sin t$，$y'_t = a\cos t$，所以

$$y'_x = \frac{a\cos t}{-a\sin t} = -\tan t \qquad （用参数 \ t \ 表示）$$

$$y''_x = (y'_x)'_x$$

$$= \frac{(y'_x)'_t}{x'_t}$$

$$= \frac{(-\tan t)'}{-a\sin t}$$

$$= \frac{1}{a}\csc t \sec^2 t.$$

复合函数的求导是微积分最重要的基础. 隐函数和参数函数的求导、对数求导法及其互反函数的导数关系都以复合函数求导为基础.

复合函数求导主要是将函数分解为有序基本运算，再利用基本运算的求导转换规则，

将其转换为新的函数.

习题 3.4

1. 推导余切函数及余割函数的导数公式：
$$(\cot t)' = -\csc^2 t \, ; \ (\csc t)' = -\csc t \cot t.$$

2. 求下列函数的导数：

(1) $y = \dfrac{4}{x^5} + \dfrac{7}{x^4} - \dfrac{2}{x} + 12$；

(2) $y = 5x^3 - 2x + 3\mathrm{e}^x$；

(3) $y = 2\tan x + \sec x - 1$；

(4) $y = \sin x \cdot \cos x$；

(5) $y = \dfrac{\mathrm{e}^x}{x} + \ln 3$；

(6) $y = 3\mathrm{e}^x \cos x$；

(7) $y = \dfrac{\ln x}{x}$；

(8) $y = x\cos x$；

(9) $y = x^2 \ln x$；

(10) $s = \dfrac{1 + \sin t}{1 + \cos t}$.

3. 求下列函数在给定点处的导数：

(1) $y = \sin x - \cos x$，求 $y'\big|_{x=\frac{\pi}{6}}$ 和 $y'\big|_{x=\frac{\pi}{4}}$；

(2) $\rho = \theta \sin \theta + \dfrac{1}{2}\cos \theta$，求 $\dfrac{\mathrm{d}\rho}{\mathrm{d}\theta}\Big|_{\theta=\frac{\pi}{4}}$；

(3) $f(x) = \dfrac{3}{5-x} + \dfrac{x^2}{5}$，求 $f'(0)$ 和 $f'(2)$.

4. 以初速 v_0 竖直上抛的物体，其上升高度 s 与时间 t 的关系是 $s = v_0 t - \dfrac{1}{2}gt^2$. 求：

(1) 该物体的速度 $v(t)$；

(2) 该物体达到最高点的时刻.

5. 求曲线 $y = 2\sin x + x^2$ 上横坐标为 $x=0$ 的点处的切线方程和法线方程.

6. 求下列复合函数的导数：

(1) $y = (2x+5)^4$；

(2) $y = \cos(4-3x)$；

(3) $y = \mathrm{e}^{-3x^2}$；

(4) $y = \ln(1+x^2)$；

(5) $y = \sin 2x$；

(6) $y = \sqrt{a^2 - x^2}$；

(7) $y = \tan(x^2)$；

(8) $y = \arctan(\mathrm{e}^x)$；

(9) $y = (\arcsin x)^2$；

(10) $y = \ln\cos x$.

7. 求下列复合函数的导数：

(1) $y = \dfrac{1}{\sqrt{1-x^2}}$；

(2) $y = \mathrm{e}^{-\frac{x}{2}}\cos 3x$；

(3) $y = \arccos \dfrac{1}{x}$；

(4) $y = \dfrac{1 - \ln x}{1 + \ln x}$；

(5) $y = \ln(x + \sqrt{a^2 + x^2})$；

(6) $y = \ln(\sec x + \tan x)$；

(7) $y = \ln(\csc x - \cot x)$；

(8) $y = 2^{\arctan \sqrt{x}}$；

(9) $y = \sin nx \cdot \cos nx$；　　　　　(10) $y = \arctan \dfrac{x+1}{x-1}$；

(11) $y = \ln[\ln(\ln x)]$；　　　　　(12) $y = \dfrac{e^t - e^{-t}}{e^t + e^{-t}}$；

(13) $y = \dfrac{\sqrt{1+x} - \sqrt{1-x}}{\sqrt{1+x} + \sqrt{1-x}}$；　　　　　(14) $y = \arcsin \dfrac{2t}{1+t^2}$.

8. 设函数 $f(x)$ 和 $g(x)$ 可导，且 $f^2(x) + g^2(x) \neq 0$，试求函数 $y = \sqrt{f^2(x) + g^2(x)}$ 的导数.

9. 设 $f(x)$ 可导，求下列函数 y 的导数 $\dfrac{\mathrm{d}y}{\mathrm{d}x}$：

(1) $y = f(x^2)$；

(2) $y = f(\sin^2 x) + f(\cos^2 x)$.

10. 用对数求导法求下列函数的导数：

(1) $y = x(x^2 - 2x + 3)(x+1)$；

(2) $y = (\sin 2x)^x$；

(3) $y = x^{\sin x}$；

(4) $y = \dfrac{(x+1)(x+2)(x-3)}{(x+4)(x-1)}$.

11. 求由下列方程所确定的隐函数 y 的导数 $\dfrac{\mathrm{d}y}{\mathrm{d}x}$：

(1) $y^2 - 2xy + 9 = 0$；　　　　　(2) $x^3 + y^3 - 3axy = 0$；

(3) $xy = e^x + y$；　　　　　(4) $y = 1 - xe^y$.

(5) $\arctan y^x = \ln x$；　　　　　(6) $y = x + x\ln y$；

(7) $y = \cos(x + y)$；　　　　　(8) $x\ln y = y\ln x$.

12. 求曲线 $x^{\frac{2}{3}} + y^{\frac{2}{3}} = a^{\frac{2}{3}}$ 在点 $\left(\dfrac{\sqrt{2}}{4}a, \dfrac{\sqrt{2}}{4}a\right)$ 处的切线方程和法线方程.

13. 已知 $\begin{cases} x = at \\ y = 2t^2 \end{cases}$，求 y'_x.

14. 已知 $\begin{cases} x = \sec t \\ y = \tan^2 t \end{cases}$，求 $y'(\sqrt{2})$.

15. 已知 $x = ye^y$，利用互反函数的导数关系求 $y'(0)$.

3.5　高阶导数

一个函数 $y = f(x)$ 连续求导 n 次，称为 n 阶导数，记为

$$f^{(n)}(x) \quad \text{或} \quad \dfrac{\mathrm{d}^n y}{\mathrm{d}x^n}.$$

容易得到

$$(x^a)^{(n)} = a(a-1)\cdots(a-n+1)x^{a-n} \quad (a \text{ 不为整数})$$

$$(x^n)^{(n)} = n!$$

$$(e^x)^{(n)} = e^x$$

$$(\sin x)^{(n)} = \sin\left(x + \frac{n\pi}{2}\right)$$

$$(\cos x)^{(n)} = \cos\left(x + \frac{n\pi}{2}\right)$$

例1 求 $y = ax + b$，$y = ax^2 + bx + c$ 的二阶导数.

解： $(ax + b)'' = a' = 0$.

$$(ax^2 + bx + c)'' = (2ax + b)' = 2a.$$

本题表达的几何意义是：直线是平直的，二阶导数为 0；抛物线是曲线，二阶导数不为 0. 当 $a > 0$ 时，抛物线开口向上；当 $a < 0$ 时，抛物线开口向下.

例2 求 $y = \sin x$ 在 $x = 0$，$x = \frac{\pi}{2}$ 处的二阶导数.

解： $(\sin x)'' = (\cos x)' = -\sin x$，

$$y''(0) = 0, \quad y''\left(\frac{\pi}{2}\right) = -1.$$

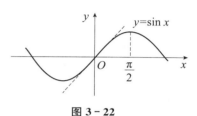

图 3-22

具体点处的二阶导数描述的是曲线上的点所处微小弧段的凹向状态.

例3 求 $y = \ln(1 + x)$ 的 n 阶导数 $y^{(n)}$.

解： $y' = \dfrac{1}{1+x}$，

$y'' = ((1+x)^{-1})' = -(1+x)^{-2}$，

$y^{(3)} = 2(1+x)^{-3}$，

······

$$y^{(n)} = (-1)^{n-1}(n-1)!(1+x)^{-n}.$$

例4 求 $\dfrac{d^n y}{dx^n}$，其中 $y = xe^x$.

解： $\dfrac{dy}{dx} = e^x + xe^x$，

$$\frac{d^2 y}{dx^2} = e^x + e^x + xe^x = 2e^x + xe^x,$$

······

$$\frac{d^n y}{dx^n} = ne^x + xe^x.$$

例5 求 $\dfrac{d^3(\arctan x)}{dx^3}$.

解： $\dfrac{d^3(\arctan x)}{dx^3} = \dfrac{d^2((1+x^2)^{-1})}{dx^2}$

$$= -\frac{d}{dx}(2x(1+x^2)^{-2})$$

$$= -2(1+x^2)^{-2} + 8x^2(1+x^2)^{-3}.$$

例6 已知物体从起始点开始运动，经过 t 秒后，路程 $s = 3t^2 + 2t$，求物体在 t 秒时的

速度 $v(t)$ 和加速度 $a(t)$.

解：
$$a(t) = \frac{\mathrm{d}v}{\mathrm{d}t} = \frac{\mathrm{d}\left(\frac{\mathrm{d}s}{\mathrm{d}t}\right)}{\mathrm{d}t} = \frac{\mathrm{d}^2 s}{\mathrm{d}t^2}$$
$$= (3t^2 + 2t)''$$
$$= (6t + 2)'$$
$$= 6.$$

因此，物体在 t 秒时的速度为 $v(t) = 6t + 2$，加速度为 $a(t) = 6$.

习题 3.5

1. 求函数的二阶导数：

(1) $y = 2x^2 + \ln x$；　　　　　　　　(2) $y = e^{2x-1}$；

(3) $y = x\cos x$；　　　　　　　　(4) $y = e^{-t}\sin t$；

(5) $y = \sqrt{a^2 - x^2}$；　　　　　　　　(6) $y = \ln(1 - x^2)$；

(7) $y = \tan x$；　　　　　　　　(8) $y = \dfrac{1}{x^3 + 1}$；

(9) $y = (1 + x^2)\arctan x$；　　　　　　(10) $y = \dfrac{e^x}{x}$；

(11) $y = xe^{x^2}$；　　　　　　　　(12) $y = \ln(x + \sqrt{1 + x^2})$.

2. 设 $f(x) = (x+1)^6$，求 $f'''(2)$.

3. 若 $f''(x)$ 存在，求下列函数 y 的二阶导数 $\dfrac{\mathrm{d}^2 y}{\mathrm{d}x^2}$：

(1) $y = f(x^2)$；　　　　　　　(2) $y = \ln[f(x)]$.

4. 试从 $\dfrac{\mathrm{d}x}{\mathrm{d}y} = \dfrac{1}{\frac{\mathrm{d}y}{\mathrm{d}x}}$ 导出（提示：注意各导数符号的求导对象）：

(1) $\dfrac{\mathrm{d}^2 x}{\mathrm{d}y^2} = -\dfrac{y''}{(y')^3}$；　　　　(2) $\dfrac{\mathrm{d}^3 x}{\mathrm{d}y^3} = \dfrac{3(y'')^2 - y'y'''}{(y')^5}$.

5. 已知物体的运动规律为 $s = A\sin\omega t$（A，ω 是常数），求物体运动的加速度，并验证：
$$\frac{\mathrm{d}^2 s}{\mathrm{d}t^2} + \omega^2 s = 0.$$

6. 验证函数 $y = C_1 e^{\lambda x} + C_2 e^{-\lambda x}$（$\lambda$，$C_1$，$C_2$ 是常数）满足关系式：
$$y'' - \lambda^2 y = 0.$$

7. 验证函数 $y = e^x \sin x$ 满足关系式：
$$y'' - 2y' + 2y = 0.$$

8. 求下列函数的 n 阶导数的一般表达式：

(1) $y = x^n + a_1 x^{n-1} + a_2 x^{n-2} + \cdots + a_{n-1}x + a_n$（$a_1$，$a_2$，$\cdots$，$a_{n-1}$，$a_n$ 都是常数）；

(2) $y = \sin^2 x$；　　　　(3) $y = x\ln x$；　　　　(4) $y = xe^x$.

9. 求下列函数指定阶的导数：

(1) $y=\mathrm{e}^x\cos x$，求 $y^{(4)}$；　　　　(2) $y=x^2\sin 2x$，求 $y^{(3)}$.

10. 求由下列方程所确定的隐函数 y 的二阶导数 $\dfrac{\mathrm{d}^2 y}{\mathrm{d}x^2}$：

(1) $x^2-y^2=0$；　　　　(2) $b^2x^2+a^2y^2=a^2b^2$；

(3) $y=\tan(x+y)$；　　　　(4) $y=1+x\mathrm{e}^y$；

(5) $\begin{cases} x=\mathrm{e}^t \\ y=2t^2 \end{cases}$；　　　　(6) $\begin{cases} x=\ln t \\ y=\cos t \end{cases}$.

章节提升习题三

1. 选择题：

(1) 设 $f(x)=\begin{cases} \dfrac{1-\cos x}{\sqrt{x}}, & x>0 \\ x^2 g(x), & x\leqslant 0 \end{cases}$，其中 $g(x)$ 是有界函数，则 $f(x)$ 在 $x=0$ 处（　　）.

(A) 极限不存在　　　　(B) 极限存在，但不连续

(C) 连续，但不可导　　　　(D) 可导

(2) 设函数 $f(x)=\dfrac{x}{a+\mathrm{e}^{bx}}$ 在 $(-\infty,+\infty)$ 内连续，且 $\lim\limits_{x\to-\infty}f(x)=0$，则常数 a，b 满足（　　）.

(A) $a<0$，$b<0$　　　　(B) $a>0$，$b>0$

(C) $a\leqslant 0$，$b>0$　　　　(D) $a\geqslant 0$，$b<0$

(3) 若 $\lim\limits_{x\to 0}\left(\dfrac{\sin 6x+xf(x)}{x^3}\right)=0$，则 $\lim\limits_{x\to 0}\dfrac{6+f(x)}{x^2}$ 为（　　）.

(A) 0　　　　(B) 6　　　　(C) 36　　　　(D) ∞

(4) 若函数 $f(x)=\begin{cases} \dfrac{1-\cos\sqrt{x}}{ax}, & x>0 \\ b, & x\leqslant 0 \end{cases}$ 在 $x=0$ 处连续，则（　　）.

(A) $ab=\dfrac{1}{2}$　　　　(B) $ab=-\dfrac{1}{2}$

(C) $ab=0$　　　　(D) $ab=2$

(5) 设函数 $f(x)=\dfrac{1}{\mathrm{e}^{\frac{x}{x-1}}-1}$，则（　　）

(A) $x=0$，$x=1$ 都是 $f(x)$ 的第一类间断点

(B) $x=0$，$x=1$ 都是 $f(x)$ 的第二类间断点

(C) $x=0$ 是 $f(x)$ 的第一类间断点，$x=1$ 是 $f(x)$ 的第二类间断点

(D) $x=0$ 是 $f(x)$ 的第二类间断点，$x=1$ 是 $f(x)$ 的第一类间断点

(6) 设函数 $f(x)$ 在 $x=0$ 处连续，则下列命题错误的是（　　）

(A) 若 $\lim\limits_{x \to 0} \dfrac{f(x)}{x}$ 存在，则 $f(0)=0$

(B) 若 $\lim\limits_{x \to 0} \dfrac{f(x)+f(-x)}{x}$ 存在，则 $f(0)=0$

(C) 若 $\lim\limits_{x \to 0} \dfrac{f(x)}{x}$ 存在，则 $f'(0)$ 存在

(D) 若 $\lim\limits_{x \to 0} \dfrac{f(x)-f(-x)}{x}$ 存在，则 $f'(0)$ 存在

(7) 函数 $f(x)=\dfrac{(\mathrm{e}^{\frac{1}{x}}+\mathrm{e})\tan x}{x(\mathrm{e}^{\frac{1}{x}}-\mathrm{e})}$ 在 $[-\pi,\pi]$ 上的第一类间断点是 $x=$（   ）

(A) 0 (B) 1 (C) $-\dfrac{\pi}{2}$ (D) $\dfrac{\pi}{2}$

(8) 判断函数 $f(x)=\dfrac{\ln x}{|x-1|}\sin x (x>0)$ 的间断点的情况（   ）

(A) 有 1 个可去间断点，1 个跳跃间断点

(B) 有 1 个跳跃间断点，1 个无穷间断点

(C) 有两个无穷间断点

(D) 有两个跳跃间断点

(9) 函数 $f(x)=\dfrac{x-x^3}{\sin \pi x}$ 的可去间断点的个数为（   ）

(A) 1 (B) 2 (C) 3 (D) 无穷多个

(10) 函数 $f(x)=\dfrac{x^2-x}{x^2-1}\sqrt{1+\dfrac{1}{x^2}}$ 的无穷间断点的个数为（   ）．

(A) 0 (B) 1 (C) 2 (D) 3

(11) 函数 $f(x)=\dfrac{|x|^x-1}{x(x+1)\ln|x|}$ 的可去间断点的个数为（   ）．

(A) 0 (B) 1 (C) 2 (D) 3

(12) 设 $f(x)$ 在 $(-\infty,+\infty)$ 内有定义，且 $\lim\limits_{x\to\infty}f(x)=a$，$g(x)=\begin{cases} f\left(\dfrac{1}{x}\right), & x\neq 0, \\ 0, & x=0 \end{cases}$

则（   ）．

(A) $x=0$ 必是 $g(x)$ 的第一类间断点

(B) $x=0$ 必是 $g(x)$ 的第二类间断点

(C) $x=0$ 必是 $g(x)$ 的连续点

(D) $g(x)$ 在点 $x=0$ 处的连续性与 a 的取值有关

(13) 设函数 $f(x)$ 可导，且 $f(x)f'(x)>0$，则（   ）．

(A) $f(1)>f(-1)$ (B) $f(1)<f(-1)$

(C) $|f(1)|>|f(-1)|$ (D) $|f(1)|<|f(-1)|$

(14) 设 $f(x),g(x)$ 是大于零的可导函数，且 $f'(x)g(x)-f(x)g'(x)<0$，则当 $a<x<b$ 时，有（   ）．

(A) $f(x)g(b)>f(b)g(x)$ (B) $f(x)g(a)>f(a)g(x)$

(C) $f(x)g(x) > f(b)g(b)$　　　　　(D) $f(x)g(x) > f(a)g(a)$

(15) 设函数 $f(x) = \arctan x$，若 $f(x) = xf'(\xi)$，则 $\lim\limits_{x \to 0} \dfrac{\xi^2}{x^2} = $ （　　）.

(A) 1　　　　(B) $\dfrac{2}{3}$　　　　(C) $\dfrac{1}{2}$　　　　(D) $\dfrac{1}{3}$

2. 填空题：

(1) 设 $f(x) = \begin{cases} x^\lambda \cos\dfrac{1}{x}, & x \neq 0 \\ 0, & x = 0 \end{cases}$ 的导函数在 $x = 0$ 处连续，则 λ 的取值范围是_____.

(2) 设函数 $f(x) = \begin{cases} \dfrac{1 - e^{\tan x}}{\arcsin\dfrac{x}{2}}, & x > 0 \\ a e^{2x}, & x \leqslant 0 \end{cases}$ 在 $x = 0$ 处连续，则 $a = $_____.

(3) 设 $f(x) = \lim\limits_{n \to \infty} \dfrac{(n-1)x}{nx^2 + 1}$，则 $f'(x)$ 的间断点为 $x = $_____.

(4) 设函数 $f(x) = \begin{cases} x^2 + 1, & |x| \leqslant c \\ \dfrac{2}{|x|}, & |x| > c \end{cases}$ 在 $(-\infty, +\infty)$ 内连续，则 $c = $_____.

(5) 设 $f(x) = \lim\limits_{n \to \infty} \dfrac{(n-1)x}{nx^2 + 1}$，则 $f(x)$ 的间断点为 $x = $_____.

(6) 已知 $\begin{cases} x = \ln(1 + e^{2t}) \\ y = t - \arctan e^t \end{cases}$，那么 $\dfrac{\mathrm{d}^2 y}{\mathrm{d}x^2} = $_____.

(7) 设 $f(x)$ 在点 $x = 0$ 处可导，且 $\lim\limits_{x \to 0} \dfrac{\cos x - 1}{e^{f(x)} - 1} = 1$，则 $f'(0) = $_____.

3. 设 $f(x) = \dfrac{1}{\pi x} + \dfrac{1}{\sin \pi x} - \dfrac{1}{\pi(1-x)}$，$x \in \left[\dfrac{1}{2}, 1\right)$，试补充定义 $f(1)$ 使得 $f(x)$ 在 $\left[\dfrac{1}{2}, 1\right]$ 上连续.

4. 设函数 $f(x) = \begin{cases} \dfrac{\ln(1 + ax^3)}{x - \arcsin x}, & x < 0 \\ 6, & x = 0. \\ \dfrac{e^{ax} + x^2 - ax - 1}{x \sin\dfrac{x}{4}}, & x > 0 \end{cases}$

问 a 为何值时，$f(x)$ 在 $x = 0$ 处连续？a 为何值时，$x = 0$ 是 $f(x)$ 的可去间断点？

5. 求函数 $f(x) = x^2 \ln(1 + x)$ 在 $x = 0$ 处的 n 阶导数 $f^n(0)(n \geqslant 3)$.

6. 求极限 $\lim\limits_{t \to x} \left(\dfrac{\sin t}{\sin x}\right)^{\frac{x}{\sin t - \sin x}}$，记此极限为 $f(x)$，求函数 $f(x)$ 的间断点并指出其类型.

第四章
导数应用：曲线形态与函数线性增量

本章知识结构导图

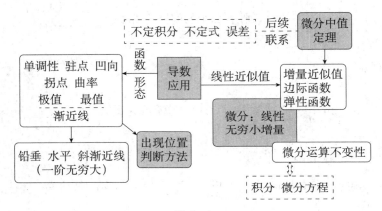

图 4-1

本章学习提示：

1. 本章主要研究函数图像，以及用以直代曲的方法求粗略的近似值.

2. 极值分为可导（光滑）型和不可导（折线）型，出现在驻点和连续的不可导点处. 基本判断方法是左右增减性. 最值出现在端点或极值点处. 单调函数没有驻点.

3. 当 $x \to \pm\infty$ 时函数为一阶无穷大，有可能有斜渐近线.

4. 微分为线性无穷小增量，导数为增长率.

5. 微分中值定理是微分学中重要的基本定理.

4.1　线性近似值与微分

4.1.1　线性近似值求法

我们知道，整数幂函数的函数值可以简单地用四则运算和乘方得到结果．而对于三角函数、指数函数、对数函数等，除了比较特殊的情况外，在大多数情况下用上面的方法无法求出无误差的函数值，这些值往往是无理数，如 ln2. 要得到这类函数的函数值涉及两个问题：

（1）怎么求值？

（2）精确度如何控制？

这里讨论用一次函数（线性函数）逼近的情形.

设正方体的边长为 x_0，体积为 y_0. 当边长变为 $x_0 + \Delta x$ 时，

$$\Delta y = (x_0 + \Delta x)^3 - x^3$$
$$= 3x_0^2 \Delta x + 3x_0 (\Delta x)^2 + (\Delta x)^3$$

当 Δx 的绝对值很小时，$(\Delta x)^2$、$(\Delta x)^3$ 对近似值的影响远低于 Δx，也就是说，取近似值时，可将 $(\Delta x)^3$ 舍掉，保留前两项 $3x_0^2 \Delta x + 3x_0 (\Delta x)^2$（用二次函数逼近），或只保留前一项 $3x_0^2 \Delta x$（增量的线性主部，线性逼近）.

简单地说，线性逼近就是用直线（曲线的切线）近似替代曲线.

设 $y = f(x)$ 在 x_0 处可导，过 $(x_0, f(x_0))$ 作 $f(x)$ 的切线为

$$y^* = f'(x_0)(x - x_0) + f(x_0).$$

这条切线满足了在 x_0 处函数值及其导数值相等的要求．对于切点 $(x_0, f(x_0))$ 附近小范围内的点，其对应的函数值和切线上的函数值相差不大.

假设曲线 $y = f(x)$ 是光滑的．设 $x_0 + \Delta x$ 处的切线值与实际值 $f(x_0 + \Delta x)$ 的差（即误差）为 $R(\Delta x)$，则有

$$\Delta y = f(x_0 + \Delta x) - f(x_0)$$
$$= f'(x_0)\Delta x + R(\Delta x)（如图 4-2 所示）.$$

则有

$$\frac{\Delta y}{\Delta x} = f'(x_0) + \frac{R(\Delta x)}{\Delta x}.$$

当 $\Delta x \to 0$ 时，有

$$\lim_{\Delta x \to 0} \frac{\Delta y}{\Delta x} = f'(x_0) + \lim_{\Delta x \to 0} \frac{R(\Delta x)}{\Delta x},$$

得

$$f'(x_0) = f'(x_0) + \lim_{\Delta x \to 0} \frac{R(\Delta x)}{\Delta x},$$

从而

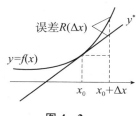

图 4-2

$$\lim_{\Delta x \to 0} \frac{R(\Delta x)}{\Delta x} = 0.$$

即

$$R(\Delta x) = o(\Delta x), \Delta x \to 0.$$

这说明当 $\Delta x \to 0$ 时，误差是比 Δx 高阶的无穷小.

即当 $|\Delta x|$ 很小且接近 0 时，误差更接近 0，因此误差是很小的. 也就是说，调整 Δx 可以对近似值的精度进行控制.

例 1 求 $\sqrt[3]{1.02}$ 的近似值.

解：（方法一：求出增量近似值）令 $y = \sqrt[3]{x}$，$y' = \dfrac{1}{3}\dfrac{1}{\sqrt[3]{x^2}}$，$x_0 = 1$，则 $\Delta x = 0.02$.

$$\Delta y \approx y'(1)\Delta x$$
$$= \frac{1}{3} \times 0.02.$$

而 $y(1) = 1$，所以

$$y(1.02) \approx 1 + \frac{1}{3} \times 0.02 = \frac{3.02}{3}.$$

（方法二：视为切线上的点）$y = \sqrt[3]{x}$ 在 $x = 1$ 处的切线为 $y - 1 = \dfrac{1}{3}(x-1)$. 故

$$y(1.02) \approx 1 + \frac{1}{3} \times 0.02 = \frac{3.02}{3}.$$

例 2 求 $\cos 29°$ 的近似值.

解：令 $y = \cos x$，$y' = -\sin x$，$x_0 = 30° = \dfrac{\pi}{6}$，则 $\Delta x = -\dfrac{\pi}{180}$.

那么有

$$\Delta y \approx y'\left(\frac{\pi}{6}\right)\Delta x = -\sin \frac{\pi}{6} \times \left(-\frac{\pi}{180}\right) = \frac{\pi}{360}.$$

所以，

$$\cos 29° \approx \cos 30° + \frac{\pi}{360} = \frac{\sqrt{3}}{2} + \frac{\pi}{360}.$$

例 3 求 $2^{2.01}$ 的近似值.

解： $2.01 = 2 + 0.01$，$x_0 = 2$，$\Delta x = 0.01$.
由 $y = 2^x$，$y' = 2^x \ln 2$，$y(2) = 4$，得
$$\Delta y \approx y'(2)\Delta x$$
$$= (2^x)'|_{x=2} \cdot 0.01$$
$$= 4\ln 2 \times 0.01 = 0.04\ln 2.$$
所以，$y(2.01) \approx y(2) + 0.04\ln 2$
$$= 4 + 0.04\ln 2.$$

例 4 金属圆盘半径 x 为 4，受热膨胀，半径增加 Δx，求金属圆盘面积的精确增量及近似增量.

解：圆盘的面积为 $S = \pi x^2$，$x_0 = 4$，半径增量为 Δx.

精确增量为

$$\Delta S = S(4 + \Delta x) - S(4)$$
$$= \pi(4 + \Delta x)^2 - 16\pi$$
$$= 8\pi\Delta x + \pi(\Delta x)^2.$$

近似增量为

$$\Delta S \approx S'(4)\Delta x$$
$$= 8\pi\Delta x.$$

例 5　证明：当 $|x|$ 很小时，$\sin x \approx x$.

证明：令 $y = \sin x$，取 $x_0 = 0$，$\Delta x = x$，则有

$$\Delta y \approx y'(0)\Delta x$$
$$= x\cos 0$$
$$= x.$$

又 $\sin 0 = 0$，所以有

$$\sin x \approx x.$$

注："当 $|x|$ 很小时"指 x 与 0 很接近.

例 6　证明：对函数 $y = ax + b$ 施行线性逼近，其误差为零.

证明：任意取 x_0，其增量为 Δx. 那么函数增量的精确值为

$$\Delta y = (a(x_0 + \Delta x) + b) - (ax_0 + b)$$
$$= a\Delta x.$$

而线性逼近为

$$\Delta y = y'(x_0)\Delta x + R(\Delta x) = a\Delta x + R(\Delta x).$$

即

$$a\Delta x = a\Delta x + R(\Delta x).$$

所以误差

$$R(\Delta x) = 0.$$

从几何角度看，$y = ax + b$ 为直线，其切线与原直线重合. 因此，其线性逼近不会有误差. 如图 4-3 所示.

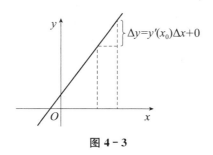

图 4-3

4.1.2　经济学中的边际函数与弹性函数

边际函数

经济学中的某个函数可导，其导数称为边际函数，有时简称边际. 成本函数的导数叫

作边际成本，利润函数的导数叫作边际利润．边际函数描述了生产过程中某个具体时间的变化趋势．如产量为 x 时的总成本为 $C(x)$（元），$x=100$ 时的边际成本 $C'(100)=2$，其意义为第 101 件产品预计需要 2 元成本．如图 4-4 所示．

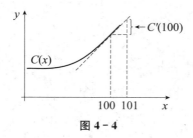

图 4-4

如果产品的平均成本 $\dfrac{C(100)}{100}=15$，则说明单位成本正在降低．

又如边际收益 $R'(100)=0$，预计第 101 件产品的收益为 0．

例 7 设生产 x 件某商品的成本函数为

$$C(x)=0.01x^3+0.1x^2+10x+200（元）.$$

如果商品的售价 120 元，假设所有产品均能售出，求收益函数及其利润函数，并分别计算 $x=30$ 时的边际收益和边际利润，说明其经济意义．

解：收益函数 $R(x)=120x$，边际收益 $R'(x)=120$（元）．

利润函数 $L(x)=R(x)-C(x)=-0.01x^3-0.1x^2+110x-200$．

边际利润 $L'(x)=-0.03x^2-0.2x+110$．

$R'(30)=120$，说明此时再生产一件并售出，将增加 120 元收益．

$L'(30)=77$，说明售出第 31 件产品，预计将获得 77 元利润．

弹性函数

弹性是指函数 $f(x)$ 从 x 变化到 $x+\Delta x$ 时，函数变化率 $\dfrac{\Delta y}{y}$ 与自变量变化率 $\dfrac{\Delta x}{x}$ 的比值．

例如，$y=x^2$，当 $x=1$ 变化到 $x=1.1$ 时，函数变化率为 $\dfrac{1.21-1}{1}=0.21$，自变量变化率为 $\dfrac{1.1-1}{1}=0.1$，那么 x^2 在 1 到 1.1 的弹性为 2.1．

定义 1 当 $x+\Delta x \to x$ 时，

$$\frac{Ey}{Ex}=\lim_{x+\Delta x \to x}\frac{\dfrac{\Delta y}{y}}{\dfrac{\Delta x}{x}}=\frac{x}{y}y',$$

称为函数在 x 处的**点弹性**或**弹性函数**．

例如，$y=x^2$ 在点 $(1,1)$ 处的弹性为

$$\frac{Ey}{Ex}=\lim_{x+\Delta x \to x}\frac{\dfrac{\Delta y}{y}}{\dfrac{\Delta x}{x}}$$

$$= \lim_{1+\Delta x \to 1} \frac{\frac{\Delta y}{1}}{\frac{\Delta x}{1}}$$

$$= \lim_{\Delta x \to 0} \frac{(1+\Delta x)^2 - 1}{\Delta x}$$

$$= \lim_{\Delta x \to 0} \frac{2\Delta x + (\Delta x)^2}{\Delta x}$$

$$= \lim_{\Delta x \to 0} 2.$$

其含义是 x 增加一个百分点，y 将增加 2 个百分点.

供给弹性与需求弹性

在经济学中，供给是指在某商品价格下，生产者愿意且可以提供的该商品的数量；需求是指在某商品价格下，消费者愿意且能购买的该商品的数量.

一般地，供给函数 Q 关于价格 p 为增函数. 设 $Q = Q(p)$ 为供给函数，其弹性函数为

$$\frac{EQ}{Ep} = \frac{p}{Q} \frac{\mathrm{d}Q}{\mathrm{d}p}.$$

而需求 Q 关于价格 p 的函数 $Q(p)$ 是减函数，即需求量因价格的上涨而减少. 为了体现这个相反的增减性，如下定义需求 Q 对价格 p 的弹性.

定义 2 称

$$\frac{EQ}{Ep} = -\frac{p}{Q} \frac{\mathrm{d}Q}{\mathrm{d}p}$$

为 Q 对 p 的**弹性**.

意义为价格增加一个百分点，需求量将减少 $-\frac{p}{Q} \frac{\mathrm{d}Q}{\mathrm{d}p}$ 个百分点.

例 8 需求关于价格的函数为 $Q = \mathrm{e}^{-\frac{p}{5}}$，求 $p = 10$ 时的需求弹性.

解： $\frac{EQ}{Ep} = -\frac{p}{\mathrm{e}^{-\frac{p}{5}}} \frac{\mathrm{d}\mathrm{e}^{-\frac{p}{5}}}{\mathrm{d}p} = \frac{p}{5}$，

$$\frac{EQ}{Ep} \Big|_{p=10} = 2.$$

这表明，价格从 10 上涨到 10.1（即上涨 1 个百分点）时，将丢失 2 个百分点的需求.

供给函数与需求函数反映了生产者与消费者对同一商品的价格意愿. 当双方的价格意愿一致时，所得的价格称为均衡价格. 此时供需一致. 当意愿不一致时，出现供需不平衡. 供给方的价格意愿高于消费者的价格意愿时将出现商品数量过剩，导致供过于求；相反，则出现供不应求. 如图 4 - 5 所示.

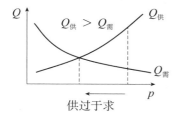

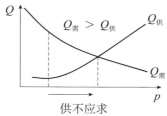

图 4 - 5

4.1.3 微分：线性无穷小增量

微分的定义

前面我们研究通过线性逼近求近似值时，保留了 Δx 的一次项，其误差 $R(\Delta x)$ 在 $\Delta x \to 0$ 时为比 Δx 高阶的无穷小. 如 $y = x^3$.

当 $\Delta x \to 0$ 时，$\Delta y = 3x^2 \Delta x + o(\Delta x)$，其中 $o(\Delta x) = 3x (\Delta x)^2 + (\Delta x)^3$.

定义 3　如果函数 $y = f(x)$ 对某个 x_0 及增量 Δx，有
$$\Delta y = A\Delta x + o(\Delta x)(\Delta x \to 0),$$
则称 $A\Delta x$ 为函数 y 在 x_0 处的微分，或称函数在 x_0 处可微，并记为
$$\mathrm{d}f(x_0) = \mathrm{d}y \mid_{x=x_0} = A\Delta x(\Delta x \to 0).$$

一元函数可微的充要条件

定理 1　函数在 x_0 处可微的充要条件是：函数在 x_0 处可导.

证明：（必要性）由 $\dfrac{\Delta y}{\Delta x} = A + \dfrac{o(\Delta x)}{\Delta x}$，当 $\Delta x \to 0$ 时，有
$$\lim_{\Delta x \to 0} \frac{\Delta y}{\Delta x} = A + \lim_{\Delta x \to 0} \frac{o(\Delta x)}{\Delta x}.$$

由于 $\lim\limits_{\Delta x \to 0} \dfrac{o(\Delta x)}{\Delta x} = 0$，于是 $f'(x_0) = A$.

（充分性）设 $f'(x_0) = A$，则有
$$\lim_{x \to x_0} \frac{f(x) - f(x_0)}{x - x_0} = \lim_{\Delta x \to 0} \frac{\Delta y}{\Delta x} = A,$$
即
$$\frac{\Delta y}{\Delta x} = A + \alpha(\alpha \to 0).$$
从而得到
$$\Delta y = A\Delta x + \alpha\Delta x = A\Delta x + o(\Delta x),$$
即函数可微.

由上面的推证可知，Δx 的高阶无穷小对函数的导数值没有影响.

还可以得到 $f'(x_0) = A$，所以可微的函数 $f(x)$ 在 x 处的微分可记为
$$\mathrm{d}y = \mathrm{d}f(x) = f'(x)\Delta x.$$

当 $y = x$ 时，由 $\mathrm{d}y = f'(x)\Delta x(\Delta x \to 0)$，有
$$\mathrm{d}x = \Delta x(\Delta x \to 0).$$

事实上，$\Delta y = (x + \Delta x) - x = \Delta x$（无误差增量），由此有
$$\mathrm{d}y = f'(x)\mathrm{d}x \quad \text{或} \quad \frac{\mathrm{d}y}{\mathrm{d}x} = f'(x).$$

因此导数也称为**微商**.

由条件 $\Delta x \to 0$，我们可以看到微分是一个线性无穷小增量，而导数是变化率，是两个微分的比. 从增量的角度看，微分是自变量改变所导致的函数改变量的主要部分（一般与

实际改变量间有一个无穷小误差).

微分的不变性

对于复合函数 $y = f(u(x))$，它的微分可以写成不同形式，这一特点称为**微分的不变性**.

$$\begin{aligned} \mathrm{d}y &= \left[f(u(x)) \right]' \mathrm{d}x \\ &= f'(u)u'(x)\mathrm{d}x \\ &= f'(u)\mathrm{d}u. \end{aligned}$$

例 9 求 $y = \sin x$ 在 $x = 0$ 处的微分 $\mathrm{d}y \mid_{x=0}$.

解： $\mathrm{d}\sin x = \cos x \mathrm{d}x$, $\mathrm{d}y \mid_{x=0} = \mathrm{d}x$.

例 10 求 $\mathrm{d}e^{\cos x}$.

解： $$\begin{aligned} \mathrm{d}e^{\cos x} &= (e^{\cos x})'_{\cos x} \mathrm{d}\cos x \\ &= e^{\cos x} \mathrm{d}\cos x \\ &= -\sin x e^{\cos x} \mathrm{d}x. \end{aligned}$$

4.1.4 微分的运算

容易证明

$$\begin{aligned} \mathrm{d}(u \pm v) &= \mathrm{d}u \pm \mathrm{d}v \\ \mathrm{d}(uv) &= v\mathrm{d}u + u\mathrm{d}v \\ \mathrm{d}\left(\frac{u}{v}\right) &= \frac{v\mathrm{d}u - u\mathrm{d}v}{v^2} \\ \mathrm{d}f(u) &= f'(u)\mathrm{d}u \end{aligned}$$

例 11 求 $\mathrm{d}(xe^{-x})$.

解： $$\begin{aligned} \mathrm{d}(xe^{-x}) &= e^{-x}\mathrm{d}x + x\mathrm{d}e^{-x} \\ &= e^{-x}\mathrm{d}x - xe^{-x}\mathrm{d}x \\ &= e^{-x}(1-x)\mathrm{d}x. \end{aligned}$$

例 12 求 $\mathrm{d}\sin e^{2x}$.

解： $$\begin{aligned} \mathrm{d}\sin e^{2x} &= \cos e^{2x} \mathrm{d}e^{2x} \\ &= e^{2x}\cos e^{2x} \mathrm{d}(2x) \\ &= 2e^{2x}\cos e^{2x} \mathrm{d}x. \end{aligned}$$

习题 4.1

1. 当 $|x|$ 较小时，用切线证明下列近似公式：

(1) $\tan x \sim x$（x 是角的弧度值）；

(2) $\ln(1+x) \sim x$；

(3) $\dfrac{1}{1+x} \approx 1-x$；

(4) $e^x \approx 1+x$；

(5) $\sqrt[n]{1+x} \approx 1 + \dfrac{x}{n}$.

2. 如图 4-6 所示，电缆 $\overset{\frown}{AOB}$ 的长为 s，跨度为 $2l$，电缆的最低点 O 与杆顶连线 AB 的距离为 f，则电缆长可按下面的公式计算：

$$s = 2l\left(1 + \frac{2f^2}{3l^2}\right).$$

当 f 变化了 Δf 时，电缆长的变化约为多少？

3. 设扇形的圆心角 $\alpha = 60°$，半径 $R = 100\text{cm}$（如图 4-7 所示），如果 R 不变，α 减少 $30'$，则扇形面积大约改变了多少？又如果 α 不变，R 增加 1cm，则扇形面积大约改变了多少？

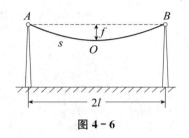

图 4-6

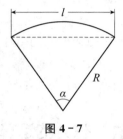

图 4-7

4. 求下列函数的微分：

(1) $y = \dfrac{1}{x} + 2\sqrt{x}$；

(2) $y = x\sin 2x$；

(3) $y = \dfrac{x}{\sqrt{x^2+1}}$；

(4) $y = \ln^2(1-x)$；

(5) $y = x^2 e^{2x}$；

(6) $y = e^{-x}\cos(3-x)$；

(7) $y = \arcsin\sqrt{1-x^2}$；

(8) $y = \tan^2(1+2x^2)$；

(9) $y = \arctan\dfrac{1-x^2}{1+x^2}$；

(10) $s = A\sin(\omega t + \varphi)$（$A, \omega, \varphi$ 是常数）.

5. 将适当的函数填入下列括号内，使等式成立：

(1) $2\mathrm{d}x = \mathrm{d}(\quad)$；

(2) $3x\mathrm{d}x = \mathrm{d}(\quad)$；

(3) $\cos t\mathrm{d}t = \mathrm{d}(\quad)$；

(4) $\sin\omega x\mathrm{d}x = \mathrm{d}(\quad)$；

(5) $\mathrm{d}(\quad) = \dfrac{1}{1+x}\mathrm{d}x$；

(6) $\mathrm{d}(\quad) = e^{-2x}\mathrm{d}x$；

(7) $\mathrm{d}(\quad) = \dfrac{1}{\sqrt{x}}\mathrm{d}x$；

(8) $\mathrm{d}(\quad) = \sec^2 3x\mathrm{d}x$.

6. 某商品的需求函数 $Q = 15 - \dfrac{p}{3}$（单位 p：百元，Q：台）.

(1) 说明 $p = 0$ 时，需求量的实际意义；

(2) 求 $p = 9$ 时的需求弹性；

(3) 求需求弹性为 1 时的价格，求出这时的收益及边际收益，说明其经济意义.

4.2　关于函数增量的微分中值定理

4.2.1　罗尔中值定理

费马定理

定理 1　设 $f(x)$ 在 x_0 的某个邻域内可导，且 $x \neq x_0$ 时，$f(x_0) > f(x)$（或 $f(x_0) < f(x)$），则 $f'(x_0) = 0$.

证明：见图 4-8. 由题意有 $f'(x_0) = \lim\limits_{\Delta x \to 0} \dfrac{f(x_0 + \Delta x) - f(x_0)}{\Delta x}$.

设 $f(x_0) > f(x)$，则

当 $\Delta x \to 0^-$ 时，$\lim\limits_{\Delta x \to 0^-} \dfrac{f(x_0 + \Delta x) - f(x_0)}{\Delta x} \geqslant 0$.

当 $\Delta x \to 0^+$ 时，$\lim\limits_{\Delta x \to 0^+} \dfrac{f(x_0 + \Delta x) - f(x_0)}{\Delta x} \leqslant 0$.

由 $f(x)$ 在 x_0 处可导，左右导数相等，得到

$$\lim\limits_{\Delta x \to 0} \dfrac{f(x_0 + \Delta x) - f(x_0)}{\Delta x} = 0.$$

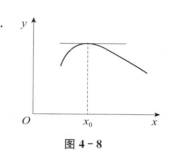

图 4-8

同理可证 $f(x_0) < f(x)$ 时，定理成立.

罗尔中值定理

定理 2　设函数 $y = f(x)$ 在 $[a, b]$ 上连续，在 (a, b) 内可导，且 $f(a) = f(b)$. 那么，在 (a, b) 内，至少存在一点 ξ，使得

$$f'(\xi) = 0.$$

证明：见图 4-9. 因为 $f(x)$ 在 $[a, b]$ 上连续，故 $f(x)$ 有最大值 M 和最小值 m.

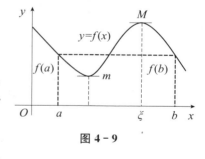

图 4-9

那么，$M \geqslant f(a)$.

当 $M > f(a)$ 时，不妨设 $f(\xi) = M$. 显然，$\xi \neq a, b$.

由费马定理，可知 $f'(\xi) = 0$.

当 $M = f(a)$ 时，有 $m \leqslant f(a)$.

若 $m = f(a)$，则有 $M = m$，即 $f(x) = m$ 为常数函数. 此时，对 (a, b) 内的任意点 $f'(x) = 0$.

若 $m < f(a)$，设 ξ 为最小值点，证明方法同 $M > f(a)$.

综上所述，在 (a, b) 内至少存在一点 ξ，使

$$f'(\xi) = 0.$$

罗尔中值定理说明在光滑极值点处，函数没有增加的趋势，增长率为 0.

4.2.2　拉格朗日中值定理：找回误差

用切线求近似值，对 Δx 有较高要求，并且一般来说，有较大的误差．

如何将 $\Delta y \approx f'(x)\Delta x$ 的误差缩小为 0？如图 4-10 所示．

如果用直线 MP 取代切线，那么，所得结果误差为 0．关键是找到它的斜率．拉格朗日中值定理提供了线索．

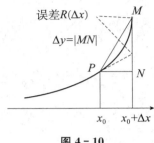

图 4-10

定理 3　设函数 $y = f(x)$ 在 $[a, b]$ 上连续，在 (a, b) 内可导．那么，在 (a, b) 内至少存在一点 ξ，使得

$$f'(\xi) = \frac{f(b) - f(a)}{b - a}.$$

证明： 见图 4-11．设

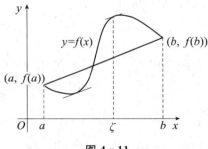

图 4-11

$$F(x) = f(x) - \frac{f(b) - f(a)}{b - a}(x - a),$$

因为 $f(x)$ 和直线 $\dfrac{f(b) - f(a)}{b - a}(x - a)$ 在 $[a, b]$ 上连续，在 (a, b) 内可导，所以 $F(x)$ 在 $[a, b]$ 上连续，在 (a, b) 内可导，且有

$$F(a) = f(a), F(b) = f(b) - \frac{f(b) - f(a)}{b - a}(b - a) = f(a).$$

由罗尔中值定理可知，在 (a, b) 内至少有一点 ξ，使

$$F'(\xi) = f'(\xi) - \frac{f(b) - f(a)}{b - a} = 0,$$

即 $f'(\xi) = \dfrac{f(b) - f(a)}{b - a}$，得证．

可以看出，误差调整问题中的直线 MP 的斜率是函数对 x 和 $x+\Delta x$ 之间的某个数的导数值，即准确增量

$$\Delta y = f'(\xi)\Delta x \quad (\xi \text{ 为 } x \text{ 和 } x+\Delta x \text{ 之间的某个数}).$$

求出 ε 是比较困难的，但定理为控制误差提供了理论依据．通过研究 x 和 $x+\Delta x$ 之间的导数值范围，就可以对这个误差范围作出评估．

定理 4　设函数 $f(x)$ 在区间 I 上恒有 $f'(x)=0$，则 $f(x)$ 为常数函数，即 $f(x)=c$．

证明： 已知 $f(x)$ 在 I 上连续、可导，那么对 $\forall x_1, x_2 \in I$，有

$$f(x_2)-f(x_1)=f'(\varepsilon)(x_2-x_1)=0.$$

从而有 $f(x_2)=f(x_1)$．由 x_1, x_2 的任意性，可知 $f(x)$ 为常数．

推论 1　如果 $f'(x)=g'(x)$，则 $f(x)=g(x)+c$．

4.2.3　柯西中值定理

定理 5　设函数 $f(x)$，$g(x)$ 在 $[a, b]$ 上连续，在 (a, b) 内可导，$g'(x)\neq 0$．那么，在 (a, b) 内至少存在一点 ξ，使得

$$\frac{f'(\xi)}{g'(\xi)}=\frac{f(b)-f(a)}{g(b)-g(a)}.$$

证明： 由拉格朗日中值定理，$g(b)-g(a)=(b-a)g'(\eta)\neq 0$．得 $g(a)\neq g(b)$．令 $u=g(x)$，设 $x=\varphi(u)$，那么 $a=\varphi(u_a)$，$b=\varphi(u_b)$，由 $g'(x)\neq 0$ 可知

$$x'_u = \varphi'(u) = \frac{1}{g'(x)} \quad (u \xrightarrow{\varphi} x=\varphi(u), x \xrightarrow{g} u=g(x)).$$

则 $x=\varphi(u)$ 连续．从而 $f(\varphi(u))$ 在 $[u_a, u_b]$ 或 $[u_b, u_a]$ 上连续、在区域内可导．故

$$\begin{aligned}
\frac{f(b)-f(a)}{g(b)-g(a)} &= \frac{f(\varphi(u_b))-f(\varphi(u_a))}{u_b-u_a} \\
&= [f(\varphi(u))]'|_{u=u_0} \quad (\text{设 } u_0=g(\xi)) \\
&= f'(\varphi(u))|_{u=u_0}\varphi'(u_0) \\
&= f'(\varphi(u_0))\varphi'(u_0) \\
&= \frac{f'(\xi)}{g'(\xi)}.
\end{aligned}$$

得证．

注： 这个证明与大部分其他教材采用的证明方法不同．可参考其他教材．

柯西中值定理表明，在同区间 $[x, x+\Delta x]$ 或 $[x+\Delta x, x]$ 上的两个可导函数的增量之间存在关系，即

$$\Delta f = \frac{f'(\xi)}{g'(\xi)}\Delta g \quad (\xi \text{ 为 } x, x+\Delta x \text{ 之间的某个数}),$$

同时也表明了两者在相同区间上的弹性关系：

$$\frac{\Delta f}{f(x)}=\frac{f'(\xi)g(x)}{g'(\xi)f(x)}\frac{\Delta g}{g(x)}.$$

在三个定理中，柯西中值定理最具有一般性，另外两个定理为其特殊情况．

习题 4.2

1. 验证罗尔定理对函数 $y=\ln\sin x$ 在区间 $\left[\dfrac{\pi}{6},\dfrac{5\pi}{6}\right]$ 上的正确性.

2. 验证拉格朗日中值定理对 $y=4x^3-5x^2+x-2$ 在区间 $[0,1]$ 上的正确性.

3. 对函数 $f(x)=\sin x$ 及 $F(x)=x+\cos x$，在区间 $\left[0,\dfrac{\pi}{2}\right]$ 上验证柯西中值定理的正确性.

4. 设 $f(x)=ax^2+bx+c$，若 $\dfrac{f(x_2)-f(x_1)}{x_2-x_1}=f'(\varepsilon)$，证明：$\varepsilon=\dfrac{x_1+x_2}{2}$.

5. 不用求出函数的导数 $f(x)=(x-1)(x-2)(x-3)(x-4)$，说明方程 $f'(x)=0$ 有几个实根，并指出它们所在的区间.

4.3　函数图像特性研究

函数图像直观地展现了函数的特性. 对于连续函数，除了前面所研究的端点状况、光滑情况，我们还需要了解曲线内部的其他形态和特性.

4.3.1　单调性

定理 1　在区间 (a,b) 内可导的单调增（减）函数的导函数非负（正）.

证明：对于单调增函数，$\forall x\in(a,b)$，$\Delta x\neq0$，由题设可知 $\Delta x,f(x+\Delta x)-f(x)$ 同号，故有

$$\frac{f(x+\Delta x)-f(x)}{\Delta x}>0.$$

于是

$$\lim_{\Delta x\to0}\frac{f(x+\Delta x)-f(x)}{\Delta x}\geqslant0,$$

即 $f'(x)\geqslant0$.

对于单调减函数，同理可证.

定理 2　在区间 (a,b) 内恒有 $f'(x)>0(<0)$，则 $f(x)$ 严格单调递增（减）.

证明：（反证法）对于 $f'(x)>0$ 的情形，设 (a,b) 内存在 $x_1<x_2$，且 $f(x_1)\geqslant f(x_2)$.

由题设可知，$f(x)$ 连续可导. 那么由拉格朗日中值定理，有

$$\frac{f(x_2)-f(x_1)}{x_2-x_1}=f'(\xi)>0(\xi\in(a,b)).$$

但由假设有 $x_2-x_1>0,f(x_2)-f(x_1)\leqslant0$，故有

$$f'(\xi)=\frac{f(x_2)-f(x_1)}{x_2-x_1}\leqslant0.$$

矛盾.

从而可知 $x_2-x_1>0$ 时，$f(x_2)-f(x_1)>0$，即 $f(x)$ 单调递增. 对于 $f'(x)<0$ 的情形，同理可证. 如图 4-12 所示.

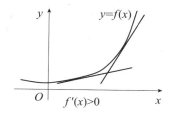 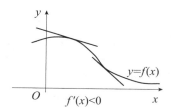

$$\text{图 4-12}$$

例 1　求 $y=x^2+4x-5$ 的单调区间.

解：定义域为 R.
$$y'=2x+4.$$
令 $y'>0$，得 $x>-2$；
令 $y'<0$，得 $x<-2$.
即函数的递增区间为 $(-2,+\infty)$，递减区间为 $(-\infty,-2)$.

例 2　求 $y=xe^x$ 的单调区间（如图 4-13 所示）.

解：定义域为 R.
$$y'=e^x+xe^x=(1+x)e^x.$$
由 $e^x>0$ 可得：当 $x<-1$ 时递减；当 $x>-1$ 时递增.

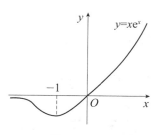

$$\text{图 4-13}$$

例 3　证明不等式：$\ln(1+x)<x\,(x>0)$.

证明：令 $y=\ln(1+x)-x$，则
$$y'=\frac{1}{1+x}-1=-\frac{x}{1+x}.$$
因为 $x>0$，故 $y'<0$，即 y 递减.
又 $y(0)=0$，当 $x>0$ 时，有
$$y<y(0)=0,$$
即 $\ln(1+x)<x$（见图 4-14）.

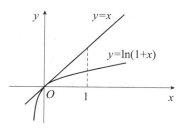

$$\text{图 4-14}$$

例 4　证明：当 $x>0$ 时，$x>\sin x$.

证明：当 $x>1$ 时，$x>1>\sin x$，结论成立.
当 $x\in(0,1)$ 时，设 $y=x-\sin x$，有 $y'=1-\cos x\geqslant0$.
令 $y'=0$，得 $x=0\notin(0,1)$，故 $y'>0(0<x<1)$，函数递增. 所以
$$y>\lim_{x\to0^+}y=0,$$
即 $x>\sin x$.

综上所述，可知 $x>\sin x\,(x>0)$.

例 5　证明：$\tan x>x\left(0<x<\dfrac{\pi}{2}\right)$.

证明：（方法一）如图 4-15 所示，x 为单位圆的弧度角，$OA=1$.
$$S_{\text{扇}}<S_{\triangle OAB}.$$

$$\frac{x}{2}<\frac{1}{2}OA\cdot AB=\frac{\tan x}{2}.$$

所以 $\tan x>x$.

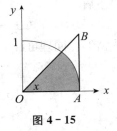

图 4-15

（方法二）设 $y=x-\tan x$.

$$y'=1-\sec^2 x=-\tan^2 x\leqslant 0.$$

令 $y'=0\Rightarrow x=0\notin\left(0,\frac{\pi}{2}\right)$，所以函数递减．故

$$y(x)<\lim_{x\to 0^+}y=0,$$

即 $x<\tan x$.

（方法三）$x<\tan x\Leftrightarrow x-\tan x<0$.

问题转化为求 $y=x-\tan x$ 在 $\left(0,\frac{\pi}{2}\right)$ 内的最大值（参看后面最值的求法）.

$$y'=1-\sec^2 x=-\tan^2 x\leqslant 0.$$

$y'=0\Rightarrow x=0\notin\left(0,\frac{\pi}{2}\right)$，没有驻点和不可导点，单调递减.

$$\lim_{x\to 0^+}y=0,y\left(\frac{\pi}{2}\right)=-\infty.$$

故 $y=x-\tan x<0$，即

$$x<\tan x.$$

从上面的例子可以看到，不定式问题与最值问题是相关的。

4.3.2　极值

定义 1　设 $f(x)$ 在 x_0 的某个邻域内恒有

$$f(x_0)\geqslant f(x)\ 或\ f(x_0)\leqslant f(x),$$

则称 $f(x_0)$ 为这个函数的一个极大（小）值.

极值有两种类型：

（1）不可导型：区间内由两条曲线形成的折线的局部最高（低）点.

（2）可导型：区间内光滑曲线上的局部最高（低）点.

从图 4-16 可以看到，极值点出现在连续函数的增减区间的交界处.

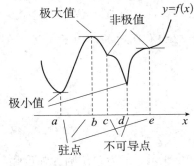

图 4-16

极值判断定理

定理 3　设连续函数 $f(x)$ 在 x_0 的某个邻域内，左右邻域的单调性相反，那么，$f(x_0)$ 为极值.

证明： 不妨设 $f(x)$ 在 x_0 的左邻域递增，在右邻域递减.

当 x 在左邻域时，函数递增，有 $f(x_0) \geqslant f(x)$；

当 x 在右邻域时，函数递减，有 $f(x_0) \geqslant f(x)$.

由此可得，$f(x_0)$ 是极大值.

例 6　求 $f(x) = 3\sqrt[3]{x^2}$ 的极值.

解： 定义域为 R，$f'(x) = \dfrac{2}{\sqrt[3]{x}}$.

当 $x = 0$ 时不可导.

故函数在 $(-\infty, 0)$ 内递减，在 $(0, +\infty)$ 内递增. 所以 $f(0) = 0$ 为极小值. 如图 4 – 17 所示.

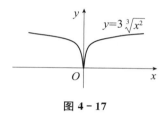

图 4 – 17

可导型极值的必要条件

定理 4　设 $f(x)$ 在 x_0 的某个邻域内连续可导，$f(x_0)$ 为极值. 那么，$f'(x_0) = 0$ （导数值为 0 的点 x_0 称为驻点）.

证明： 不妨设 $f(x)$ 在 x_0 的左邻域递增，在 x_0 的右邻域递减.

在左邻域递增，有

$$\frac{f(x_0 + \Delta x) - f(x_0)}{\Delta x} > 0, \lim_{\Delta x \to 0^-} \frac{f(x_0 + \Delta x) - f(x_0)}{\Delta x} \geqslant 0.$$

在右邻域递减，有

$$\frac{f(x_0 + \Delta x) - f(x_0)}{\Delta x} < 0, \lim_{\Delta x \to 0^+} \frac{f(x_0 + \Delta x) - f(x_0)}{\Delta x} \leqslant 0.$$

因为 $f(x)$ 在 x_0 处可导，故有

$$\lim_{\Delta x \to 0^-} \frac{f(x_0 + \Delta x) - f(x_0)}{\Delta x} = \lim_{\Delta x \to 0^+} \frac{f(x_0 + \Delta x) - f(x_0)}{\Delta x},$$

即

$$\lim_{\Delta x \to 0} \frac{f(x_0 + \Delta x) - f(x_0)}{\Delta x} = 0.$$

推论 1　没有驻点的可导函数必为单调函数.

证明： 设 $f(x)$ 在 (a, b) 内可导，且区间内无驻点. 假设 $f(x)$ 不单调，则在区间内存在点 c，c 在其某个邻域内为增减区间的分界点. 由 $f(x)$ 连续可导，c 的左右邻域的增减性相反，可知 c 为极值点. 由定理 4 可知，c 为驻点. 这与假设矛盾. 故 $f(x)$ 必为单调

函数.

例 7　研究 $f(x) = \begin{cases} -2x+1, & 2 > x \geqslant 0 \\ \cos x, & -4 < x < 0 \end{cases}$ 的极值.

解：定义域为 $(-4, 2)$，$f(0) = 1$，且

$$\lim_{x \to 0^-} f(x) = \lim_{x \to 0^-} \cos x = 1,$$

$$\lim_{x \to 0^+} f(x) = \lim_{x \to 0^+} (-2x+1) = 1,$$

所以，$f(x)$ 在 $x = 0$ 处连续.

$$(\cos x)' = -\sin x, (-2x+1)' = -2,$$

$$\lim_{x \to 0^-} f'(x) = 0, \lim_{x \to 0^+} f'(x) = -2.$$

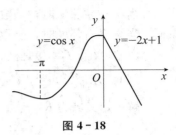

图 4-18

故 $f(x)$ 在 $x = 0$ 处不可导. 又在 $(-4, 0)$ 内，$\sin(-\pi) = 0$，得驻点 $x = -\pi$.

把定义域分为 $(-4, -\pi)$，$(-\pi, 0)$，$(0, 2)$ 三个区间，$f(x)$ 在其中的增减性分别为：减、增、减，如图 4-18 所示，由此可知，$-\pi$、0 分别为极小值点和极大值点，即

$$极小值为 f(-\pi) = -1，极大值为 f(0) = 1.$$

注：（1）极值出现在连续函数内部的不可导点或驻点处.

（2）不可导点、驻点不一定是极值点.

4.3.3　最值

定义 2　对区间 I 上的任意 x，若 $f(x_0) \geqslant f(x)$（或 $f(x_0) \leqslant f(x)$），则 $f(x_0)$ 称为 I 上的最大（小）值.

连续函数的最值指的是所有函数值中的最大值和最小值. 观察图 4-19，可知最值点出现在端点及极值点处，即端点、不可导点和驻点处. 因此，只需要对这些点的函数值进行比较就可以得到最值. 我们知道，闭区间上的连续函数一定有最值. 如果连续函数的连续区间是开区间，那么就取它的内侧极限进行比较.

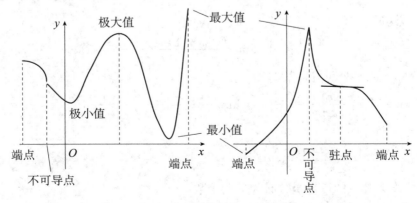

图 4-19

例 8　求 $y = x^2 - 4x + 5$ 在 $[-2, 3]$ 上的最值（如图 4-20 所示）.

解：求不可导点和驻点.

$$y=2x-4.$$

没有不可导点，驻点为 $x=2$.

区间端点为 -2，3.

$$y(-2)=17，y(2)=1，y(3)=2.$$

所以最大值和最小值分别为

$$y(-2)=17，y(2)=1.$$

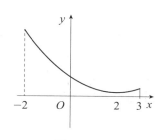

图 4-20

例 9　求 $y=3\sqrt[3]{x^2}$ 在 $[-1，2]$ 上的最值（如图 4-21 所示）.

解：定义域为 R，$y'=\dfrac{2}{\sqrt[3]{x}}$

当 $x=0$ 时，y 不可导.

$y'=0$ 无解，即没有驻点.

$$y(0)=0，y(-1)=3，y(2)=3\sqrt[3]{4}.$$

所以最大值和最小值分别为

$$y(2)=3\sqrt[3]{4}，y(0)=0.$$

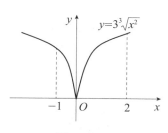

图 4-21

例 10　求 $f(x)=\begin{cases}\text{sine}^x，& 1>x>0\\ 2x+1，& 0\geqslant x\end{cases}$ 的最值.

解：定义域为 $(-\infty，1)$，由 $(-\infty，0]$ 和 $(0，1)$ 构成.

在 $(-\infty，0]$ 上，$f'(x)=2$，单调递增.

$$\lim_{x\to-\infty}f(x)=-\infty，f(0)=1.$$

在 $(0，1)$ 内，$f'(x)=e^x\cos e^x$，没有不可导点.

令 $e^x\cos e^x=0$，由 $e^x>0$，得 $e^x=\dfrac{\pi}{2}$，故

$0<x=\ln\pi-\ln2<\ln e=1$，是唯一驻点.

$$\lim_{x\to0^+}f(x)=\sin1，\lim_{x\to1^-}f(x)=\text{sine}，f(\ln\pi-\ln2)=1.$$

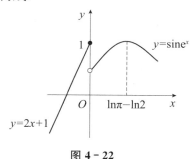

图 4-22

比较各数可知，

$$f(x) \text{ 的最大值为 } f(\ln\pi-\ln2)=1，\text{而最小值不存在.}$$

注：（1）驻点、不可导点不一定是最值点.

（2）连续区间内没有驻点和不可导点的函数是单调函数，最值在端点处.

（3）分段函数可以按两个函数来处理.

定理 5　连续函数中唯一的极大（小）值点是最大（小）值点.

证明：（略）

定理 6　$[a，b]$ 上连续的严格单调函数在开区间 $(a，b)$ 内没有最值.

证明：不妨假设函数 $f(x)$ 单调递增，在 $(a，b)$ 内的 ξ 处取得最大值，当 $\xi<x$ 时，可得

$$f(\xi)>f(x).$$

而函数单调递增，有

$$f(x)>f(\xi).$$

两者矛盾. 所以，函数在 $(a，b)$ 内没有最大值.

同理可证，函数在 (a, b) 内无最小值.

推论 1　闭区间上的单调函数在端点处取得最值.

定理 7（可导型最大（小）值存在的充分条件）　设二阶可导数函数 $f(x)$ 有唯一驻点 x_0，即 $f'(x_0)=0$. 若 $f''(x_0)>0$，则 $f(x_0)$ 为最小值；若 $f''(x_0)<0$，则 $f(x_0)$ 为最大值.

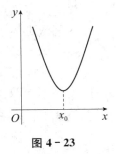

图 4-23

证明： $\lim\limits_{\Delta x \to 0} \dfrac{f'(x_0+\Delta x)-f'(x_0)}{\Delta x}=f''(x_0)>0$,

由极限的保号性可知，在 x_0 的某个邻域，

$$f''(x)>0,$$

即 $f'(x)$ 为增函数. 又

$$f'(x_0)=0,$$

可知，

当 $x<x_0$ 时，$f'(x)<f'(x_0)=0, f(x)$ 递减；

当 $x>x_0$ 时，$f'(x)>f'(x_0)=0, f(x)$ 递增.

所以 $f(x_0)$ 为极小值. 由于 x_0 是唯一驻点，故 $f(x_0)$ 是最小值，如图 4-23 所示.

同理可证，当 $f''(x_0)<0$ 时，$f(x_0)$ 为最大值.

例 11　已知矩形的面积为 a^2，长和宽为何值时可使周长最短？

解： 设长和宽分别为 $x>0$，$y>0$，则 $y=\dfrac{a^2}{x}$.

周长 $L=2x+\dfrac{2a^2}{x}$.

令 $L'=2-\dfrac{2a^2}{x^2}=0$，得 $x=a$（唯一驻点）.

又 $L''=\dfrac{4a^2}{x^3}$，$L''(a)>0$，可知 $L(a)=4a$ 为最小值.

例 12　设某商品的需求函数为 $Q=12-\dfrac{p}{2}$. 求（1）收益最大时的价格；（2）求此时的收益弹性，并指出其经济意义.

解： $R=pQ=12p-\dfrac{p^2}{2}$.

令 $R'=12-p=0$，得 $p=12$，为唯一驻点.

又 $R''=-1<0$.

所以 $p=12$ 时收益最大，为 $R=72$.

$\left.\dfrac{ER}{Ep}\right|_{p=12}=-\dfrac{12}{72}\times 0=0.$

其经济意义是，此时价格调整对收益影响很小.

例 13　从距离铁路 20 公里的仓库 C 修公路到铁路上的某点 D，使货物从 C 点经由 D 点送到铁路边的 A 点. 铁路 AB 与 BC 垂直，$AB=100$ 公里. 如图 4-24 所示. 已知公路与铁路的运费比为 5：3，如何选取 D 点，可使运费最低？

分析： 尽可能用铁路，选 D 点在 B 点处，全程为 120 公里，费率低、路程长，花费为 $5\times 20+3\times 100=400$ 单位；尽可能用公路，选 D 点在 A 点处，全程为 $20\sqrt{26}$ 公里，路程短、费率高，花费 $100\sqrt{26}>500$ 单位．故选点需兼顾路程和费率，即前者适当缩短路程，后者适当降低费率。因此应在 AB 之间选取站点．

解： 设 $BD=x$，则费用

$$p(x) = 5\sqrt{20^2+x^2} + 3(100-x) \quad (0 \leqslant x \leqslant 100).$$

$p'(x) = \dfrac{5x}{\sqrt{400+x^2}} - 3$，故函数无不可导点．

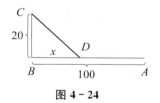

图 4 - 24

令 $p'(x)=0$，即 $p'(x) = \dfrac{5x}{\sqrt{400+x^2}} - 3 = 0$，

从而

$$25x^2 = 3\,600 + 9x^2.$$

得唯一驻点：$x=15$（公里）．

$$p''(x) = \dfrac{5\sqrt{400+x^2} - \dfrac{5x^2}{\sqrt{400+x^2}}}{400+x^2}$$

$$= \dfrac{2\,000}{(400+x^2)\sqrt{400+x^2}} > 0.$$

所以 $x=15$ 为唯一极小值点，即最小值点．

因此，在距 B 点 15 公里处设站点，可使得运费最低，为 $5\times25+3\times85=380$ 单位．

例 14 某厂商每年需进货 100 吨，每次进货除进货款外，各种花费合计 a 元，仓库库存每吨年费为 b 元．库存消耗是均匀的，每年进货几次，可使两项费用最低？

分析： 一次进完所有货物，进货手续费最省，但库存最大，应分批进货．库存是均匀消耗的，库存量为进货量的一半．进货当天库存为全部进货量，用完的最后一天为 0 库存，可视为平均每天库存为两者的平均值，即进货量的一半．

解： 设每年分 x 次进货，则进货量为 $\dfrac{100}{x}$，年平均库存为 $\dfrac{50}{x}$．两项年费为

$$p(x) = ax + \frac{50b}{x}(x \geqslant 1).$$

从而 $p'(x) = a - \dfrac{50b}{x^2}$，则唯一驻点为：$x = \dfrac{5\sqrt{2ab}}{a}$．

$$p''(x) = \frac{100b}{x^3} > 0,$$

可知 $x = \dfrac{5\sqrt{2ab}}{a}$ 为唯一极小值点，即最小值点．

故每年分 $N = \left[\dfrac{5\sqrt{2ab}}{a}\right]$ 或 $N = \left[\dfrac{5\sqrt{2ab}}{a}\right]+1$ 次进货费用最省．

4.3.4 凹向、拐点和曲率*

凹向和拐点

定义 3 如果函数 $f(x)$ 在定义域内的某个区间上恒有

$$f(x_1) + f(x_2) > 2f\left(\frac{x_1 + x_2}{2}\right) \text{（见图 4 - 25）,}$$

则称 $f(x)$ 在区间上是凹的，或向下凸的.

如果函数 $f(x)$ 在定义域内的某个区间上恒有

$$f(x_1) + f(x_2) < 2f\left(\frac{x_1 + x_2}{2}\right) \text{（见图 4 - 26）,}$$

则称 $f(x)$ 在区间上是凸的，或向上凸的.

如果函数 $f(x)$ 在定义域内的某个区间上恒有

$$f(x_1) + f(x_2) = 2f\left(\frac{x_1 + x_2}{2}\right),$$

则称 $f(x)$ 在区间上是平直（线性）的.

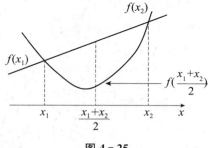

图 4 - 25

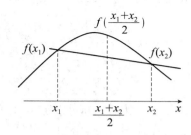

图 4 - 26

定义 4   连续曲线上两段不同凹向的弧的衔接点称为拐点.

例 15   证明 $y = ax^2 (a > 0)$ 是凹的.

证明： 函数 $y = f(x)$ 的定义域为 R. 对 R 内任意两个不同点 x_1，x_2，有

$$f(x_1) + f(x_2) - 2f\left(\frac{x_1 + x_2}{2}\right) = ax_1^2 + ax_2^2 - 2a\left(\frac{x_1 + x_2}{2}\right)^2$$

$$= \frac{a}{2}(x_1{}^2 + x_2{}^2 - 2x_1 x_2) > 0.$$

所以，函数为凹的.

例 16   证明一次函数 $y = ax + b$ 的图像是平直的.

证明： 函数 $y = f(x)$ 的定义域为 R. 对 R 内任意两个不同点 x_1，x_2，有

$$f(x_1) + f(x_2) - 2f\left(\frac{x_1 + x_2}{2}\right) = ax_1 + b + ax_2 + b - 2\left[a\left(\frac{x_1 + x_2}{2}\right) + b\right] = 0.$$

所以函数是平直的.

定理 8   如果函数 $f(x)$ 在某区间恒有 $f''(x) > 0$（或 $f''(x) < 0$），则 $f(x)$ 在区间内是凹（凸）函数.

证明： 参看 5.2 节例 7.

其意义：凹（凸）函数 $f(x)$ 的导数为增（减）函数，即曲线的切线斜率随 x 增大而增大（减少）. 如图 4 - 27 所示.

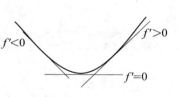

图 4 - 27

定义 5   凹弧与凸弧的连接点称为拐点.

拐点出现在二阶导数不存在或为 0 处.

例 17 求 $y = \sqrt[3]{x}$ 的拐点.

解：函数定义域为 R.

$$y' = \frac{1}{3\sqrt[3]{x^2}}, \quad y'' = -\frac{2}{9\sqrt[3]{x^5}}.$$

在 $x=0$ 处函数连续，但不可导. 当 $x<0$ 时，$y''>0$；当 $x>0$ 时，$y''<0$. 由定义可知，$x=0$ 处出现拐点，即（0，0）为函数拐点.

定理 9 点 $(x_0, f(x_0))$ 是有二阶导数的函数 $f(x)$ 的拐点的必要条件是 $f''(x_0)=0$.

证明：$\lim\limits_{\Delta x \to 0} \dfrac{f'(x_0 + \Delta x) - f'(x_0)}{\Delta x} = f''(x_0)$.

不妨设 $f(x)$ 在 x_0 的左邻域内为凹的，在右邻域内为凸的.

当 $\Delta x < 0$ 时，函数为凹函数，其导数为增函数. 有

$$f'(x_0 + \Delta x) < f'(x_0).$$

所以

$$f''(x_0) = \lim_{\Delta x \to 0^-} \frac{f'(x_0 + \Delta x) - f'(x_0)}{\Delta x} \geqslant 0.$$

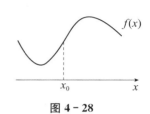

图 4 - 28

当 $\Delta x > 0$ 时，函数为凸函数，导数为减函数. 有

$$f'(x_0 + \Delta x) < f'(x_0).$$

所以

$$f''(x_0) = \lim_{\Delta x \to 0^+} \frac{f'(x_0 + \Delta x) - f'(x_0)}{\Delta x} \leqslant 0.$$

由此可知，$f''(x_0)=0$，得证.

例 18 求 $y = x^3 - 3x^2 - 9x + 2$ 的拐点.

解：$y'' = 6x - 6$，令 $y'' = 0$，得 $x = 1$.

当 $x<1$ 时，$y''<0$，图像为凸；当 $x>1$ 时，$y''>0$，图像为凹. 所以，拐点为（1，-9）.

例 19 研究 $y = x^4 - 2x + 2$ 的凹凸性及拐点.

解：$y'' = 12x^2$，令 $y'' = 0$，得 $x = 0$.

当 $x<0$ 时，$y''>0$；当 $x>0$ 时，$y''>0$. 所以函数为凹函数，没有拐点.

例 20 研究 $y = x^{\frac{2}{3}}$ 的凹凸性.

解：函数定义域为 R，在其上连续（见图 4 - 29）.

$$y' = \frac{2}{3} x^{-\frac{1}{3}}.$$

$$y'' = -\frac{2}{9} x^{-\frac{4}{3}} = -\frac{2}{9} \frac{1}{\sqrt[3]{x^4}}.$$

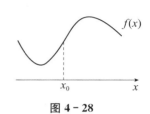

图 4 - 29

因而函数在 $x=0$ 处没有二阶导数.

当 $x<0$ 时，$y''<0$，为凸弧；当 $x>0$ 时，$y''<0$，为凸弧；无拐点.

上面三个例子说明：

（1）拐点可以出现在二阶导数为 0 或不存在的位置.

（2）二阶导数为 0 或不存在不是拐点存在的充分条件.

曲率[*]

半径不同的圆弧的弯曲程度是不同的．某段光滑曲线的曲率可视为最大切圆的曲率（见图 4-30）．圆弧的长与其对应的圆心角决定其弯曲度．同样长的弧长，对应的圆心角越大，弯曲度越小．设 $f(x)$ 有二阶导数，其曲线弧上点 M 运动到点 N，形成的角增量 $\Delta\alpha$（弧度制）由垂直于切线的两半径决定（见图 4-31）．

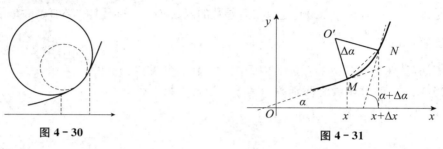

图 4-30   图 4-31

定义 6 $\left|\dfrac{\Delta\alpha}{\Delta s}\right|$ 称为 x，$x+\Delta x$ 间的平均曲率．当 $\Delta x\to 0$ 时，称为在 x 处的曲率，用 $K=\left|\dfrac{\mathrm{d}\alpha}{\mathrm{d}s}\right|$ 表示．其中 Δs，$\Delta\alpha$ 分别为弧长增量和切线与 x 轴的角度增量．

当 $\Delta x\to 0$ 时，MN 弧 $|\Delta s|$ 近似视为 $|MN|$．长度为

$$\Delta s \to \sqrt{(\Delta x)^2+(\Delta y)^2}.$$

所以 $\dfrac{\mathrm{d}s}{\mathrm{d}x}=\lim\limits_{\Delta x\to 0}\dfrac{\Delta s}{\Delta x}=\lim\limits_{\Delta x\to 0}\dfrac{\sqrt{(\Delta x)^2+(\Delta y)^2}}{\Delta x}=\sqrt{1+y'^2}.$ 又

$$\dfrac{\mathrm{d}\alpha}{\mathrm{d}s}=\lim\limits_{\Delta s\to 0}\dfrac{\Delta\alpha}{\Delta s}=\lim\limits_{\Delta x\to 0}\dfrac{\Delta\alpha}{\Delta x}\dfrac{\Delta x}{\Delta s}=\dfrac{\alpha'}{\sqrt{1+y'^2}}.$$

角 α 为 x 的函数，且 $\tan\alpha=y'$，有 $\alpha'\sec^2\alpha=\alpha'(1+\tan^2\alpha)=y''$，于是得到

$$\alpha'=\dfrac{y''}{(1+y'^2)},\ K=\left|\dfrac{\mathrm{d}\alpha}{\mathrm{d}s}\right|=\dfrac{|y''|}{(1+y'^2)^{\frac{3}{2}}}.$$

例 21 求 $y=x^2$ 在 $x=1$ 处的曲率.

解： $K=\dfrac{|y''|}{(1+y'^2)^{\frac{3}{2}}}=\dfrac{2}{(1+4x^2)^{\frac{3}{2}}}.$

$$=\dfrac{2\sqrt5}{25}.$$

例 22 求 $x^2+y^2=4$ 在 $(1,\sqrt3)$ 处的曲率.

解： 由 $2x+2yy'=0$ 得 $y'=-\dfrac{x}{y}$，

$$y''=-\dfrac{y-xy'}{y^2}=-\dfrac{y^2+x^2}{y^3}=-\dfrac{4}{y^3}.$$

从而

$$K=\dfrac{4}{y^3\left(1+\dfrac{x^2}{y^2}\right)^{\frac{3}{2}}}=\dfrac{1}{2}.$$

曲率与各点坐标无关，说明圆上各点的弯曲度是相同的。

定义 7　设 $f(x)$ 在 x 处的曲率为 K，对应的圆（称为曲率圆）的半径（称为曲率半径）为 $R=\dfrac{1}{K}$.

因为在圆中 $\left|\dfrac{\Delta s}{\Delta \alpha}\right|=R$，于是可得 $R=\dfrac{1}{K}$.

对于直线，$y''=0$，此时，$K=0(R\to+\infty)$.

曲线 $F(x,y)=0$ 在 (x,y) 处的曲率圆与曲线相切于 (x,y). 因此，切点附近极小范围内的弧段凹向相同。

例 23　$y=\cos x$ 在 $(0,1)$ 处的曲率及曲率圆.

解： $y'=-\sin x$，$y''=-\cos x$，$y'(0)=0$，$y''(0)=-1$.

在 $(0，1)$ 处，切线斜率为 0，曲率为

$$
\begin{aligned}
K &= \frac{|y''|}{(1+y'^2)^{\frac{3}{2}}} \\
&= \frac{|\cos 0|}{(1+\sin^2 0)^{\frac{3}{2}}} \\
&= 1.
\end{aligned}
$$

圆心与切点的连线垂直于切线，圆心在直线 $x=0$ 上，又曲率圆的半径为 1，所以圆心为 $(0，0)$ 或 $(0，2)$，圆的方程为

$$x^2+y^2=1 \text{ 或 } x^2+(y-2)^2=1$$（该圆在 $(0，1)$ 处的二阶导数 $y''=1>0$，与 $y=\cos x$ 的凹向相反）.

故曲率圆的方程为

$$x^2+y^2=1.$$

例 24　求曲线 $y=x+\dfrac{1}{x}$ 在 $\left(2，\dfrac{5}{2}\right)$ 处的曲率圆。

解： $y'=1-\dfrac{1}{x^2}$，$y''=\dfrac{2}{x^3}$，$y'(2)=\dfrac{3}{4}$，$y''(2)=\dfrac{1}{4}$.

从而 $K=\dfrac{\dfrac{1}{4}}{\left(1+\dfrac{9}{16}\right)^{\frac{3}{2}}}=\dfrac{16}{125}$，$R=\dfrac{125}{16}$.

设圆心为 $(x，y)$，则有

$$
\left\{
\begin{aligned}
&(x-2)^2+\left(y-\frac{5}{2}\right)^2=\left(\frac{125}{16}\right)^2 \\
&\frac{y-\frac{5}{2}}{x-2}=-\frac{4}{3}
\end{aligned}
\right.
.
$$

$$\left(1+\left(\frac{4}{3}\right)^2\right)(x-2)^2=\left(\frac{125}{16}\right)^2.$$

解得 $x=\dfrac{107}{16}$，$y=-\dfrac{15}{4}$（$y''<0$，舍去）或 $x=-\dfrac{43}{16}$，$y=\dfrac{35}{4}$.

故曲率圆的方程为

$$\left(x+\frac{43}{16}\right)^2+\left(y-\frac{35}{4}\right)^2=\left(\frac{125}{16}\right)^2.$$

4.3.5 渐近线

绘制函数图像要了解函数的两部分信息：区间端点和区间内部.

函数在连续区间端点的状况一般分为趋向无穷大和某个数. 这时可能会有函数的渐近线.

函数图像通常有若干个连续区间. 现在对函数在连续区间端点的函数值的各种情况进行分析.

（1）在闭区间 $[a, b]$ 上.

如果函数 $f(x)$ 在闭区间上连续，就意味着 $f(a)$ 和 $f(b)$ 为确定的数.

（2）在有界开区间 (a, b) 或 $[a, b)$、$(a, b]$ 内.

开区间的端点不在定义域内. 对于左端点考虑它的右极限，对于右端点考虑它的左极限. 当 x 从区间内向端点逼近时，一般有两种情况：

①左（右）极限存在且为 A，即 $\lim\limits_{x\to a^+}f(x)=A$ 或 $\lim\limits_{x\to b^-}f(x)=A$.

②左（右）极限不存在.

定义 8 设函数 $f(x)$ 在 a 的某个左（右）邻域内连续，有
$$\lim\limits_{x\to a^+}f(x)=\infty \text{ 或 } \lim\limits_{x\to a^-}f(x)=\infty,$$
则称 $x=a$ 为 $f(x)$ 的铅垂渐近线.

（3）在无穷区间 $(a, +\infty)$，$(-\infty, b)$，$[a, +\infty)$，$(-\infty, b]$，$(-\infty, +\infty)$ 内.

定义 9 如果 x 趋向无穷时，
$$\lim\limits_{x\to+\infty}f(x)=A \text{ 或 } \lim\limits_{x\to-\infty}f(x)=A,$$
则称 $y=A$ 是函数的**水平渐近线**.

铅垂渐近线和水平渐近线如图 4-32 所示.

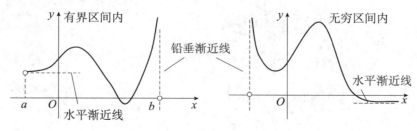

图 4-32

如果 x 趋向无穷时，
$$\lim\limits_{x\to+\infty}f(x)=\infty \text{ 或 } \lim\limits_{x\to-\infty}f(x)=\infty,$$
那么，函数可能无限逼近某条直线（见图 4-33）.

定义 10 如果连续函数 $f(x)$ 在 x 趋于正无穷或负无穷时，有

$$\lim_{x \to \pm\infty} [f(x) - (ax+b)] = 0,$$

则称直线 $ax+b$ 为 $x \to \pm\infty$ 时函数 $f(x)$ 的**斜渐近线**.

若在 $x \to +\infty$ 或 $x \to -\infty$ 时，函数为关于 x 的一阶无穷大，则可能有斜渐近线（见图 4-34）.

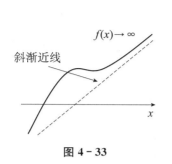

图 4-33   图 4-34

斜渐近线的求法如下：

设函数 $f(x)$ 在 $x \to +\infty$ 或 $x \to -\infty$ 时有斜渐近线 $y = kx + b$（$k \neq 0$）.

因为在 $\pm\infty$ 处，曲线无限逼近直线，那么有

$$\lim_{x \to \pm\infty} [f(x) - (kx+b)] = 0$$

为无穷小，而 $kx+b$ 为无穷大，所以

$$\lim_{x \to \pm\infty} \frac{f(x) - (kx+b)}{kx+b} = 0 \text{（此时 } kx+b \text{ 为一阶无穷大）}$$

即

$$\lim_{x \to \pm\infty} \frac{f(x)}{kx+b} = 1 \text{（同阶无穷大）}$$

从而可得到 $\lim\limits_{x \to \pm\infty} \dfrac{\frac{f(x)}{x}}{k + \frac{b}{x}} = 1$，即

$$\lim_{x \to \pm\infty} \frac{f(x)}{x} = k.$$

又由 $\lim\limits_{x \to \pm\infty} [f(x) - (kx+b)] = 0$ 得到

$$\lim_{x \to \pm\infty} [f(x) - kx] = b.$$

例 25 求 $f(x) = x + \dfrac{1}{x}$ 的渐近线.

解：定义域为 $(-\infty, 0) \bigcup (0, +\infty)$.

$$\lim_{x \to 0} f(x) = \lim_{x \to 0}\left(x + \frac{1}{x}\right) = \infty.$$

可知 $x = 0$ 为铅垂渐近线.

$$\lim_{x \to \infty} f(x) = \lim_{x \to \infty}\left(x + \frac{1}{x}\right) = \infty \text{（无水平渐近线）}.$$

$$\lim_{x \to \infty} \frac{f(x)}{x} = \lim_{x \to \infty}\left(1 + \frac{1}{x^2}\right) = 1 \text{（有斜渐近线）}.$$

$$b = \lim_{x \to \infty}\left(x + \frac{1}{x} - x\right) = 0.$$

故斜渐近线为 $y=x$. 如图 4-35 所示.

注：当 $x \to \infty$ 时，$f(x)$ 为一阶无穷大，但 $f(x)$ 未必就有斜渐近线.

如 $y=x+\sin x$. $\lim\limits_{x \to \infty} \dfrac{x+\sin x}{x}=1$，但 $\lim\limits_{x \to \infty}(f(x)-x)=\lim\limits_{x \to \infty}\sin x$，极限不存在（见图 4-36）.

其图像围绕 $y=x$ 上下波动.

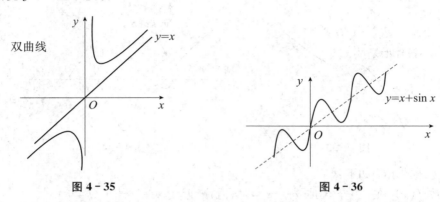

图 4-35   图 4-36

函数图像对我们研究函数性质有非常重要的帮助. 前面我们学习了研究函数图像的各种方法，使我们能够比较准确地绘制函数的大致图像. 一般地，绘制图像时，应当尽量把图像上的各种特征反映出来，如零点、截距、极值、增减性、拐点及渐近线，等等.

例 26 画出函数 $y=x^3-3x+2$ 的大致图像.

解：定义域为 R. 令 $y=0$，则有 $x^3-3x+2=0$，分解因式，得
$$(x-1)(x^2+x-2)=0,$$
$$(x-1)^2(x+2)=0.$$
与 x 轴有三个交点：$x=1$（二重根），$x=-2$.

令 $y'=3x^2-3=0$，得 $x=\pm 1$. 函数没有渐近线（因为无间断点，$x \to \infty$ 时，函数为三阶无穷大）.

当 $x<-1$ 时，$y'>0$；

当 $-1<x<1$ 时，$y'<0$；

当 $x>1$ 时，$y'>0$.

所以极值为 $y(-1)=4$，$y(1)=0$.

令 $y''=6x=0$，得 $x=0$.

从而拐点为 $(0,2)$.

当 $x<0$ 时，$y''<0$；当 $x>0$ 时，$y''>0$.

作图如图 4-37 所示.

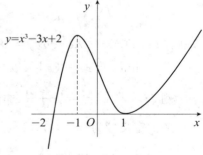

图 4-37

有些函数的零点不好求出，要确定它的大致位置.

这涉及方程的近似解的求法，在后面的内容中会加以研究.

例 27 画出 $y=1+\dfrac{36x}{(x+3)^2}$ 的大致图像.

解：定义域为 $(-\infty,-3) \cup (-3,+\infty)$.

令 $y'=\dfrac{36(3-x)}{(x+3)^3}=0$，得驻点 $x=3$.

令 $y''=\dfrac{72(x-6)}{(x+3)^4}=0$，得 $x=6$.

列表分析如下：

	$(-\infty, -3)$	$(-3, 3)$	$(3, 6)$	$(6, +\infty)$
y'	一，减	＋，增	一，减	一，减
y''	一，凸	一，凸	一，凸	＋，凹

所以，$x=3$ 为极大值点，$x=6$ 为拐点，且 $y(3)=4$，$y(6)=\dfrac{11}{3}$，$y(0)=1$.

又 $\lim\limits_{x\to\pm\infty}y=\lim\limits_{x\to\pm\infty}\left(1+\dfrac{36x}{(x+3)^2}\right)=1$，故 $y=1$ 是水平渐近线.

而 $\lim\limits_{x\to-3}y=\lim\limits_{x\to-3}(1+\dfrac{36x}{(x+3)^2})=\infty$，故 $x=-3$ 是铅垂渐近线.

作图如 4-38 所示.

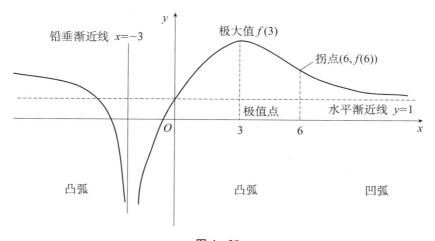

图 4-38

习题 4.3

1. 判定函数 $f(x)=\arctan x-x$ 的单调性.

2. 判定函数 $f(x)=x+\cos x\left(0\leqslant x\leqslant\dfrac{\pi}{2}\right)$ 的单调性.

3. 确定下列函数的单调区间：

(1) $y=2x^3-6x^2-18x-7$；

(2) $y=2x+\dfrac{8}{x}(x>0)$；

(3) $y=\dfrac{1}{x+6}$；

(4) $y=\ln(x+\sqrt{1+x^2})$；

(5) $y=(x-1)(x+1)^3$；

(6) $y=\sqrt[3]{(2x-a)(a-x)^2}\,(a>0)$；

(7) $y=x^n e^{-x}(n>0,x\geqslant 0)$；

(8) $y=x+\sin 2x$.

4. 判断下列曲线的凹凸性：

(1) $y = 4x - x^2$；　　　　　　　　　　(2) $y = x\arctan x$.

5. 证明下列不等式：

(1) 当 $x > 0$ 时，$1 + \dfrac{1}{2}x > \sqrt{1+x}$；

(2) 当 $x > 0$ 时，$1 + x\ln(x + \sqrt{1+x^2}) > \sqrt{1+x^2}$；

(3) 当 $0 < x < \dfrac{\pi}{2}$ 时，$\sin x + \tan x > 2x$；

(4) 当 $0 < x < \dfrac{\pi}{2}$ 时，$\tan x > x + \dfrac{1}{3}x^3$；

(5) 当 $x > 4$ 时，$2^x > x^2$.

6. 求函数的极值：

(1) $y = 2x^3 - 6x^2 - 18x + 7$；　　　　(2) $y = x - \ln(1+x)$；

(3) $y = -x^4 + 2x^2$；　　　　　　　　　(4) $y = x + \sqrt{1-x}$；

(5) $y = \dfrac{1+3x}{\sqrt{5+5x^2}}$；　　　　　　　(6) $y = \dfrac{3x^2 + 4x + 4}{x^2 + x + 1}$；

(7) $y = e^x \cos x \, (0 \leqslant x \leqslant 2\pi)$；　　　(8) $y = x^{\frac{1}{x}}$；

(9) $y = 3 - 2(x+1)^{\frac{1}{3}}$；　　　　　　(10) $y = x + \tan x$.

7. 求下列函数的最大值、最小值：

(1) $y = 2x^3 - 3x^2$，$-1 \leqslant x \leqslant 4$；

(2) $y = x^4 - 8x^2 + 2$，$-1 \leqslant x \leqslant 3$；

(3) $y = x + \sqrt{1-x}$，$-5 \leqslant x \leqslant 1$；

(4) $y = x^2 - \dfrac{54}{x}$，$x < 0$.

8. 某车间靠墙壁要盖一间长方体的小屋，现有存砖只够砌 20m 长的墙壁，问应围成怎样的长方体才能使这间小屋的面积最大？

9. 求曲线 $y = (2x - 1)e^{\frac{1}{x}}$ 的渐近线.

10. 求曲线 $y = x + e^{-x}$ 的渐近线.

11. 作 $y = e^{-\frac{x^2}{2}}$ 的图像.

*12. 求双曲线 $xy = 1$ 在点 （1，1） 处的曲率.

*13. 曲线 $y = e^x$ 在 $x = 0$ 处的曲率是多少？

*14. 求 $y = \ln\sec x$ 在点 $(x，y)$ 处的曲率.

章节提升习题四

1. 选择题：

(1) 函数 $f(x) = \ln|(x-1)(x-2)(x-3)|$ 的驻点个数为 （　　）.

(A) 0　　　　　　　(B) 1　　　　　　　(C) 2　　　　　　　(D) 3

(2) $y=x\sin x+2\cos x$ $(0\leqslant x\leqslant 2\pi)$ 的拐点为 （   ）.

(A) $\left(\dfrac{\pi}{2},\ \dfrac{\pi}{2}\right)$ (B) $(0,\ 2)$ (C) $(\pi,\ 2)$ (D) $\left(\dfrac{3\pi}{2},\ -\dfrac{3\pi}{2}\right)$

(3) 曲线 $y=(x-1)^2(x-3)^2$ 的拐点个数为 （   ）.

(A) 0 (B) 1 (C) 2 (D) 3

(4) 设 $f(x)=|x(1-x)|$，则 （   ）.

(A) $x=0$ 是 $f(x)$ 的极值点，但 $(0,\ 0)$ 不是曲线 $y=f(x)$ 的拐点

(B) $x=0$ 不是 $f(x)$ 的极值点，但 $(0,\ 0)$ 是曲线 $y=f(x)$ 的拐点

(C) $x=0$ 是 $f(x)$ 的极值点，且 $(0,\ 0)$ 是曲线 $y=f(x)$ 的拐点

(D) $x=0$ 不是 $f(x)$ 的极值点，$(0,\ 0)$ 也不是曲线 $y=f(x)$ 的拐点

(5) 曲线 $y=(x-1)(x-2)^2(x-3)^3(x-4)^4$ 的拐点是 （   ）.

(A) $(1,\ 0)$ (B) $(2,\ 0)$ (C) $(3,\ 0)$ (D) $(4,\ 0)$

(6) 设函数 $f(x)$ 满足关系式 $f''(x)+[f'(x)]^2=x$，且 $f'(0)=0$，则 （   ）.

(A) $f(0)$ 是 $f(x)$ 的极大值

(B) $f(0)$ 是 $f(x)$ 的极小值

(C) 点 $(0,f(0))$ 是曲线 $y=f(x)$ 的拐点

(D) $f(0)$ 不是 $f(x)$ 的极值，点 $(0,f(0))$ 也不是曲线 $y=f(x)$ 的拐点

(7) 设函数 $f(x)$ 的导数在 $x=a$ 处连续，又 $\lim\limits_{x\to a}\dfrac{f'(x)}{x-a}=-1$，则 （   ）.

(A) $x=a$ 是 $f(x)$ 的极小值点

(B) $x=a$ 是 $f(x)$ 的极大值点

(C) $(a,\ f(a))$ 是曲线 $y=f(x)$ 的拐点

(D) $x=a$ 不是 $f(x)$ 的极值点，$(a,f(a))$ 也不是曲线 $y=f(x)$ 的拐点

(8) 设函数 $f(x)=\begin{cases}x|x|, & x\leqslant 0\\ x\ln x, & x>0\end{cases}$，则 $x=0$ 是 $f(x)$ 的 （   ）.

(A) 可导点，极值点 (B) 不可导点，极值点

(C) 可导点，非极值点 (D) 不可导点，非极值点

(9) 设函数 $f(x)$ 连续，且 $f'(0)>0$，则存在 $\delta>0$，使得 （   ）.

(A) $f(x)$ 在 $(0,\ \delta)$ 内单调增加

(B) $f(x)$ 在 $(-\delta,\ 0)$ 内单调减小

(C) 对任意的 $x\in(0,\ \delta)$ 有 $f(x)>f(0)$

(D) 对任意的 $x\in(-\delta,\ 0)$ 有 $f(x)>f(0)$

(10) 已知函数 $f(x)$ 在区间 $(1-\delta,\ 1+\delta)$ 内具有二阶导数，$f'(x)$ 严格单调减少，且 $f(1)=f'(1)=1$，则 （   ）.

(A) 在 $(1-\delta,\ 1)$ 和 $(1,\ 1+\delta)$ 内均有 $f(x)<x$

(B) 在 $(1-\delta,\ 1)$ 和 $(1,\ 1+\delta)$ 内均有 $f(x)>x$

(C) 在 $(1-\delta,\ 1)$ 内，$f(x)<x$，在 $(1,\ 1+\delta)$ 内，$f(x)>x$

(D) 在 $(1-\delta,\ 1)$ 内，$f(x)>x$，在 $(1,\ 1+\delta)$ 内，$f(x)<x$

(11) 设函数 $f(x)$ 具有二阶导数，$g(x)=f(0)(1-x)+f(1)x$，则在 $[0,1]$ 上 （   ）.

(A) 当 $f'(x)\geqslant 0$ 时，$f(x)\geqslant g(x)$

(B) 当 $f'(x)\geqslant 0$ 时，$f(x)\leqslant g(x)$

(B) 当 $f''(x)\leqslant 0$ 时，$f(x)\geqslant g(x)$

(D) 当 $f''(x)\leqslant 0$ 时，$f(x)\leqslant g(x)$

(12) 设函数 $f(x)$ 在闭区间 $[a,b]$ 上有定义，在开区间 (a,b) 内可导，则（   ）.

(A) 当 $f(a)f(b)<0$ 时，存在 $\xi\in(a,b)$，使 $f(\xi)=0$

(B) 对任何 $\xi\in(a,b)$，有 $\lim\limits_{x\to\xi}[f(x)-f(\xi)]=0$

(C) 当 $f(a)=f(b)$ 时，存在 $\xi\in(a,b)$，使 $f'(\xi)=0$

(D) 存在 $\xi\in(a,b)$，使 $f(b)-f(a)=f'(\xi)(b-a)$

(13) 曲线 $y=\dfrac{1}{x}+\ln(1+e^x)$ 的渐近线的条数为 （   ）.

(A) 0   (B) 1   (C) 2   (D) 3

(14) 曲线 $y=\dfrac{x^2+x}{x^2-1}$ 的渐近线的条数为 （   ）.

(A) 0   (B) 1   (C) 2   (D) 3

(15) 下列曲线有渐近线的是 （   ）.

(A) $y=x+\sin x$ (B) $y=x^2+\sin x$

(C) $y=x+\sin\dfrac{1}{x}$ (D) $y=x^2+\sin\dfrac{1}{x}$

2. 填空题：

(1) 设函数 $y(x)$ 由参数方程 $\begin{cases}x=t^3+3t+1\\y=t^3-3t+1\end{cases}$ 确定，则曲线 $y=y(x)$ 向上凸的 x 的取值范围为_____.

(2) 设函数 $y=\dfrac{1}{2x+3}$，则 $y^{(n)}(0)=$_____.

(3) 函数 $y=x^{2x}$ 在区间 $(0,1]$ 上的最小值为_____.

(4) 函数 $y=\ln(1-2x)$ 在 $x=0$ 处的 n 阶导数 $y^{(n)}(0)=$_____.

(5) 曲线 $y=\dfrac{x^2}{2x+1}$ 的斜渐近线方程为_____.

(6) 曲线 $y=\dfrac{(1+x)^{\frac{3}{2}}}{\sqrt{x}}$ 的斜渐近线方程为_____.

(7) 曲线 $y=\dfrac{x+4\sin x}{5x-2\cos x}$ 的水平渐近线方程为_____.

(8) 曲线 $y=x\left(1+\arcsin\dfrac{2}{x}\right)$ 的斜渐近线方程为_____.

3. 求函数 $f(x)=x^2\ln(1+x)$ 在 $x=0$ 处的 n 阶导数 $f^n(0)(n\geqslant 3)$.

4. 设函数 $y=y(x)$ 由参数方程 $\begin{cases}x=\dfrac{1}{3}t^3+t+\dfrac{1}{3}\\y=\dfrac{1}{3}t^3-t+\dfrac{1}{3}\end{cases}$ 确定，求 $y=y(x)$ 的极值和曲线 $y=$

$y(x)$ 的凹凸区间及拐点.

5. 已知函数 $y=\dfrac{x^3}{(x-1)^2}$，求：

（1）函数的增减区间及极值；

（2）函数图形的凹凸区间及拐点；

（3）函数图形的渐近线.

6. 已知函数 $f(x)=\begin{cases} x^{2x}, & x>0 \\ xe^x+1, & x\leqslant 0 \end{cases}$，求 $f'(x)$，并求 $f(x)$ 的极值.

7. 求函数 $y=(x-1)e^{\frac{\pi}{2}+\arctan x}$ 的单调区间和极值，并求该函数图形的渐近线.

8. 试证下列不等式：

（1）当 $x>0$ 时，$(x^2-1)\ln x\geqslant(x-1)^2$.

（2）当 $0<a<b$ 时，$\dfrac{2a}{a^2+b^2}<\dfrac{\ln b-\ln a}{b-a}<\dfrac{1}{\sqrt{ab}}$.

（3）设 $e<a<b<e^2$，证明 $\ln^2 b-\ln^2 a>\dfrac{4}{e^2}(b-a)$.

（4）$x\ln\dfrac{1+x}{1-x}+\cos x\geqslant 1+\dfrac{x^2}{2}$，$-1<x<1$.

9. 设函数 $f(x)$ 在区间 $[0,1]$ 上连续，在 $(0,1)$ 内可导，且 $f(0)=f(1)=0$，$f\left(\dfrac{1}{2}\right)=1$. 试证：存在 $\eta\in\left(\dfrac{1}{2},1\right)$，使 $f(\eta)=\eta$.

10. 已知函数 $f(x)$ 在 $[0,1]$ 上连续，在 $(0,1)$ 内可导，且 $f(0)=0,f(1)=1$. 证明：

（1）存在 $\xi\in(0,1)$，使得 $f(\xi)=1-\xi$；

（2）存在两个不同的点 $\eta,\zeta\in(0,1)$，使得 $f'(\eta)f'(\zeta)=1$.

11. 设函数 $f(x)$ 在 $[0,3]$ 上连续，在 $(0,3)$ 内可导，且 $f(0)+f(1)+f(2)=3$，$f(3)=1$.

试证：必存在 $\xi\in(0,3)$，使 $f'(\xi)=0$.

12. 设函数 $f(x)$，$g(x)$ 在 $[a,b]$ 上连续，在 (a,b) 内二阶可导且存在相等的最大值，又 $f(a)=g(a)$，$f(b)=g(b)$，证明：存在 $\xi\in(a,b)$，使得 $f''(\xi)=g''(\xi)$.

13. 设函数 $f(x)$ 在闭区间 $[0,1]$ 上连续，在开区间 $(0,1)$ 内可导，且 $f(0)=0$，$f(1)=\dfrac{1}{3}$，证明：存在 $\xi\in\left(0,\dfrac{1}{2}\right)$，$\eta\in\left(\dfrac{1}{2},1\right)$，使得 $f'(\xi)+f'(\eta)=\xi^2+\eta^2$.

第五章
函数模拟与误差：函数展开式与余项

本章知识结构导图

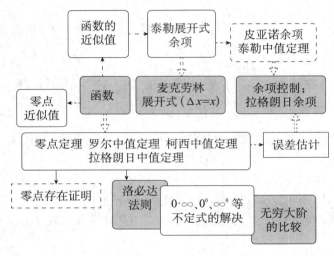

图 5-1

本章学习提示：

1. 本章主要解决非多项式函数的近似值的求解问题。

2. 拉格朗日余项是对第 $n+1$ 项的系数微调，实现误差找回。

3. 极限不定式的洛必达法则的想法来自等价无穷小替换，是用切线替换曲线。

4. 无穷大与无穷小互为倒数关系。无穷大的阶与对应的无穷小的阶是相同的。

5.1 更精确的非线性逼近

5.1.1 泰勒展开式与麦克劳林展开式

展开式

线性逼近是用直线近似代替曲线的方法，因此有相当大的局限性．虽然能满足一定的要求，但误差是明显的，特别是在 Δx 比较大的情况下．

鉴于线性逼近的缺陷，我们考虑用曲线近似代替曲线，多项式函数是理想的选择．

例如，用二次函数局部近似替代曲线求近似值．

例 1 求 $\sin 61°$ 的近似值．

解：$x=60°$，$\Delta x=1°=\dfrac{\pi}{180}$，

设 $y=a\left(x-\dfrac{\pi}{3}\right)^2+b\left(x-\dfrac{\pi}{3}\right)+c$ 在 $x=60°=\dfrac{\pi}{3}$ 处的局部邻域无限逼近 $\sin x$．则有

$$\sin\frac{\pi}{3}=c=\frac{\sqrt{3}}{2}, \quad (\sin x)'\big|_{x=\frac{\pi}{3}}=\frac{1}{2}=b, \quad (\sin x)''\big|_{x=\frac{\pi}{3}}=-\frac{\sqrt{3}}{2}=2a \Rightarrow a=-\frac{\sqrt{3}}{4}.$$

于是在局部

$$\sin x\approx-\frac{\sqrt{3}}{4}\left(x-\frac{\pi}{3}\right)^2+\frac{1}{2}\left(x-\frac{\pi}{3}\right)+\frac{\sqrt{3}}{2}.$$

所以

$$\sin 61°\approx-\frac{\sqrt{3}}{4}\frac{\pi^2}{180^2}+\frac{\pi}{360}+\frac{\sqrt{3}}{2}.$$

与线性逼近：$\sin x\approx\dfrac{1}{2}\left(x-\dfrac{\pi}{3}\right)+\dfrac{\sqrt{3}}{2}$ 相比，多了一个二次项．当 Δx 比较小（一般要求绝对值小于 1）时，对比上式的第一项和第二项，可以看到第一项的绝对值要比第二项的绝对值小很多．这显示增加的数值是对原函数数值的一个更进一步的、更精确的逼近．

设想对某些特定的函数，用 n 次多项式近似代替，可以提高函数值的精确度．

设函数 $y=f(x)$ 在 x_0 的某个邻域内有 $n+1$ 阶导数．函数在 x_0 处的函数值及其各阶导数分别为 $f(x_0)$，$f'(x_0)$，$f''(x_0)$，$\cdots$，$f^{(n)}(x_0)$．

如果多项式函数

$$P_n(x)=a_0+a_1(x-x_0)+a_2(x-x_0)^2+\cdots+a_n(x-x_0)^n$$

能很好地模拟 $f(x)$，就需要在 x_0 处的函数值及各阶导数与 $f(x)$ 的函数值及各阶导数相等，即

$$P_n(x_0)=f(x_0),$$
$$P_n'(x_0)=f'(x_0),$$

$$P_n''(x_0) = f''(x_0),$$
......
$$P_n^{(n)}(x_0) = f^{(n)}(x_0).$$

即

$$a_0 = f(x_0),$$
$$a_1 = f'(x_0),$$
$$2a_2 = f''(x_0),$$
......
$$n!a_n = f^{(n)}(x_0).$$

从而得到

$$a_n = \frac{f^{(n)}(x_0)}{n!}.$$

代回 $P_n(x)$，得到

$$P_n(x) = f(x_0) + f'(x_0)(x-x_0) + \frac{f''(x_0)}{2}(x-x_0)^2 + \cdots + \frac{f^{(n)}(x_0)}{n!}(x-x_0)^n.$$

用这个多项式函数近似代替 $f(x)$，有
$$f(x) \approx P_n(x)$$
$$= f(x_0) + f'(x_0)(x-x_0) + \frac{f''(x_0)}{2}(x-x_0)^2 + \cdots + \frac{f^{(n)}(x_0)}{n!}(x-x_0)^n.$$

上式称为 $f(x)$ 在 x_0 处的 n 阶**泰勒展开式**（$x_0=0$ 时，称为**麦克劳林展开式**）。

用 $R_n(x)$ 表示误差 $f(x)-P_n(x)$，泰勒展开式可写为
$$f(x) = P_n(x) + R_n(x)$$
$$= f(x_0) + f'(x_0)(x-x_0) + \frac{f''(x_0)}{2}(x-x_0)^2 + \cdots$$
$$+ \frac{f^{(n)}(x_0)}{n!}(x-x_0)^n + R_n(x).$$

例 2　求 e^x 的麦克劳林展开式，并求 e^x 的近似值.

解：令 $f(x)=e^x$，取 $x_0=0$，则
$$f(0)=1,\ f'(0)=1,\ f''(0)=1,\ \cdots,\ f^{(n)}(0)=1.$$

所以

$$P_n(x) = 1 + x + \frac{x^2}{2} + \cdots + \frac{x^n}{n!}.$$

即

$$f(x) = 1 + x + \frac{x^2}{2} + \cdots + \frac{x^n}{n!} + R_n(x).$$

令 $x=1$，得

$$e = 1 + 1 + \frac{1}{2} + \cdots + \frac{1}{n!} + R_n(1),$$

取 $n=4$，$e = 1 + 1 + \frac{1}{2} + \frac{1}{6} + \frac{1}{24} + R_4(1) = 2.708\,33 + R_4(1).$

$e \approx 2.708\,333$，误差为 $R_4(1)$.

例 3 求 $\sin x$ 的麦克劳林展开式，并求 $\sin 1$ 的近似值.

解： 令 $f(x) = \sin x$，取 $x_0 = 0$，则

$$f(0) = 0,$$
$$f'(0) = \cos 0 = 1,$$
$$f''(0) = -\sin 0 = 0,$$
$$f'''(0) = -\cos 0 = -1,$$
$$f^{(4)}(0) = \sin 0 = 0,$$
$$f^{(5)}(0) = \cos 0 = 1$$

……

$$\sin x = x - \frac{x^3}{3!} + \frac{x^5}{5!} - \frac{x^7}{7!} + \cdots + (-1)^{k+1} \frac{x^{2k-1}}{(2k-1)!} + R_{2k}(x)$$

令 $x=1$，得

$$\sin 1 \approx 1 - \frac{1}{3!} + \frac{1}{5!} = 0.841\ 67，\text{误差为 } R_6(1).$$

我们知道，$\sin 60° = \dfrac{\sqrt{3}}{2} \approx 0.866$，而 1 弧度约为 $57°18'$，所以 $\sin 1$ 应当比前者小一些. 上面的结果是可以接受的.

5.1.2 关于误差：余项与泰勒微分中值定理

设 $f(x)$ 在包含 x_0、x 的某个领域内有 $n+1$ 阶导数，其泰勒展开式为

$$f(x) = f(x_0) + f'(x_0)(x-x_0) + \frac{f''(x_0)}{2}(x-x_0)^2 + \cdots$$
$$+ \frac{f^{(n)}(x_0)}{n!}(x-x_0)^n + R_n(x).$$

可以看到，误差 $R_n(x)$ 是由项数 n、x_0 和 x 决定的.

当 n 增大、$\Delta x = x - x_0$ 的绝对值变化（x 不是无限接近 x_0，而是有一定距离）或者 x_0 改变时，误差可能会产生变化. 因此，求 x 处近似值时应当对 n 及 x_0 作合适的选择.

近似值都有误差. 如果泰勒无限项展开式确实等于 $f(x)$，那么第 n 项后所有项之和 $R_n(x)$ 就是误差，称为拉格朗日余项. 这个误差到底有多大？这个近似值达到了怎样的精确度？

关于泰勒展开式的误差，有下面结论.

从泰勒展开式可以看到，当 $\Delta x = x - x_0 \rightarrow 0$ 时，n 次项后都是大于或等于 $n+1$ 阶的无穷小.

皮亚诺余项 如果 $f(x)$ 的无限项泰勒展开式的余项为 $R_n(x)$，那么

$$R_n(x) = o((x-x_0)^n)\ (\Delta x = x - x_0 \rightarrow 0),$$

并称上式为皮亚诺余项.

泰勒微分中值定理

定理 1 设 $y=f(x)$ 在 x_0 的某个邻域有 $n+1$ 阶导数，其泰勒展开式的误差

$$R_n(x) = f(x) - P_n(x) = \frac{f^{(n+1)}(\varepsilon)}{(n+1)!}(x-x_0)^{n+1},$$

（其中 ε 为 x_0 与 x 之间的数）.

证明：设 $f(x) = f(x_0) + f'(x_0)(x-x_0) + \frac{f''(x_0)}{2}(x-x_0)^2 + \cdots$

$$+ \frac{f^{(n)}(x_0)}{n!}(x-x_0)^n + R_n(x) = P_n(x) + R_n(x).$$

由

$$P_n(x_0) = f(x_0), \ P_n'(x_0) = f'(x_0), \ P_n''(x_0) = f''(x_0), \cdots, P_n^{(n)}(x_0) = f^{(n)}(x_0),$$

有

$$R_n(x_0) = R_n'(x_0) = R_n''(x_0) = \cdots = R_n^{(n)}(x_0) = 0.$$

对 $R_n(x)$ 和 $(x-x_0)^{n+1}$，在以 x_0 和 x 为端点的区间上满足柯西中值定理条件，因此有

$$\frac{R_n(x)}{(x-x_0)^{n+1}} = \frac{R_n(x) - R_n(x_0)}{(x-x_0)^{n+1} - 0} = \frac{R_n'(\varepsilon_1)}{(n+1)(\varepsilon_1 - x_0)^n} = \frac{R_n'(\varepsilon_1) - R_n'(x_0)}{(n+1)(\varepsilon_1 - x_0)^n - 0}.$$

在以 x_0 和 ε_1 为端点的区间上 $R_n'(x)$ 和 $(n+1)(x-x_0)^n$ 满足柯西中值定理，从而上式的最后等式

$$\frac{R_n'(\varepsilon_1)}{(n+1)(\varepsilon_1 - x_0)^n} = \frac{R_n'(\varepsilon_1) - R_n'(x_0)}{(n+1)(\varepsilon_1 - x_0)^n - 0} = \frac{R_n''(\varepsilon_2)}{(n+1)n(\varepsilon_2 - x_0)^{n-1}},$$

……

$$\frac{R_n^{(n-1)}(\varepsilon_{n-1})}{(n+1)n\cdots2(\varepsilon_{n-1} - x_0)^1} = \frac{R_n^{(n-1)}(\varepsilon_{n-1}) - R_n^{(n-1)}(x_0)}{(n+1)n\cdots2(\varepsilon_{n-1} - x_0)^1 - 0} = \frac{R_n^{(n)}(\varepsilon_n)}{(n+1)n\cdots2},$$

$$\frac{R_n^{(n)}(\varepsilon_n)}{(n+1)!} = \frac{R_n^{(n)}(\varepsilon_n) - R_n^{(n)}(x_0)}{(n+1)!(\varepsilon_n - x_0)^0 - 0} = \frac{R_n^{(n+1)}(\varepsilon)}{(n+1)!}.$$

所以

$$\frac{R_n(x)}{(x-x_0)^{n+1}} = \frac{R_n^{(n+1)}(\varepsilon)}{(n+1)!} \qquad (\varepsilon \text{、} \varepsilon_i \text{ 为 } x_0 \text{ 与 } x \text{ 之间的数}),$$

即

$$R_n(x) = \frac{R_n^{(n+1)}(\varepsilon)}{(n+1)!}(x-x_0)^{n+1}.$$

当取定 x_0 和 x 时，ε 是 x_0 与 x 之间的数，只要选择合适的 n，误差就可以得到控制.

如例 2，$e \approx 2.708\ 33$. 其误差为 $\frac{e^\varepsilon}{5!}(1-0)^5 = \frac{e^\varepsilon}{120}$.

而 $0 < \varepsilon < 1$，可知误差在 $\frac{1}{120} \approx 0.008\ 333$ 与 $\frac{3}{120} = 0.025$ 之间，绝对误差不超过 0.025.

例 3 中 $\sin 1 = 0.841\ 67$ 的误差为

$$\frac{\sin\left(\varepsilon + \frac{7\pi}{2}\right)}{7!} \ (0 < \varepsilon < 1),$$

绝对误差不超过 $\frac{1}{7!} = \frac{1}{5\ 040} \approx 0.000\ 198$.

　　泰勒展开式是用多项式模仿一个函数．由于提供的条件是某一点的数据，一般来说，它的误差与 $\Delta x = x - x_0$（对于 $x_0 = 0$，$\Delta x = x$）和项数有关．当我们增加项数达到无穷时，情况会如何？比如

$$e^x = 1 + x + \frac{x^2}{2!} + \frac{x^3}{3!} + \cdots + \frac{x^n}{n!} + R_n(x)$$

$$= 1 + x + \frac{x^2}{2!} + \frac{x^3}{3!} + \cdots + \frac{x^n}{n!} + \frac{R_n^{(n+1)}(\varepsilon)}{(n+1)!}(x-0)^{n+1},$$

$$\lim_{n \to \infty} |R_n(x)|$$

$$= \lim_{n \to \infty} \left| \frac{R_n^{(n+1)}(\varepsilon)}{(n+1)!}(x-0)^{n+1} \right|$$

$$= \lim_{n \to \infty} \frac{e^\varepsilon}{(n+1)!} x^{n+1}.$$

当 $N > |x|$ 时，有

$$0 \leqslant \left| \frac{x^{n+1}}{(n+1)!} \right| = \left| \frac{x^{N+1} x^{n-N}}{N!(N+1)\cdots n(n+1)} \right| \leqslant \left| \frac{x^{N+1}}{N!} \right| \left| \frac{x}{N} \right|^{n-N}.$$

而 $\lim\limits_{n \to \infty} \left| \dfrac{x}{N} \right|^{n-N} = 0 \left(\left| \dfrac{x}{N} \right| < 1 \right)$．由夹逼准则，可得

$$\lim_{n \to \infty} |R_n(x)| = \lim_{n \to \infty} \frac{e^\varepsilon}{(n+1)!} |x|^{n+1} = 0.$$

这个极限值是 0，而且与 x 无关．这说明，当项数达到无穷时，麦克劳林展开式与原函数 e^x 不仅是在 0 的附近，而且在整个数轴上都是完全贴合的！这是由函数自身的特点决定的．$\sin x$，$\cos x$ 也属于这种情况，即

$$e^x = 1 + x + \frac{x^2}{2!} + \frac{x^3}{3!} + \cdots + \frac{x^n}{n!} + \cdots,$$

$$\sin x = x - \frac{x^3}{3!} + \frac{x^5}{5!} - \frac{x^7}{7!} + \cdots + \frac{(-1)^{n-1}}{(2n-1)!} x^{2n-1} + \cdots,$$

$$\cos x = 1 - \frac{x^2}{2!} + \frac{x^4}{4!} - \frac{x^5}{6!} + \cdots + \frac{(-1)^n}{(2n)!} x^{2n} + \cdots,$$

其中 x 为任意实数．

5.1.3　对 x 有要求的展开式

　　对任意 x，不是所有 $f(x)$ 的无穷展开式与 $f(x)$ 的误差都为零．比如 $(1+x)^a$ 的麦克劳林展开式．用它可以求一个数的方根的近似值．

$(1+x)^a$ 的麦克劳林展开式
当 $x \geqslant -1$ 时，对任意 a，$(1+x)^a$ 有意义．取 $x_0 = 0$.
$$f(0) = 1, f^{(n)}(0) = a(a-1)\cdots(a-n+1),$$

$$(1+x)^a = 1 + ax + \frac{a(a-1)x^2}{2!} + \cdots + \frac{a(a-1)\cdots(a-n+1)}{n!} x^n + R_n(x),$$

误差为：$|R_n(x)| = \left| \dfrac{a(a-1)\cdots(a-n)}{(n+1)!}(1+\xi)^a \left(\dfrac{x}{1+\xi} \right)^{n+1} \right|.$

从余项分析，至少当 $0 \leqslant x \leqslant 1$，$n \to \infty$ 时，余项趋于 0，展开式是适用的．实际上其适用范围为 $-1 < x \leqslant 1$（可参看幂级数的收敛域）.

牛顿用下面的方法证明了上面的无穷展开式在其适用区间内就是 $(1+x)^a$.

设展开式的和为：

$$1 + ax + \frac{a(a-1)x^2}{2!} + \cdots + \frac{a(a-1)\cdots(a-n+1)}{n!}x^n + \cdots = F(x),$$

两边对 x 求导，得

$$a + \frac{2a(a-1)x^1}{2!} + \cdots + \frac{a(a-1)\cdots(a-n+1)}{(n-1)!}x^{n-1} + \cdots = F'(x),$$

故有

$$(1+x)F'(x) = aF(x).$$

构造 $G(x) = \frac{F(x)}{(1+x)^a}$，则

$$G'(x) = \frac{(1+x)^a F'(x) - a(1+x)^{a-1}F(x)}{(1+x)^{2a}}$$

$$= \frac{(1+x)^{a-1}aF(x) - (1+x)^{a-1}aF(x)}{(1+x)^{2a}} \equiv 0.$$

所以 $G(x) \equiv c$，又 $G(0) = 1$，得 $G(x) \equiv 1$，即

$$F(x) = (1+x)^a.$$

当 $a = -1$ 时，函数 $\frac{1}{1+x} = (1+x)^{-1}$ 的展开式为

$$\frac{1}{1+x} = 1 - x + x^2 - x^3 + \cdots \quad （看作公比为 -x 的无穷等比数列之和）$$

当 $x = 1$，-2 时，展开式是不成立的：

$$\frac{1}{2} = \frac{1}{1+1} = 1 - 1 + 1 - 1 + \cdots,$$

右式结果不确定.

$$-1 = \frac{1}{1-2} = 1 + 2 + 4 + 8 + \cdots \quad (x=-2)$$

左式为 -1，右式为正无穷．误差无穷大，错误是明显的.

麦克劳林展开式对 x 与 $x_0 = 0$ 的距离有一定要求的函数还有不少．一般而言，开方、对数函数及反三角函数等的展开式在 $(-1, 1)$ 内适用.

例 4 求 $\arctan x$ 的麦克劳林展开式.

解：$(\arctan x)' = \frac{1}{1+x^2} = (1+x^2)^{-1}$，

$$\frac{1}{1+x^2} = 1 - x^2 + x^4 - x^6 + \cdots \quad （公比为 -x^2 的无穷等比数列和，-1 < x < 1），$$

$$\arctan x = x - \frac{x^3}{3} + \frac{x^5}{5} - \frac{x^7}{7} + \cdots + \frac{(-1)^{n-1}x^{2n-1}}{2n-1} + \cdots.$$

例 5 求 $\sqrt[k]{1+x}$ 的麦克劳林展开式，并求 $\sqrt[3]{8.8}$ 的近似值（$n=4$）.

解：$f(x) = \sqrt[k]{1+x} = (1+x)^{\frac{1}{k}}$，$x_0 = 0$，$f(0) = 1$，

$$f(x) = 1 + \frac{1}{k}x^1 + \frac{1-k}{2k^2}x^2 + \cdots + \frac{(1-k)(1-2k)\cdots(1-(n-1)k)}{n!k^n}x^n + R_n,$$

$$\begin{aligned}\sqrt[3]{8.8} &= 2\sqrt[3]{1.1}\\ &= 2\sqrt[3]{1+0.1}\\ &= 2\left(1 + \frac{1}{3}\times 0.1 - \frac{2}{9\times 2}\times 0.01 + \frac{2\times 5}{27\times 6}\times 0.001 - \frac{2\times 5\times 8}{81\times 24}\times 0.000\,1 + R_4\right)\\ &= 2.065\,597 + 2R_4.\end{aligned}$$

（误差是 $2R_4$，其中 $|R_4| = \left|\frac{2\times 5\times 8\times 11}{3^5 5!}(1+\xi)^{-\frac{11}{3}}(0.1)^5\right| < 3\times 10^{-7}, 0 < \xi < 0.1.$）

例 6　求 $\ln(1+x)$ 在 $x=0$ 处的展开式.

解：令 $f(x) = \ln(1+x)$，则

$$f(0) = 0, \quad f'(x) = \frac{1}{1+x} = (1+x)^{-1}, \quad f^{(n)}(x) = (-1)^{n-1}(n-1)!(1+x)^{-n}.$$

从而 $f(x) = x - \frac{x^2}{2} + \frac{x^3}{3} - \cdots + \frac{(-1)^{n-1}}{n}x^n + R_n(x)$，其中

$$|R_n(x)| = \left|\frac{(1+\xi)^{-(n+1)}}{n+1}x^{n+1}\right|.$$

当 $0 < x < 1$ 时，$0 < \frac{x}{1+\xi} < 1$，$\lim\limits_{n\to\infty}|R_n(x)| = 0$，即增加项数可以使误差减小，亦即

$$\ln(1+x) = x - \frac{x^2}{2} + \frac{x^3}{3} - \cdots + \frac{(-1)^{n-1}x^n}{n} + \cdots \quad (0 < x < 1).$$

结合后面所学的幂级数收敛域的知识，可知上式在（-1，1]内成立.

当 $x=2$ 时，用 $\ln 3 = \ln(1+2)$ 展开是错误的. 正确的作法是

$$\ln 3 = -\ln\frac{1}{3} = -\ln\left(1 - \frac{2}{3}\right) = -\left(-\frac{2}{3} - \frac{2}{9} - \frac{8}{81} - \cdots\right).$$

注：这个方法有展开项数太多的缺点，用 $\ln\frac{1+x}{1-x}$ 的展开式可以减少计算量.

$$\ln\frac{1+x}{1-x} = 2\left(x + \frac{x^3}{3} + \frac{x^5}{5} + \cdots\right).$$

令 $\frac{1+x}{1-x} = 3$，则 $x = \frac{1}{2}$，$\ln 3 = 2\left(\frac{1}{2} + \frac{1}{24} + \frac{1}{160} + \cdots\right).$

例 7　求 $\frac{1}{x+3}$ 在 $x=1$ 处的泰勒展开式.

分析：利用泰勒展开式.

解：$\frac{1}{x+3} = \frac{1}{4+(x-1)} = \frac{1}{4}\left(1 + \frac{x-1}{4}\right)^{-1}$

$$= \frac{1}{4}\left(1 - \frac{x-1}{4} + \frac{(x-1)^2}{4^2} + \cdots + \frac{(-1)^{n-1}(x-1)^{n-1}}{4^{n-1}} + \cdots\right) \quad （等比数列），$$

其中 $\left|\frac{x-1}{4}\right| < 1 \Rightarrow -3 < x < 5.$

例 8 求 $2x\sin x\cos x$ 的麦克劳林展开式.

分析：$x\sin x\cos x$ 为关于 x 的展开式. 用 $\sin x$ 和 $\cos x$ 的展开式相乘，计算复杂.

解：$2x\sin x\cos x = x\sin 2x$，

$$\sin 2x = 2x - \frac{(2x)^3}{3!} + \frac{(2x)^5}{5!} + \cdots + \frac{(-1)^{n-1}(2x)^{2n-1}}{(2n-1)!} + \cdots,$$

$$x\sin 2x = x \cdot 2x - x \cdot \frac{(2x)^3}{3!} + x \cdot \frac{(2x)^5}{5!} + \cdots + x \cdot \frac{(-1)^{n-1}(2x)^{2n-1}}{(2n-1)!} + \cdots$$

$$= 2x^2 - \frac{2^3 x^4}{3!} + \frac{2^5 x^6}{5!} + \cdots + \frac{(-1)^{n-1}2^{2n-1}x^{2n}}{(2n-1)!} + \cdots \quad (x \in R).$$

例 9 求极限 $\lim\limits_{x \to 0}\dfrac{\tan x - \sin x}{x^3}$.

分析：为无穷小比无穷小的极限不定式.

解：（方法一）用等价无穷小.

（方法二）用洛必达法则（参看本章第三节）.

（方法三）将 $\tan x$ 和 $\sin x$ 化为麦克劳林展开式（$x_0 = 0$）.

展开式分别为：

$$\tan x = x + \frac{x^3}{3} + o_1(x^3) \quad （自证），$$

$$\sin x = x - \frac{x^3}{6} + o_2(x^3).$$

故

$$\lim_{x \to 0}\frac{\tan x - \sin x}{x^3} = \lim_{x \to 0}\frac{\frac{1}{2}x^3 + o(x^3)}{x^3} = \frac{1}{2}.$$

注：用展开式求 $x \to x_0$ 的极限时，x_0 应在展开式成立的区间内.

习题 5.1

1. 按 $(x-4)$ 的幂展开多项式 $x^4 - 5x^3 + x^2 - 3x + 4$.

2. 应用麦克劳林公式，按 x 的幂展开函数 $f(x) = (x^2 - 3x + 1)^3$.

3. 求函数 $f(x) = \sqrt{x}$ 按 $(x-4)$ 的幂展开的带有拉格朗日余项的 3 阶泰勒公式.

4. 求函数 $f(x) = \ln x$ 按 $(x-2)$ 的幂展开的带有皮亚诺余项的 n 阶泰勒公式.

5. 求函数 $f(x) = \dfrac{1}{x}$ 按 $(x+1)$ 的幂展开的带有拉格朗日余项的 n 阶泰勒公式.

6. 求函数 $f(x) = \tan x$ 的带有拉格朗日余项的 3 阶麦克劳林公式.

7. 求函数 $f(x) = xe^x$ 的带有皮亚诺余项的 n 阶麦克劳林公式.

8. 验证当 $0 \leqslant x \leqslant \dfrac{1}{2}$ 时，按公式 $e^x \approx 1 + x + \dfrac{x^2}{2} + \dfrac{x^3}{6}$ 计算 e^x 的近似值时，所产生的误差

小于 0.01，并求 $\sqrt{e}$ 的近似值，使误差小于 0.01.

9. 应用三阶泰勒公式求下列各数的近似值，并估计误差：

（1）$\sqrt[3]{30}$；　　　　　（2）$\sin 18°$；　　　　（3）$\ln 4$．

10. 利用泰勒公式求下列极限：

（1）$\lim\limits_{x \to +\infty} (\sqrt[3]{x^3 + 3x^2} - \sqrt[4]{x^4 - 2x^3})$；

（2）$\lim\limits_{x \to 0} \dfrac{\cos x - \mathrm{e}^{-\frac{x^2}{2}}}{x^2 [x + \ln(1-x)]}$；

（3）$\lim\limits_{x \to 0} \dfrac{1 + \dfrac{1}{2} x^2 - \sqrt{1 + x^2}}{(\cos x - \mathrm{e}^{x^2}) \sin x^2}$．

5.2　零点（根）的存在性与相关定理的运用

零点是非常重要的概念，它不仅与方程的根、式子的正负、不等式的解等密切相关，而且解决大多数数学问题时都离不开零点．除了零点定理，还有不少与零点（根）有关的定理．

定理 1　单调函数最多只有一个零点．

证明：设单调函数 $f(x)$ 的定义域内有两个不同的零点 x_1、x_2，那么，

$$f(x_1) = f(x_2) = 0.$$

不妨设 $x_1 > x_2$．由单调性，有

$$f(x_1) > f(x_2) \text{ 或 } f(x_1) < f(x_2).$$

这与 $f(x_1) = f(x_2)$ 矛盾．所以假设错误，单调函数最多只有一个零点．

5.2.1　求方程的近似根的方法

在不能用常规方法求出零点时，可以求其近似值．

步骤为：

（1）确定单调区间（确保不漏根）．

（2）在单调区间上求近似根．

二分法

对单调区间 $[a, b]$ 上的连续函数，先判断两个端点的函数值是否异号．异号则求区间中点的函数值，再结合左端点或右端点的正负，确定零点所在的半区间，反复进行下去，区间越来越小，最终趋于零点．

例 1　求 $x^3 + 1.1x^2 + 0.9x - 1.4 = 0$ 的近似根．

解：令 $f(x) = x^3 + 1.1x^2 + 0.9x - 1.4$，则其定义域为 R．

而 $f'(x) = 3x^2 + 2.2x + 0.9$，$\Delta = -5.96 < 0$．

所以方程无解．

其二次项系数为正，得 $f'(x)>0$，即 $f(x)$ 单调递增，最多只有一个零点.

先取 $a=0$，$f(0)=-1.4$，再取 $b=1$，$f(1)=1.6$，可知在（0，1）内有唯一根．实施二分法.

$$f(0.5) \approx -0.55;$$
$$f(0.75) \approx 0.32;$$
$$f(0.625) \approx -0.16;$$
$$f(0.687) \approx 0.062;$$
$$f(0.656) \approx -0.054;$$
$$f(0.672) \approx 0.005;$$
$$f(0.644) \approx -0.097;$$
$$f(0.668) \approx -0.010;$$
$$f(0.670) \approx -0.002;$$
$$f(0.671) \approx 0.001.$$

方程的根在 0.670 与 0.671 之间，误差不超过

$$0.671-0.670=0.001.$$

故取 0.670 或 0.671 为方程的近似根.

切线法

设函数 $f(x)$ 在 $[a，b]$ 上有二阶导数，$f(a)$ 与 $f(b)$ 异号，$f'(x)$ 与 $f''(x)$ 在（a，b）内保号．那么，$f(x)$ 单调，凹向不变．此时，方程有唯一解．可以根据单调和凹向的情况，采取切线法求根的近似值．看图 5-2 中的各图.

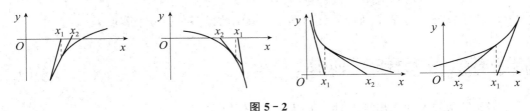

图 5-2

我们可以看到，对凹弧，从正值的端点做切线，可以向零点逼近；对凸弧，则从负值的端点做切线逼近.

例 2 用切线法求 $x^3+1.1x^2+0.9x-1.4=0$ 的近似根.

解： 令 $f(x)=x^3+1.1x^2+0.9x-1.4$，则其定义域为 R.

令 $f'(x)=3x^2+2.2x+0.9=0$，$\Delta=-5.96<0$，无解.

而 $a=3$，所以 $f'(x)>0$，即 $f(x)$ 单调递增，最多只有一个零点.

又 $f(0)=-1.4$，$f(1)=1.6 \Rightarrow$ 在（0，1）内有根.

而 $f''(x)=6x+2.2>0$，为凹弧.

切线为 $y-1.6=f'(1)(x-1)$.

$$x_1 = 1 - \frac{f(1)}{f'(1)} = 1 - \frac{1.6}{6.1} \approx 0.738,$$

$$x_2 = 0.738 - \frac{f(0.738)}{f'(0.738)} \approx 0.674,$$

$$x_3 = 0.674 - \frac{f(0.674)}{f'(0.674)} \approx 0.671,$$

$$x_4 = 0.671 - \frac{f(0.671)}{f'(0.671)} \approx 0.671,$$

且 $f(0.671) > 0$，$f(0.670) < 0$，所以 0.670 或 0.671 为方程的近似根，误差不超过 $0.671 - 0.670 = 0.001$.

5.2.2　零点定理及微分中值定理的应用

零点定理与微分中值定理是微分学的重要基础定理，运用非常广泛．下面举几个例子．

根存在的证明

例 3　已知多项式 $f(x) = a_0 + a_1 x + a_2 x^2 + \cdots + a_n x^n$ 有 n 个不同的零点，证明：$a_1 + 2a_2 x + 3a_3 x^2 + \cdots + na_n x^{n-1}$ 有 $n-1$ 个根．

证明：设 $x_1 < x_2 < \cdots < x_n$ 为 $f(x)$ 的 n 个不同的零点，则 $f(x)$ 可导，且 $f(x_i) = 0$，那么由罗尔中值定理可知，在 (x_i, x_{i+1}) 内存在 ξ_i，使

$$f'(\xi_i) = 0, \quad i = 1, 2, \cdots, n-1.$$

又

$$f'(x) = a_1 + 2a_2 x + 3a_3 x^2 + \cdots + na_n x^{n-1},$$

所以 ξ_i 为方程

$$a_1 + 2a_2 x + 3a_3 x^2 + \cdots + na_n x^{n-1} = 0$$

的解．故 $a_1 + 2a_2 x + 3a_3 x^2 + \cdots + na_n x^{n-1}$ 有 $n-1$ 个根．

例 4　函数 $f(x)$ 在 $[a, b]$ 上连续，在 (a, b) 内可导，试证在 (a, b) 内存在 ε，使得

$$\frac{bf(b) - af(a)}{b-a} = \varepsilon f'(\varepsilon) + f(\varepsilon).$$

分析：这是含有 $f(x)$ 与其导数 $f'(x)$ 的方程有解的问题，考虑用微分中值定理．将其写成方程形式，

$$\frac{bf(b) - af(a)}{b-a} = xf'(x) + f(x) = (xf(x))'.$$

证明：设 $F(x) = xf(x)$，那么由 x 与 $f(x)$ 在 $[a, b]$ 上连续，在 (a, b) 内可导，知 $F(x)$ 满足拉格朗日中值定理．故在 (a, b) 内存在 ε，使得

$$\begin{aligned}
\frac{bf(b) - af(a)}{b-a} &= F'(\varepsilon) \\
&= (xf(x))' \big|_{x=\varepsilon} \\
&= \varepsilon f'(\varepsilon) + f(\varepsilon),
\end{aligned}$$

即

$$\frac{bf(b) - af(a)}{b-a} = \varepsilon f'(\varepsilon) + f(\varepsilon).$$

例 5 证明方程 $x^3 - 2x^2 + x - \dfrac{1}{3} = 0$ 有且仅有三个实根.

证明： 设 $y = x^3 - 2x^2 + x - \dfrac{1}{9}$，那么它在 R 上连续，且

$$y' = 3x^2 - 4x + 1,$$

令 $y' = 0$ 得驻点为 $x_1 = \dfrac{1}{3}$，$x_2 = 1$.

从而可知 y 在 $\left(-\infty, \dfrac{1}{3} \right)$，$\left(\dfrac{1}{3}, 1 \right)$，$(1, +\infty)$ 上分别增、减、增，且

$$\lim_{x \to -\infty} y < 0, \quad y\left(\dfrac{1}{3} \right) = \dfrac{1}{27} > 0, \quad y(1) = -\dfrac{1}{9} < 0, \quad \lim_{x \to +\infty} y > 0,$$

那么由零点定理可知，在 $\left(-\infty, \dfrac{1}{3} \right)$，$\left(\dfrac{1}{3}, 1 \right)$，$(1, +\infty)$ 内，分别有且仅有一根，即 y 有且仅有三个零点，得证.

例 6 如果 $a_1 + a_2 + a_3 = 0$，证明：在 $(0, 1)$ 内，$a_1 + 2a_2 x + 3a_3 x^2 = 0$ 有根.

证明： 设 $f(x) = a_1 x + a_2 x^2 + a_3 x^3$.

那么有 $f(0) = 0, f(1) = a_1 + a_2 + a_3 = 0$.

根据罗尔中值定理，存在 $x_0 \in (0, 1)$，使得 $f'(x_0) = 0$，即 $a_1 + 2a_2 x_0 + 3a_3 x_0^2 = 0$，也即方程在 $(0, 1)$ 内有根.

其他运用

例 7 已知 $f(x)$ 为可导函数．$f(a) = A$，在 $[a, b]$ 上 $m \leqslant f'(x) \leqslant M$，估计 $f(b)$ 的值.

解： 由 $f(x)$ 在 $[a, b]$ 上连续，在 (a, b) 内可导，有

$$f(b) - f(a) = f'(\xi)(b - a),$$
$$f(b) = f(a) + f'(\xi)(b - a).$$

所以

$$A + m(b - a) \leqslant f(b) \leqslant A + M(b - a).$$

例 8 估计 arctan1.02 的值.

解： 令 $y = \arctan x$，则 $y' = \dfrac{1}{1 + x^2}$.

取 $a = 1$，$b = 1.02$，根据拉格朗日中值定理有

$$\arctan 1.02 = \arctan 1 + \dfrac{0.02}{1 + x_0^2} \quad (1 < x_0 < 1.02),$$

$$\dfrac{0.02}{1 + 1.02^2} < \dfrac{0.02}{1 + x_0^2} < \dfrac{0.02}{1 + 1^2}.$$

所以

$$\dfrac{\pi}{4} + \dfrac{1}{102} < \arctan 1.02 < \dfrac{\pi}{4} + \dfrac{1}{100}.$$

例 9 证明：$\dfrac{x}{1+x} < \ln(1+x) < x$，$x > 0$.

证明： 由 $\ln(1 + x)$ 可导且在 $[0, x]$ 上连续，有

$$\ln(1+x) - \ln(1+0) = \frac{1}{1+x_0}(x-0), 0 < x_0 < x.$$

而 $\frac{1}{1+x} < \frac{1}{1+x_0} < \frac{1}{1+0}$. 所以

$$\frac{x}{1+x} < \ln(1+x) < x.$$

例 10 证明：$\arcsin x + \arccos x = \frac{\pi}{2}$.

证明： $(\arcsin x + \arccos x)' = \frac{1}{\sqrt{1-x^2}} - \frac{1}{\sqrt{1-x^2}} = 0.$

所以

$$\arcsin x + \arccos x = c.$$

取 $x=1$，得 $c = \frac{\pi}{2}$. 命题得证.

例 11 证明：若函数 $f(x)$ 在 (a,b) 内有二阶导数 $f''(x) > 0$，则 $f(x)$ 为凹函数.

证明： 在 (a,b) 内任取 $x_1 > x_2$. 根据拉格朗日中值定理，有

$$f(x_1) - f\left(\frac{x_1+x_2}{2}\right) = \frac{x_1-x_2}{2}f'(\xi_1),$$

$$f(x_2) - f\left(\frac{x_1+x_2}{2}\right) = \frac{x_2-x_1}{2}f'(\xi_2),$$

其中，ξ_1、ξ_2 分别在前后半区间内. 两式相加，得到

$$f(x_1) + f(x_2) - 2f\left(\frac{x_1+x_2}{2}\right) = \frac{x_1-x_2}{2}(f'(\xi_1) - f'(\xi_2))$$

$$= \frac{(x_1-x_2)(\xi_1-\xi_2)}{2}f''(\xi) > 0 \text{（拉格朗日中值定理）}$$

即得到

$$\frac{f(x_1) + f(x_2)}{2} > f\left(\frac{x_1+x_2}{2}\right).$$

所以函数 $f(x)$ 为凹函数.

习题 5.2

1. 证明恒等式：$\arcsin x + \arccos x = \frac{\pi}{2}(-1 \leqslant x \leqslant 1)$.

2. 若方程 $a_0x^n + a_1x^{n-1} + \cdots + a_{n-1}x + a_n = 0$ 有一个正根 x_0，证明方程
$$a_0nx^{n-1} + a_1(n-1)x^{n-2} + \cdots + a_{n-1} = 0$$
必有一个小于 x_0 的正根.

3. 若函数 $f(x)$ 在 (a,b) 内具有二阶导数，且 $f(x_1) = f(x_2) = f(x_3)$，其中 $a < x_1 < x_2 < x_3 < b$，证明：在 (x_1, x_3) 内至少有一点 ξ，使得 $f''(\xi) = 0$.

4. 设 $a > b > 0$，$n > 1$，用拉格朗日中值定理证明：
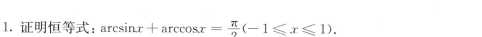
$$nb^{n-1}(a-b) < a^n - b^n < na^{n-1}(a-b).$$

5. 设 $a>b>0$，证明：

$$\frac{a-b}{a}<\ln\frac{a}{b}<\frac{a-b}{b}.$$

6. 证明下列不等式：

（1）$|\arctan a-\arctan b|\leqslant|a-b|$；

（2）当 $x>1$ 时，$e^x>ex$.

7. 若 $a_1+a_2+a_3=0$，证明：$a_1+a_2x+\frac{3}{4}a_3x^2=0$ 在（0，2）内有根.

8. 证明方程 $x^5+x-1=0$ 只有一个正根，并求这个根的近似值.

9 设 $f(x)$ 在 $[a，b]$ 上连续，在（$a，b$）内可导. 证明至少存在一点 $\xi\in(a，b)$，使 $2\xi(f(a)-f(b))=(a^2-b^2)f'(\xi)$.

10. 方程 $e^x+e^{-x}=4+\cos x$ 在（$-\infty，+\infty$）内有且仅有两个根.（提示：利用函数的奇偶性与单调性.）

5.3　洛必达法则：运用广泛而不完美的极限不定式求法

微分中值定理的运用之一是洛必达法则，它是求极限不定式的重要方法，能够解决无法用等价无穷小等前面所学方法解决的问题，并且具有适用范围比较广泛的特点.

5.3.1 $x\to a$ 时的 $\dfrac{0}{0}$ 型洛必达法则

定理 1　设 $f(x)$，$g(x)$ 在 a 的某邻域内可导，$g'(x)\neq0$，$\lim\limits_{x\to a}f(x)=\lim\limits_{x\to a}g(x)=0$，且 $\lim\limits_{x\to a}\dfrac{f'(x)}{g'(x)}=A$. 那么，

$$\lim_{x\to a}\frac{f(x)}{g(x)}=\lim_{x\to a}\frac{f'(x)}{g'(x)}=A.$$

证明：因为 $x\to a$ 时的函数极限是否存在与 $x=a$ 时的函数值无关，补充定义 $f(a)=g(a)=0$，$\dfrac{f'(a)}{g'(a)}=A$，那么 $f(x)$、$g(x)$，$\dfrac{f'(x)}{g'(x)}$ 在 $x=a$ 处连续.

$$
\begin{aligned}
\lim_{x\to a}\frac{f(x)}{g(x)}&=\lim_{x\to a}\frac{f(x)-0}{g(x)-0}\\
&=\lim_{x\to a}\frac{f(x)-f(a)}{g(x)-g(a)}\\
&=\lim_{x\to a}\frac{f'(\varepsilon)}{g'(\varepsilon)}\quad（柯西中值定理）
\end{aligned}
$$

ε 在 a、x 之间，当 $x\to a$ 时，$\varepsilon\to a$. 于是有

$$\lim_{x\to a}\frac{f'(\varepsilon)}{g'(\varepsilon)}=\lim_{\varepsilon\to a}\frac{f'(\varepsilon)}{g'(\varepsilon)}$$

$$= \lim_{x \to a} \frac{f'(x)}{g'(x)} \quad （\text{以 } x \text{ 替换} \varepsilon）$$

这个结论为求解极限不定式提供了除了约分、等价无穷小之外的新方法. 值得注意的是，如果 $\lim_{x \to a} f(x) \neq 0$ 或 $\lim_{x \to a} g(x) \neq 0$，则结论不成立. 这时是极限定式，结论可以直接得到，不需要再计算. 我们注意到，如果 $\frac{f'(x)}{g'(x)}$ 在 $x = a$ 处有意义，那么结果为 $\frac{f'(a)}{g'(a)}$，即为两条切线的斜率比（见图 $5 \text{-} 3$）.

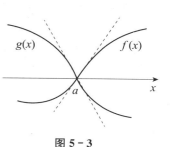

图 $5 \text{-} 3$

实际上，若 $f(x)$、$g(x)$ 可导，则当 $x \to a$ 时，
$$f(x) \sim f'(a)(x-a) + f(a),$$
$$g(x) \sim g'(a)(x-a) + g(a).$$

若 $f(a) = g(a) = 0$，则有
$$\lim_{x \to a} \frac{f(x)}{g(x)} = \lim_{x \to a} \frac{f'(a)(x-a) + f(a)}{g'(a)(x-a) + g(a)} \, (f(a) = g(a) = 0)$$
$$= \lim_{x \to a} \frac{f'(a)(x-a)}{g'(a)(x-a)}$$
$$= \frac{f'(a)}{g'(a)}.$$

例 1　求 $\lim\limits_{x \to 0} \dfrac{\sin^2(2x)}{x e^x - \sin x}$.

解：$\lim\limits_{x \to 0} \dfrac{\sin^2(2x)}{x e^x - \sin x} = \lim\limits_{x \to 0} \dfrac{(2x)^2}{x e^x - \sin x}$
$$= \lim_{x \to 0} \frac{8x}{(x+1)e^x - \cos x}$$
$$= \lim_{x \to 0} \frac{8}{(x+2)e^x + \sin x} = 4 \, （\text{分母趋于 } 2）.$$

例 2　求 $\lim\limits_{x \to 0} \dfrac{x - \sin x}{x^2 \ln(x+1)}$.

分析：分子是无穷小之差，不能用等价无穷小替换. 分母是乘积形式，用洛必达法则时，求导会增加项数. 先用等价无穷小处理分母.

解：$\lim\limits_{x \to 0} \dfrac{x - \sin x}{x^2 \ln(x+1)} = \lim\limits_{x \to 0} \dfrac{x - \sin x}{x^3}$
$$= \lim_{x \to 0} \frac{1 - \cos x}{3x^2}$$
$$= \lim_{x \to 0} \frac{\sin x}{6x}$$
$$= \frac{1}{6}.$$

此题说明 $x - \sin x$ 为三阶无穷小，还可以看到两个等价无穷小之差可能提升无穷小的阶.

例 3　求 $\lim\limits_{x \to 0} \dfrac{2\ln(1+x) + x^2 - 2\sin x}{x(1 - \cos x)}$.

分析： 分母为乘积形式，可转化为幂函数，分子为加减形式，不可替换.

解：（方法一）$\displaystyle\lim_{x\to 0}\frac{2\ln(1+x)+x^2-2\sin x}{x(1-\cos x)}$

$$=\lim_{x\to 0}\frac{4\ln(1+x)+2x^2-4\sin x}{x^3}$$

$$=\lim_{x\to 0}\frac{\dfrac{4}{1+x}+4x-4\cos x}{3x^2}$$

$$=4\lim_{x\to 0}\frac{1+(1+x)(x-\cos x)}{3(1+x)x^2}$$

$$=4\lim_{x\to 0}\frac{x-\cos x+(1+x)(1+\sin x)}{6x+9x^2}$$

$$=4\lim_{x\to 0}\frac{2+2\sin x+\cos x+x\cos x}{6+18x}$$

$$=2.$$

（方法二）由 $x\to 0$，$x_0=0$，用麦克劳林展开式.

因为分母为三阶无穷小，将 $\ln(1+x)$，$\sin x$ 展开到 x^3 项为

$$\ln(1+x)=x-\frac{x^2}{2}+\frac{x^3}{3}+o(x^3),$$

$$\sin x=x-\frac{x^3}{3!}+o(x^3).$$

故

$$\lim_{x\to 0}\frac{2\ln(1+x)+x^2-2\sin x}{x(1-\cos x)}$$

$$=\lim_{x\to 0}\frac{2\left(x-\dfrac{x^2}{2}+\dfrac{x^3}{3}+o_1(x^3)\right)+x^2-2\left(x-\dfrac{x^3}{3!}+o_2(x^3)\right)}{\dfrac{x^3}{2}}$$

$$=\lim_{x\to 0}\frac{x^3+o(x^3)}{\dfrac{x^3}{2}}$$

$$=2.$$

5.3.2 $\ x\to\infty$ 时的 $\dfrac{0}{0}$ 型不定式的洛必达法则

定理 2 若 $x\to\infty$ 时，$f(x)\to 0$，$g(x)\to 0$，$g'(x)\neq 0$，且 $\displaystyle\lim_{x\to\infty}\frac{f'(x)}{g'(x)}$ 存在，则

$$\lim_{x\to\infty}\frac{f(x)}{g(x)}=\lim_{x\to\infty}\frac{f'(x)}{g'(x)}.$$

证明： 令 $x=\dfrac{1}{t}$，则

$$\lim_{x\to\infty}\frac{f(x)}{g(x)}=\lim_{t\to 0}\frac{f\left(\dfrac{1}{t}\right)}{g\left(\dfrac{1}{t}\right)}\quad\left(\frac{0}{0}\right)$$

$$= \lim_{t \to 0} \frac{f'\left(\dfrac{1}{t}\right) \cdot \left(-\dfrac{1}{t^2}\right)}{g'\left(\dfrac{1}{t}\right) \cdot \left(-\dfrac{1}{t^2}\right)}$$

$$= \lim_{t \to 0} \frac{f'\left(\dfrac{1}{t}\right)}{g'\left(\dfrac{1}{t}\right)}$$

$$= \lim_{x \to \infty} \frac{f'(x)}{g'(x)}.$$

证明完毕.

由上面两个证明可知，在 $g'(x) \neq 0$ 以及 $\lim\limits_{x \to \infty} \dfrac{f'(x)}{g'(x)}$ 存在的前提下，对 $\dfrac{0}{0}$ 型不定式，洛必达法则成立.

例 4　求极限 $\lim\limits_{x \to +\infty} x\left(\dfrac{\pi}{2} - \arctan x\right)$.

解： 当 $x \to +\infty$ 时，$\dfrac{\pi}{2} - \arctan x \to 0$，这是 $0 \cdot \infty$ 型不定式.

$$\lim_{x \to +\infty} x\left(\frac{\pi}{2} - \arctan x\right) = \lim_{x \to +\infty} \frac{\dfrac{\pi}{2} - \arctan x}{\dfrac{1}{x}} \qquad \left(\frac{0}{0}\right)$$

$$= \lim_{x \to +\infty} \frac{-\dfrac{1}{1 + x^2}}{-\dfrac{1}{x^2}}$$

$$= 1.$$

对 $\dfrac{0}{0}$ 型极限不定式，洛必达法则是成立的. 对大多数 $\dfrac{\infty}{\infty}$ 型极限不定式，洛必达法则也适用.

5.3.3　$\dfrac{\infty}{\infty}$ 型洛必达法则

定理 3　设在某极限条件下，可导函数 $f(x)$，$g(x)$ 均为无穷大，且 $\lim \dfrac{f'(x)}{g'(x)}$ 存在或为无穷大，那么，$\lim \dfrac{f(x)}{g(x)} = \lim \dfrac{f'(x)}{g'(x)}$.

证明： $\lim \dfrac{f(x)}{g(x)} \left(\dfrac{\infty}{\infty}\right)$

$$= \lim \frac{\dfrac{1}{g(x)}}{\dfrac{1}{f(x)}} \left(\frac{0}{0}\right)$$

$$= \lim \frac{f^2(x) g'(x)}{g^2(x) f'(x)} = \left[\lim \frac{f(x)}{g(x)}\right]^2 \lim \frac{g'(x)}{f'(x)}. \qquad (*)$$

当式（＊）左式 $\lim \dfrac{f(x)}{g(x)} \neq 0$ 或 ∞ 时，同除以左式，得到

$$\lim \frac{f(x)}{g(x)} \lim \frac{g'(x)}{f'(x)} = 1,$$

即 $\lim \dfrac{f(x)}{g(x)} = \lim \dfrac{f'(x)}{g'(x)}$.

若式（＊）左式 $\lim \dfrac{f(x)}{g(x)} = 0$，则 $\dfrac{f(x)}{g(x)} = 0$ 或 $\dfrac{f(x)}{g(x)}$ 为无穷小.

因为 $f(x) \to \infty$，故 $\dfrac{f(x)}{g(x)} \neq 0$，所以 $\dfrac{f(x)}{g(x)}$ 为无穷小. 由式（＊）

$$\lim \frac{f(x)}{g(x)} = \lim \frac{f(x)}{g(x)} \lim \frac{f(x)}{g(x)} \frac{g'(x)}{f'(x)},$$

左右式为等价无穷小.

若上式成立，左右式为等价无穷小，则 $\dfrac{f(x)}{g(x)} \dfrac{g'(x)}{f'(x)}$ 为非零有界量，即有

$$\lim \frac{f(x)}{g(x)} = \lim \frac{f'(x)}{g'(x)}.$$

例 5　求极限 $\lim\limits_{x \to \infty} \dfrac{x^2 + \sin x}{x^3 \sin \dfrac{1}{x}}$.

分析：分母为乘积形式，且 $\sin \dfrac{1}{x} \to 0$.

解：因为 $\sin \dfrac{1}{x} \sim \dfrac{1}{x}$ $(x \to \infty)$，故

$$\lim_{x \to \infty} \frac{x^2 + \sin x}{x^3 \sin \dfrac{1}{x}} = \lim_{x \to \infty} \frac{x^2 + \sin x}{x^2}$$

$$= \lim_{x \to \infty} \frac{2x + \cos x}{2x}$$

$$= \lim_{x \to \infty} \left(1 + \frac{\cos x}{2x}\right) = 1.$$

例 6　求极限 $\lim\limits_{x \to +\infty} (\sqrt{4x^2 + x} - 2x)$.

解：（方法一）原式 $= \lim\limits_{x \to +\infty} \dfrac{x}{\sqrt{4x^2 + x} + 2x}$

$$= \lim_{x \to +\infty} \frac{1}{\sqrt{4 + \dfrac{1}{x}} + 2} \quad （分子和分母同除以 +\infty）$$

$$= \frac{1}{4}.$$

（方法二）原式 $= \lim\limits_{x \to +\infty} \dfrac{x}{\sqrt{4x^2 + x} + 2x}$

$$\xlongequal{\text{洛必达法则}} \lim_{x \to +\infty} \frac{1}{\dfrac{8x + 1}{2\sqrt{4x^2 + x}} + 2}$$

$$= \frac{1}{4} \text{（已定型：分母中} \lim_{x \to +\infty} \frac{8x+1}{2\sqrt{4x^2+x}} = 2 \text{）} .$$

错解： 上式 $\xrightarrow{\text{洛必达法则}} \lim_{x \to +\infty} \frac{2\sqrt{4x^2+x}}{8x+1+4\sqrt{4x^2+x}}$

$$= \lim_{x \to +\infty} \frac{\dfrac{8x+1}{\sqrt{4x^2+x}}}{8 + \dfrac{16x+2}{\sqrt{4x^2+x}}}$$

$$= \lim_{x \to +\infty} \frac{8x+1}{8\sqrt{4x^2+x}+16x+2} \text{（同原分式类，题型循环）} .$$

其他类型的不定式

例 7　求 $\lim\limits_{x \to 1} \csc(x-1) \cdot \ln x$ 的值.

解：（方法一）原式 $= \lim\limits_{x \to 1} \dfrac{\ln x}{\sin(x-1)}$

$$= \lim_{x \to 1} \frac{\ln(1+(x-1))}{x-1}$$

$$= 1 .$$

（方法二）原式 $= \lim\limits_{x \to 1} \dfrac{\ln x}{\sin(x-1)}$

$$= \lim_{x \to 1} \frac{\dfrac{1}{x}}{\cos(x-1)} \text{（定型）}$$

$$= 1 .$$

例 8　求极限 $\lim\limits_{x \to 0}(1+\sin x)^{\frac{1}{2x}}$.

解：（方法一）原式 $= \lim\limits_{x \to 0}(1+\sin x)^{\frac{1}{\sin x} \cdot \frac{\sin x}{2x}}$

$$= (\lim_{x \to 0}(1+\sin x)^{\frac{1}{\sin x}})^{\lim\limits_{x \to 0} \frac{\sin x}{2x}}$$

$$= e^{\lim\limits_{x \to 0} \frac{\cos x}{2}}$$

$$= e^{\frac{1}{2}} .$$

（方法二）原式 $= \lim\limits_{x \to 0} e^{\frac{\ln(1+\sin x)}{2x}}$

$$= e^{\lim\limits_{x \to 0} \frac{\sin x}{2x}}$$

$$= e^{\frac{1}{2}} .$$

5.3.4　$x \to +\infty$ 时基本函数无穷大的阶的比较

无穷大也有阶的高低. 下面比较了各基本函数在 $x \to +\infty$ 时的阶.

例 9　求 $\lim\limits_{x \to +\infty} \dfrac{x^n}{a^x}$ $(a > 1)$.

解： $\lim\limits_{x \to +\infty} \dfrac{x^n}{a^x} = \lim\limits_{x \to +\infty} \dfrac{nx^{n-1}}{a^x \ln a} \quad \left(\dfrac{\infty}{\infty} \right)$

$\qquad\qquad = \lim\limits_{x \to +\infty} \dfrac{n(n-1)x^{n-2}}{a^x (\ln a)^2} \quad \left(\dfrac{\infty}{\infty} \right)$

$\qquad\qquad = \cdots\cdots$

$\qquad\qquad = \lim\limits_{x \to +\infty} \dfrac{n!}{a^x (\ln a)^n} \quad \left(\dfrac{A}{\infty} \right)$

$\qquad\qquad = 0.$

可见，当 $x \to +\infty$ 时，若幂函数与指数函数均为无穷大，则指数函数的无穷大的级别是幂函数无法比拟的.

例 10　求 $\lim\limits_{x \to +\infty} \dfrac{\ln x}{x^a} (a > 0).$

解： $\lim\limits_{x \to +\infty} \dfrac{\ln x}{x^a} = \lim\limits_{x \to +\infty} \dfrac{\frac{1}{x}}{a x^{a-1}} = \lim\limits_{x \to +\infty} \dfrac{1}{a x^a} = 0.$

此题说明，当 $x \to +\infty$ 时，$\ln x$ 虽然是无穷大，但它的阶实在太低了，趋于 0！我们任取一个极小的正数 a，就可以理解这个事实.

例 11　求 $\lim\limits_{x \to +\infty} \dfrac{\mathrm{e}^x}{x^x}.$

误解： 原式 $= \lim\limits_{x \to +\infty} \dfrac{\mathrm{e}^x}{x^x (1 + \ln x)}$（更复杂）.

解：（方法一）原式 $= \lim\limits_{x \to +\infty} \left(\dfrac{\mathrm{e}}{x} \right)^x = \lim\limits_{x \to +\infty} \mathrm{e}^{x \ln \frac{\mathrm{e}}{x}} = \mathrm{e}^{-\infty} = 0.$

$\quad \left(\lim\limits_{x \to +\infty} \ln \dfrac{\mathrm{e}}{x} = \lim\limits_{x \to +\infty} (1 - \ln x) = -\infty. \text{ 误解：} \lim\limits_{x \to +\infty} \mathrm{e}^{x \ln \frac{\mathrm{e}}{x}} = \mathrm{e}^{\lim\limits_{x \to +\infty} \frac{1 - \ln x}{\frac{1}{x}}} = \mathrm{e}^{\lim\limits_{x \to +\infty} x} = +\infty. \right)$

（方法二）（分析：(1) $1 > \dfrac{\mathrm{e}}{x} \to 0$，$\left(\dfrac{\mathrm{e}}{x} \right)^x$ 应趋于 0；(2) $x > \mathrm{e}$，x^x 应为更高阶的无穷大. 极限应为无穷小. 可以用夹逼准则.）

当 $x > 3$ 时，有

$$0 < \left| \left(\dfrac{\mathrm{e}}{x} \right)^x \right| < \left(\dfrac{\mathrm{e}}{3} \right)^x, \lim\limits_{x \to +\infty} \left(\dfrac{\mathrm{e}}{3} \right)^x = 0.$$

那么由夹逼准则，得

$$\lim\limits_{x \to +\infty} \dfrac{\mathrm{e}^x}{x^x} = 0.$$

当 $x \to +\infty$ 时，x^x 无穷大的阶也远远高于 e^x 的阶，因为 $\dfrac{\mathrm{e}^x}{x^x}$ 在 $x \to +\infty$ 时，极限为 0，是无穷小，即无穷大的倒数.

$x \to +\infty$ 时各类函数的无穷大的阶的比较见图 5-4.

例 12　求 $\lim\limits_{x \to 0} x^x.$（$0^0$ 型）

解： 化为指数式.

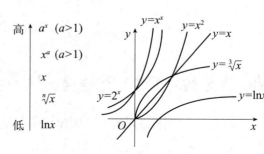

图 5-4

$$\lim_{x \to 0} x^x = \lim_{x \to 0} e^{x \ln x} = e^{\lim_{x \to 0} x \ln x} \quad (x \text{ 变换只影响指数})$$

$$\lim_{x \to 0} x \ln x = \lim_{x \to 0} \frac{\ln x}{x^{-1}} \quad \left(\frac{0}{0} \text{型}\right)$$

$$= \lim_{x \to 0} \frac{x^{-1}}{-x^{-2}}$$

$$= -\lim_{x \to 0} x = 0.$$

所以，原式＝1.

5.3.5　洛必达法则的缺陷

洛必达法则为我们提供了解决极限不定式的新方法．但这个方法也有明显的缺陷．除了只能在不定式情况下运用外，对于几个因式乘积的情况，项数明显增加，造成计算量变大．因此，常常与等价无穷小配合使用．另外，洛必达法则运用的前提是：（1）$\dfrac{0}{0}$ 或 $\dfrac{\infty}{\infty}$ 型不定式；（2）导数比的极限存在或为无穷大．而计算时条件（2）不能提前知道，所以有时法则会失效．

例 13　求 $\displaystyle\lim_{x \to \infty} \frac{x - \sin x}{x + \sin x}$.

解：$\displaystyle\lim_{x \to \infty} \frac{x - \sin x}{x + \sin x} = \lim_{x \to \infty} \frac{1 - \dfrac{\sin x}{x}}{1 + \dfrac{\sin x}{x}}$.

$$= 1.$$

但如果 $\displaystyle\lim_{x \to \infty} \frac{x - \sin x}{x + \sin x} = \lim_{x \to \infty} \frac{1 - \cos x}{1 + \cos x}$，那么右式不能继续计算，即法则失效．

习题 5.3

1. 用洛必达法则求下列极限：

(1) $\displaystyle\lim_{x \to 0} \frac{\ln(1 + x)}{x}$;

(2) $\displaystyle\lim_{x \to 0} \frac{e^x - e^{-x}}{\sin x}$;

(3) $\displaystyle\lim_{x \to a} \frac{\sin x - \sin a}{x - a}$;

(4) $\displaystyle\lim_{x \to \pi} \frac{\sin 3x}{\tan 5x}$;

(5) $\displaystyle\lim_{x \to \frac{\pi}{2}} \frac{\ln \sin x}{(\pi - 2x)^2}$;

(6) $\displaystyle\lim_{x \to a} \frac{x^m - a^m}{x^n - a^n}$;

(7) $\displaystyle\lim_{x \to 0^+} \frac{\ln \tan 7x}{\ln \tan 2x}$;

(8) $\displaystyle\lim_{x \to \frac{\pi}{2}} \frac{\tan x}{\tan 3x}$;

(9) $\displaystyle\lim_{x \to 0} x \cot 2x$;

(10) $\displaystyle\lim_{x \to 0} x^2 e^{\frac{1}{x^2}}$;

(11) $\displaystyle\lim_{x \to 1} \left(\frac{2}{x^2 - 1} - \frac{1}{x - 1}\right)$;

(12) $\displaystyle\lim_{x \to \infty} \left(1 + \frac{a}{x}\right)^x$;

(13) $\lim\limits_{x\to 0^+} x^{\sin x}$;

(14) $\lim\limits_{x\to 0^+} \left(\dfrac{1}{x}\right)^{\tan x}$.

2. 验证极限 $\lim\limits_{x\to\infty}\dfrac{x+\sin x}{x}$ 存在，但不能用洛必达法则得出.

3. 验证极限 $\lim\limits_{x\to 0}\dfrac{x^2\sin\dfrac{1}{x}}{\sin x}$ 存在，但不能用洛必达法则得出.

4. 用适当方法求下列函数的极限：

(1) $\lim\limits_{x\to\infty} e^{\frac{1}{x}}$;

(2) $\lim\limits_{x\to 0}\ln\dfrac{\sin x}{x}$;

(3) $\lim\limits_{x\to\infty}\left(1+\dfrac{1}{x}\right)^{\frac{x}{2}}$;

(4) $\lim\limits_{x\to\infty} x^2\left(1-\cos\dfrac{1}{x}\right)$;

(5) $\lim\limits_{x\to\infty}\left(\dfrac{3+x}{6+x}\right)^{\frac{x-1}{2}}$;

(6) $\lim\limits_{x\to 0}\dfrac{\sqrt{1+\tan x}-\sqrt{1+\sin x}}{x\sqrt{1+\sin^2 x}-x}$;

(7) $\lim\limits_{x\to+\infty}\dfrac{\ln\left(1+\dfrac{1}{x}\right)}{\operatorname{arccot} x}$;

(8) $\lim\limits_{x\to 0}\dfrac{\ln(1+x^2)}{\sec x-\cos x}$.

章节提升习题五

1. 选择题：

(1) 设函数 $f(x)=\arctan x$，若 $f(x)=xf'(\xi)$，则 $\lim\limits_{x\to 0}\dfrac{\xi^2}{x^2}=$ （　　）.

(A) 1　　　　　　(B) $\dfrac{2}{3}$　　　　　　(C) $\dfrac{1}{2}$　　　　　　(D) $\dfrac{1}{3}$

(2) 已知极限 $\lim\limits_{x\to 0}\dfrac{x-\arctan x}{x^k}=c$，其中 k，c 为常数，且 $c\neq 0$，则 （　　）.

(A) $k=2$，$c=-\dfrac{1}{2}$　　　　　　(B) $k=2$，$c=\dfrac{1}{2}$

(C) $k=3$，$c=-\dfrac{1}{3}$　　　　　　(D) $k=3$，$c=\dfrac{1}{3}$

(3) 已知方程 $x^5-5x+k=0$ 有三个不同的实根，则 k 的取值范围是 （　　）.

(A) $(-\infty,-4)$　　　　　　(B) $(4,+\infty)$

(C) $(-4,0)$　　　　　　(D) $(-4,4)$

(4) 设 $f(x)=x^2(x-1)(x-2)$，则 $f'(x)$ 的零点个数为 （　　）.

(A) 0　　　　(B) 1　　　　(C) 2　　　　(D) 3

(5) 若 $f''(x)$ 不变号，且曲线 $y=f(x)$ 在点 $(1,1)$ 处的曲率圆为 $x^2+y^2=2$，则函数 $f(x)$ 在区间 $(1,2)$ 内 （　　）.

(A) 有极值点，无零点　　　　　　(B) 无极值点，有零点

(C) 有极值点，有零点　　　　　　(D) 无极值点，无零点

2. 填空题：

（1）已知函数 $f(x)=\dfrac{1}{1+x^2}$，则 $f^{(3)}(0)=$ ＿＿＿＿＿＿．

（2）$\lim\limits_{x\to 0}\left(\dfrac{1}{x^2}-\dfrac{1}{x\tan x}\right)=$ ＿＿＿＿＿＿．

（3）$y=2^x$ 的麦克劳林公式中 x^n 项的系数是＿＿＿＿＿＿．

（4）若 $\lim\limits_{x\to 0}\dfrac{\sin x}{e^x-a}(\cos x-b)=5$，则 $a=$ ＿＿＿＿＿＿＿＿，$b=$ ＿＿＿＿＿＿．

（5）$\lim\limits_{x\to 0}\dfrac{\arctan x-\sin x}{x^3}=$ ＿＿＿＿＿＿．

（6）$\lim\limits_{x\to +\infty}\dfrac{x^3+x^2+1}{2^x+x^3}(\sin x+\cos x)=$ ＿＿＿＿＿＿．

（7）设 $f(x)$ 连续，$\lim\limits_{x\to 0}\dfrac{1-\cos(\sin x)}{(e^{x^2}-1)f(x)}=1$，则 $f(0)=$ ＿＿＿＿＿＿．

（8）$\lim\limits_{x\to \infty}\left(2-\dfrac{\ln(1+x)}{x}\right)^{\frac{1}{x}}=$ ＿＿＿＿＿＿．

（9）$\lim\limits_{x\to 0}\dfrac{\ln\cos x}{x^2}=$ ＿＿＿＿＿＿．

（10）$\lim\limits_{x\to 0}\dfrac{\arctan x-x}{\ln(1+2x^3)}=$ ＿＿＿＿＿＿．

3. 求下列极限：

（1）$\lim\limits_{x\to 0}\dfrac{\sqrt{1+\tan x}-\sqrt{1+\sin x}}{x\ln(1+x)-x^2}$；

（2）$\lim\limits_{x\to 0}\dfrac{1}{x^3}\left[\left(\dfrac{2+\cos x}{3}\right)^x-1\right]$；

（3）$\lim\limits_{x\to 0}\left(\dfrac{1}{\sin^2 x}-\dfrac{\cos^2 x}{x^2}\right)$；

（4）$\lim\limits_{x\to 0}\left(\dfrac{1+x}{1-e^{-x}}-\dfrac{1}{x}\right)$；

（5）$\lim\limits_{x\to 0}\dfrac{\left[\sin x-\sin(\sin x)\right]\sin x}{x^4}$；

（6）$\lim\limits_{x\to 0}\dfrac{(1-\cos x)\left[x-\ln(1+\tan x)\right]}{\sin^4 x}$；

（7）$\lim\limits_{x\to 0}\dfrac{e^{x^2}-e^{2-2\cos x}}{x^4}$．

4. 求方程 $k\arctan x-x=0$ 不同实根的个数，其中 k 为参数．

5.（1）证明方程 $x^n+x^{n-1}+\cdots+x=1$（$n>1$ 的整数）在区间 $\left(\dfrac{1}{2},1\right)$ 内有且仅有一个实根；

（2）记（1）中的实根为 x_n，证明 $\lim\limits_{n\to\infty}x_n$ 存在，并求此极限．

6. 已知函数 $f(x)=\dfrac{1+x}{\sin x}-\dfrac{1}{x}$，记 $a=\lim\limits_{x\to 0}f(x)$．（1）求 a 的值；（2）若当 $x\to 0$ 时，$f(x)-a$ 是 x^k 的同阶无穷小，求 k．

7. 设当 $x>0$ 时，方程 $kx+\dfrac{1}{x^2}=1$ 有且仅有一个解，求 k 的取值范围.

8. 讨论曲线 $y=4\ln x+k$ 与 $y=4x+\ln^4 x$ 的交点个数.

9. 设函数 $f(x)$ 在闭区间 $[-1,1]$ 上具有三阶连续导数，且 $f(-1)=0$，$f(1)=1$，$f'(0)=0$，证明：在开区间 $(-1,1)$ 内至少存在一点 ξ，使 $f'''(\xi)=3$.

10. 设 $f(x)$ 在 $[0,1]$ 上具有 2 阶导数，$f(1)>0$，$\lim\limits_{x\to 0^+}\dfrac{f(x)}{x}<0$. 证明：

(1) $f(x)=0$ 在 $(0,1)$ 内至少有一根；

(2) $f(x)+f''(x)+(f'(x))^2=0$ 在 $(0,1)$ 内至少有两根.

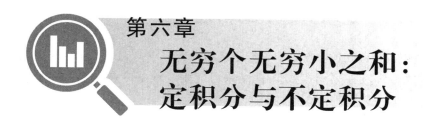

第六章
无穷个无穷小之和：
定积分与不定积分

本章知识结构导图

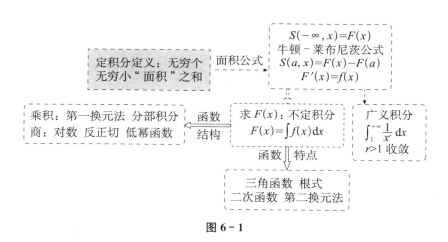

图 6 - 1

本章学习提示：

1. 不定积分是求定积分过程中的一个计算环节.

2. 原函数为以曲线 $f(x)$ 为曲边的曲边梯形的面积"函数".

3. 对被积函数的结构和类型的分析判断是合理运用换元方法、公式的关键.

4. 广义积分是开区间上的积分，是否收敛取决于函数在开区间端点处的无穷小或无穷大的阶.

6.1　定积分的概念与性质

我们学习过极限的知识，可以知道：有限个无穷小之和为无穷小；无限个无穷小之和相当于无穷大与无穷小之积，这是一个不定式，即结果可能是 0 或某个数，也可能是无穷大.

下面是不定式 $0 \cdot \infty$ 趋于常数的典型例子.

平面的某个闭合图形的面积是固定的数. 这个图形的面积可以看作由无数个微小的点的面积组成，也可以看作由无数条平行线（视作无穷小矩形）组成.

6.1.1　定积分的定义

曲边梯形的面积

我们来研究抛物线 $y=x^2$ 与 $x=0$，$x=1$，$y=1$ 围成的近似面积.

将图形分为 $0 \sim \frac{1}{4}$，$\frac{1}{4} \sim \frac{1}{2}$，$\frac{1}{2} \sim \frac{3}{4}$，$\frac{3}{4} \sim 1$ 四份，各份近似看作三角形和梯形.

$$S_4 \approx \frac{1}{2} \times \frac{1}{4} \times \frac{1}{16} + \frac{1}{2} \times \left(\frac{1}{16} + \frac{1}{4}\right) \times \frac{1}{4} + \frac{1}{2} \times \left(\frac{1}{4} + \frac{9}{16}\right)$$
$$\times \frac{1}{4} + \frac{1}{2} \times \left(\frac{9}{16} + 1\right) \times \frac{1}{4}$$
$$= \frac{11}{32}.$$

如果将区间均分为 n 份，每个小图形看作矩形（见图 6-2），类似于上面的作法，有

$$S_n^+ = \frac{1}{n}\left[\left(\frac{1}{n}\right)^2 + \left(\frac{2}{n}\right)^2 + \cdots + \left(\frac{n}{n}\right)^2\right]$$
$$= \frac{1^2 + 2^2 + \cdots + n^2}{n^3}$$
$$= \frac{(n+1)(2n+1)}{6n^2}.$$

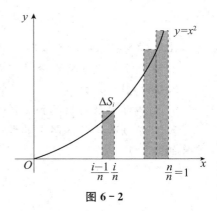

图 6-2

要想面积的精确度更高，n 就要更大.

当 n 趋于无穷时，有

$$\lim_{n \to \infty} S_n^+ = \lim_{n \to \infty} \frac{(n+1)(2n+1)}{6n^2}$$
$$= \frac{1}{3}.$$

可是，$S_n^+ > S$，上面结果是否可信？

如果我们取前端点的函数值作为矩形的高，就有

$$S_n^- = \frac{1}{n}\left[0 + \left(\frac{1}{n}\right)^2 + \left(\frac{2}{n}\right)^2 + \cdots + \left(\frac{n-1}{n}\right)^2\right]$$

$$= \frac{1^2 + 2^2 + \cdots + (n-1)^2}{n^3}$$

$$= \frac{(n-1)(2n-1)}{6n^2}.$$

所以，

$$\lim_{n \to \infty} S_n^- = \lim_{n \to \infty} \frac{(n-1)(2n-1)}{6n^2}$$

$$= \frac{1}{3}.$$

由 $S_n^- < S < S_n^+$ 及 $\lim\limits_{n \to \infty} S_n^- = \lim\limits_{n \to \infty} S_n^+ = \frac{1}{3}$，得 $S = \frac{1}{3}$.

将区间换成 $[0, x]$，得

$$S_n = \frac{x}{n} \left[0 + \left(\frac{1}{n} \right)^2 + \left(\frac{2}{n} \right)^2 + \cdots + \left(\frac{n-1}{n} \right)^2 \right] x^2$$

$$\lim_{n \to \infty} S_n = \lim_{n \to \infty} \left\{ \frac{1}{n} \left[0 + \left(\frac{1}{n} \right)^2 + \left(\frac{2}{n} \right)^2 + \cdots + \left(\frac{n-1}{n} \right)^2 \right] x^3 \right\}$$

$$= \frac{x^3}{3}.$$

记为 $S_0^x = \frac{x^3}{3}$.

如果求 $y = x^2$ 在区间 $[2, 4]$ 上的曲边梯形的面积，可按下面的方法：

$$S_0^4 - S_0^2 = S_2^4 = \frac{4^3 - 2^3}{3} = \frac{64 - 8}{3} = \frac{56}{3}.$$

对一般的函数 $f(x)$ 在 $[a, b]$ 上的曲边梯形的"面积"，将 $[a, b]$ 细分（不一定均分）为 n 个区间

$$[a = x_0, \ a + \Delta x_1] = [x_0, \ x_1],$$
$$[x_1, \ x_1 + \Delta x_2] = [x_1, \ x_2],$$
$$\cdots,$$
$$[x_{n-1}, \ x_{n-1} + \Delta x_n = b] = [x_{n-1}, \ x_n]$$

"高度"取小曲边梯形上的某个点 ε_i 处的函数值 $f(\varepsilon_i)$. 为了取得更精确的值，需要将区间分成无穷多的小份，宽度为无穷小，即 $\max\{\Delta x_i\} \to 0$. 此时 n 趋于无穷大. 这时，每个小的曲边梯形就是很薄的矩形. 区间 $[x_{i-1}, \ x_i]$ 趋于一点，其中的任意一点也趋于同一点，这就是可以在 $[x_{i-1}, \ x_i]$ 内任取 ε_i，$f(\varepsilon_i)$ 为矩形"高度"的原因. 这时，曲边梯形的"面积"可视为区间上每个点对应的矩形面积之和：

$$\lim_{n \to \infty} \sum_{i=1}^{n} f(\varepsilon_i) \Delta x_i \ (\varepsilon_i \text{ 为第 } i \text{ 个区间上的某个点}).$$

定积分定义

定义 1　函数 $f(x)$ 在 $[a, b]$ 上有界，$x_0 = a < x_1 < x_2 < \cdots < x_{n-1} < x_n = b$，$\sum\limits_{i=1}^{n} \Delta x_i = \sum\limits_{i=1}^{n} (x_i - x_{i-1}) = b - a$，记

$$\int_a^b f(x)\mathrm{d}x = \lim_{\max \Delta x_i \to 0} \sum_{i=1}^n f(\varepsilon_i)\Delta x_i \quad (\varepsilon_i \text{ 为 } (x_{i-1}, x_i) \text{ 中的某个数}).$$

我们把 $\int_a^b f(x)\mathrm{d}x$ 称为 $f(x)$ 从 a 到 b 的定积分，把 $f(x)$ 称为被积函数，把 x 称为积分变元，把 $[a, b]$ 称为积分区间.

$\int_a^b f(x)\mathrm{d}x$ 中的 $\mathrm{d}x$ 为 $[a, b]$ 上每个点的"宽度"，是一个无穷小，$f(x)$ 为"高"，$f(x)\mathrm{d}x$ 就是点 x 处对应的无穷小面积，$\int_a^b f(x)\mathrm{d}x$ 就表示将从 a 到 b 的这些无穷小面积累加. 定义的右式表明了计算方法.

例 1　求 $y=x$ 在 $[0, x]$ 上与 x 轴围成的面积. 并求 $\int_1^3 x\mathrm{d}x$.

解： 为了避免字母重复，将函数 $y=x$ 中的 x 换成 t，图像画在 tOy 坐标系上. 见图 6-3.

为了计算方便，将区间 $[0, x]$ 均分为 n 等份，$\Delta x_i = \dfrac{x-0}{n}$. 取后端点的函数值. 有

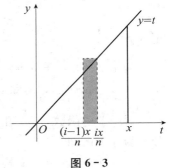

$$\begin{aligned}
\int_0^x t\mathrm{d}t &= \lim_{n\to\infty} \sum_{i=1}^n f(\varepsilon_i)\Delta x_i \\
&= \lim_{n\to\infty} \frac{x-0}{n}\left(\frac{x}{n}+\frac{2x}{n}+\cdots+\frac{nx}{n}\right) \\
&= \lim_{n\to\infty} \frac{x^2}{n^2}(1+2+\cdots+n) \\
&= \lim_{n\to\infty} \frac{x^2}{n^2}\frac{n(n+1)}{2} \\
&= \frac{x^2}{2}.
\end{aligned}$$

图 6-3

所以 $\int_1^3 x\mathrm{d}x = \int_0^3 x\mathrm{d}x - \int_0^1 x\mathrm{d}x = \dfrac{3^2}{2} - \dfrac{1^2}{2} = 4$.

例 2　自由落体落下 t 秒时的速度为 gt，求下落的相对高度 s 与下落时间 t 的关系.

解： 将下落时间 $[0, t]$ 分为 n 等份，每个区间的长度为 $\Delta t_i = \dfrac{t}{n}$. 当 $n\to\infty$ 时，在区间 $\left[\dfrac{i-1}{n}t, \dfrac{i}{n}t\right]$ 上的速度近似取前端点的速度 $g\dfrac{i-1}{n}t$，区间内的落差约为 $\Delta s_i = g\dfrac{i-1}{n^2}t^2$.

$$\begin{aligned}
s &= \lim_{n\to\infty} \sum_{i=1}^n \Delta s_i \quad (\text{也记为 } s = \int_0^t \mathrm{d}s，\mathrm{d}s \text{ 称为微元，对应 } \Delta s_i，\int_0^t \text{ 对应 } \sum) \\
&= \lim_{n\to\infty}\left(0 + g\frac{t^2}{n^2} + g\frac{2t^2}{n^2} + \cdots + g\frac{(n-1)t^2}{n^2}\right) \\
&= \lim_{n\to\infty} \frac{1+2+\cdots+(n-1)}{n^2}gt^2 \\
&= \frac{gt^2}{2}.
\end{aligned}$$

6.1.2 定积分符号的解读

（1）虽然 $y = f(x)$ 和 $y = f(t)$ 的自变量不同，但图像其实是一样的．所以改变定积分变元的写法不影响定积分的结果，即 $\int_a^b f(x)\mathrm{d}x = \int_a^b f(t)\mathrm{d}t$．如图 6-4 所示．

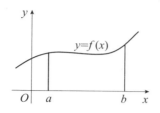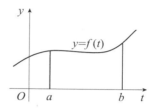

图 6-4

（2）当 $n \to \infty$ 时，$[x_i, x_{i+1}] = [x_i, x_i + \Delta x_i]$ 被压缩为点，即当 $\Delta x_i \to 0$ 时，$\int_a^b f(x)\mathrm{d}x$ 中的 $\mathrm{d}x$ 是无穷小增量，可正可负．意义与微分 $\mathrm{d}x$ 相同．

（3）定积分为正负"面积"的总和，因为当 $f(x) < 0$，$\mathrm{d}x > 0$ 时，结果为负数．

（4）函数 $f(x)$ 在积分区间内有有限个非无穷间断点，不影响积分结果，因为有限个无穷小之和为无穷小．

6.1.3 定积分基本性质

如果下限 $a < b$，则有 $\mathrm{d}x > 0$；如果下限 $b > a$，则有 $\mathrm{d}x < 0$（见图 6-5 左图）．所以
$$\int_a^b f(x)\mathrm{d}x = -\int_b^a f(x)\mathrm{d}x.$$

又 $f(x)$ 和 $\mathrm{d}x$ 或正或负，$\int_a^b f(x)\mathrm{d}x$ 是 a、b 间正负面积之和（见图 6-5 右图）．

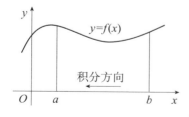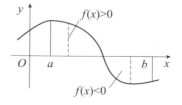

图 6-5

由定义及线性运算的特点，可知定积分有如下性质：
$$\int_a^a f(x)\mathrm{d}x = 0 \qquad （因为 \Delta x = 0）;$$
$$\int_a^b \mathrm{d}x = b - a;$$
$$\int_a^b k f(x)\mathrm{d}x = k \int_a^b f(x)\mathrm{d}x;$$

$$\int_a^b f(x)\mathrm{d}x = \int_a^c f(x)\mathrm{d}x + \int_c^b f(x)\mathrm{d}x \text{（如图 6-6 所示）;}$$

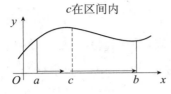
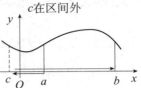

c在区间内　　　　　c在区间外

图 6-6

$$\int_a^b (f(x)+g(x))\mathrm{d}x = \int_a^b f(x)\mathrm{d}x + \int_a^b g(x)\mathrm{d}x ;$$

当 $a<b$ 时，如果 $f(x) \geqslant 0$，则 $\int_a^b f(x)\mathrm{d}x \geqslant 0$；

当 $a<b$ 时，如果 $f(x) \geqslant g(x)$，则 $\int_a^b f(x)\mathrm{d}x \geqslant \int_a^b g(x)\mathrm{d}x$；

当 $a<b$ 时，$\int_a^b |f(x)|\mathrm{d}x \geqslant \int_a^b f(x)\mathrm{d}x$.

习题 6.1

1. 用定积分的定义求定积分 $\int_0^1 2\mathrm{d}x$.

2. 在定积分定义 $\lim\limits_{\max\Delta x_i \to 0}\sum\limits_{i=1}^n f(\varepsilon_i)\Delta x_i$ 中，ε_i 为第 i 区间内的任意点. 验证 ε_i 分别取前后端点时，定积分 $F(x)=\int_0^x 3t\mathrm{d}t$ 结果相同，并求 $F(x)$ 的导数.

3. 已知 $\int_0^\pi \sin x\mathrm{d}x = 2$，利用其几何意义指出 $\int_0^{2\pi} \sin x\mathrm{d}x$ 的结果，并说明理由.

4. 已知 $\int_0^1 f(x)\mathrm{d}x = 2$，$\int_0^2 f(x)\mathrm{d}x = -2$，求 $\int_1^2 f(x)\mathrm{d}x$，试用图像说明表示.

5. 利用几何意义说明 $\int_0^\pi \sqrt{1-x^2}\,\mathrm{d}x = \dfrac{\pi}{4}$.

6.2　变上限函数与牛顿-莱布尼茨公式

6.2.1　积分中值定理

定理 1　设 $f(x)$ 在 $[a,b]$ 上连续，那么，在 (a,b) 内至少有一点 ε，使得
$$\int_a^b f(x)\mathrm{d}x = (b-a)f(\varepsilon).$$

证明： 如图 6 - 7 所示，$f(x)$ 和 $x=a$，$x=b$，$y=0$ 围成曲边梯形．设

$$S = \int_a^b f(x)\mathrm{d}x .$$

$f(x)$ 在 $[a, b]$ 上连续，那么 $f(x)$ 有最大值和最小值，分别设为 M、m．那么

$$m(b-a) < S < M(b-a) .$$

即

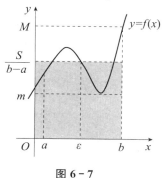

图 6 - 7

$$m < \frac{S}{b-a} < M .$$

那么由介值定理，在 (a, b) 上有 ε，使

$$f(\varepsilon) = \frac{S}{b-a} ,$$

即

$$S = (b-a)f(\varepsilon) ,$$

也即

$$\int_a^b f(x)\mathrm{d}x = (b-a)f(\varepsilon) .$$

6.2.2　变上限函数：被积函数的原函数

$\int_a^x f(t)\mathrm{d}t$ 称为**积分变上限函数**，表示 $f(t)$ 从 a 到 x 的积分，以 x 为变量．几何意义是由 $t=a$ 和 $t=x$ 以及 $y=f(t)$ 和 t 轴围成的图形"面积"函数．

利用定义求"面积"函数，过于烦琐．有没有快速简洁的方法？下面再看例1．

例1　求 $y=x^3$ 从 0 到 x 的积分．

解： $[0, x]$ 均分为 n 等份，$\Delta x_i = \dfrac{x-0}{n}$，取左端点的函数值．

$$
\begin{aligned}
\int_0^x t^3 \mathrm{d}t &= \lim_{n\to\infty} \sum_{i=1}^n f(\varepsilon_i)\Delta x_i \\
&= \lim_{n\to\infty} \frac{x-0}{n}\left[0+\left(\frac{1}{n}\right)^3+\left(\frac{2}{n}\right)^3+\cdots+\left(\frac{n-1}{n}\right)^3\right]x^3 \\
&= \lim_{n\to\infty} \frac{x^4}{n^4}\left[1+2^3+\cdots+(n-1)^3\right] \\
&= \lim_{n\to\infty} \frac{x^4}{n^4}\frac{n^2(n-1)^2}{4} \\
&= \frac{x^4}{4} .
\end{aligned}
$$

我们发现：

$f(x)$：	$y=x^1$	$y=x^2$	$y=x^3$
$\int_0^x f(t)\mathrm{d}t = S(0, x)$：	$\dfrac{x^2}{2}$	$\dfrac{x^3}{3}$	$\dfrac{x^4}{4}$
不难发现	$\left(\dfrac{x^2}{2}\right)' = x$	$\left(\dfrac{x^3}{3}\right)' = x^2$	$\left(\dfrac{x^4}{4}\right)' = x^3$

这意味着面积函数 $\int_0^x f(t)\mathrm{d}t$ 的导数等于被积函数 $f(x)$. 但

$$\left(\frac{x^2}{2}+c\right)'=x, \quad \left(\frac{x^3}{3}+c\right)'=x^2,$$

c 应取什么值？即为什么"面积函数" $\int_0^x t\mathrm{d}t=\frac{x^2}{2}$，$\int_0^x t^2\mathrm{d}t=\frac{x^3}{3}$？

以 $\int_0^x t\mathrm{d}t$ 为例，变更下限分别为 1，2. 利用三角形面积，可知

$$\int_1^x t\mathrm{d}t=\frac{x^2}{2}-\frac{1}{2},$$

$$\int_2^x t\mathrm{d}t=\frac{x^2}{2}-2.$$

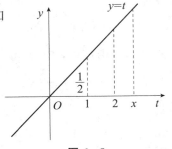

说明，c 与积分起点有关（见图 6-8）.

图 6-8

如果有

$$(F(x)+c)'=f(x)，$$

那么函数 $f(x)$ 在 $[a,x]$ 上的"面积函数" $\int_a^x f(t)\mathrm{d}t$ 是函数组 $F(x)+c$ 中的哪一个？

定义 1 若 $F'(x)=f(x)$，那么称 $F(x)$ 为 $f(x)$ 的一个**积分原函数**.

下面我们研究"面积"是如何变化的.

对于连续函数，自变量从 x 增加到 $x+\Delta x$，将增加一个微小的曲边梯形"面积" $\Delta s(x,x+\Delta x)=f(\xi)\Delta x$. 当 $\Delta x\to 0$ 时，底边 Δx 为无穷小，$f(\xi)\to f(x)$. 这时"面积"的增加率，即"面积"函数的导数取决于 $f(x)$ 的值. 这个增加率就是 $f(x)$.

定理 2（连续函数的积分原函数存在定理）

设 $f(x)$ 在 $[a,b]$ 上连续，x 在 $[a,b]$ 内，那么变上限积分为 $f(x)$ 的原函数，即

$$\left(\int_a^x f(t)\mathrm{d}t\right)'_x=f(x).$$

证明：设 $F(x)=\int_a^x f(t)\mathrm{d}t$，$x$ 的增量为 Δx，如图 6-9 所示.

$$\left(\int_a^x f(t)\mathrm{d}t\right)'_x=\lim_{\Delta x\to 0}\frac{F(x+\Delta x)-F(x)}{\Delta x}$$

$$=\lim_{\Delta x\to 0}\frac{\int_a^{x+\Delta x}f(t)\mathrm{d}t-\int_a^x f(t)\mathrm{d}t}{\Delta x}$$

$$=\lim_{\Delta x\to 0}\frac{\int_x^{x+\Delta x}f(t)\mathrm{d}t}{\Delta x}$$

$$=\lim_{\Delta x\to 0}\frac{f(\varepsilon)\Delta x}{\Delta x}\quad(\varepsilon\ 在\ x,x+\Delta x\ 之间)$$

$$=f(x).$$

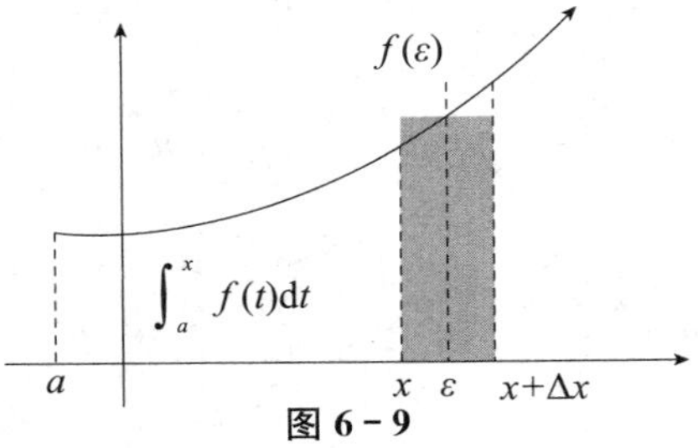

图 6-9

注：(1) $\int_a^x f(t)\mathrm{d}t$ 是以 x 为自变量的"面积函数".

（2）变上限函数的导数与常数下限（即积分区间定端点）无关！这是因为，这个导数是指在 x 处的"面积"变化率.

（3）若 $f(x)$ 连续，则 $f(x)$ 有原函数.

例 2 求 $\dfrac{\mathrm{d}}{\mathrm{d}x}\displaystyle\int_a^{x^2}\cos t\,\mathrm{d}t$.

分析：$\displaystyle\int_a^{x^2}\cos t\,\mathrm{d}t$ 是关于 x^2 的函数，即关于 x 的复合函数.

解：$\dfrac{\mathrm{d}}{\mathrm{d}x}\displaystyle\int_a^{x^2}\cos t\,\mathrm{d}t=(\dfrac{\mathrm{d}}{\mathrm{d}x^2}\displaystyle\int_a^{x^2}\cos t\,\mathrm{d}t)\,\dfrac{\mathrm{d}x^2}{\mathrm{d}x}$ （令 $u=x^2$）

$\qquad\qquad =2x\cos x^2$.

例 3 求 $\mathrm{d}\displaystyle\int_x^{x^2}f(t)\,\mathrm{d}t$.

分析：$\displaystyle\int_x^{x^2}f(t)\,\mathrm{d}t=\int_0^{x^2}f(t)\,\mathrm{d}t-\int_0^x f(t)\,\mathrm{d}t$.

解：$\mathrm{d}\displaystyle\int_x^{x^2}f(t)\,\mathrm{d}t=\mathrm{d}(\int_0^{x^2}f(t)\,\mathrm{d}t-\int_0^x f(t)\,\mathrm{d}t)$

$\qquad\qquad =(2xf(x^2)-f(x))\,\mathrm{d}x$.

一个连续函数有一组原函数 $F(x)+c$，而每一个曲边梯形的面积唯一. 因此，在 $[a,x]$ 上的 $\displaystyle\int_a^x f(t)\,\mathrm{d}t$ 是原函数中的一个特定函数，即 c 是确定的.

6.2.3 牛顿-莱布尼茨公式

定理 3 设 $F'(x)=f(x)$，那么，

$$\int_a^x f(t)\,\mathrm{d}t=F(x)-F(a).$$

证明：由连续函数的积分原函数存在定理，有

$$\left(\int_a^x f(t)\,\mathrm{d}t\right)'_x=f(x),$$

又由 $F'(x)=f(x)$，可知 $F(x)$ 的导数与 $\displaystyle\int_a^x f(t)\,\mathrm{d}t$ 的导数相等，所以

$$F(x)=\int_a^x f(t)\,\mathrm{d}t+c.$$

因为 $\displaystyle\int_a^a f(t)\,\mathrm{d}t=0$，从而得到

$$F(a)=c,$$

即

$$F(x)=\int_a^x f(t)\,\mathrm{d}t+F(a),$$

也即

$$\int_a^x f(t)\,\mathrm{d}t=F(x)-F(a).$$

$F(x)-F(a)$ 记为 $F(t)\,|_a^x$，则上式也写为

$$\int_a^x f(t)\mathrm{d}t = F(t)\,\Big|_a^x\,.$$

这个定理说明，只要找到 $f(x)$ 的原函数族中的一个函数，就可以求出连续区间内的对应"面积"，即定积分. 如

$$\left(\frac{1}{2}x^2 + c\right)' = x\,,$$

$$\int_1^2 x\mathrm{d}x = \left(\frac{x^2}{2} + c\right)\Big|_1^2 = 2 + c - \frac{1}{2} - c = \frac{3}{2}\,.$$

显然积分结果与 c 无关. 几何意义可以参看图 6-10.

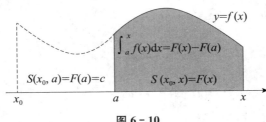

图 6-10

把 $F(x)$ 看作从某个起点 x_0 到 x 的关于 $f(x)$ 的面积. a 到 x 的面积可以用 x_0 到 x 的面积减去 x_0 到 a 的面积求出. 显然，结果与 x_0 的位置无关.

例4 求 $\int_a^b \mathrm{d}x$.

解：因为 $x' = 1$，所以

$$\int_a^b \mathrm{d}x = \int_a^b 1\mathrm{d}x = x\,\Big|_a^b = b - a\,(\text{如图 6-11 所示}).$$

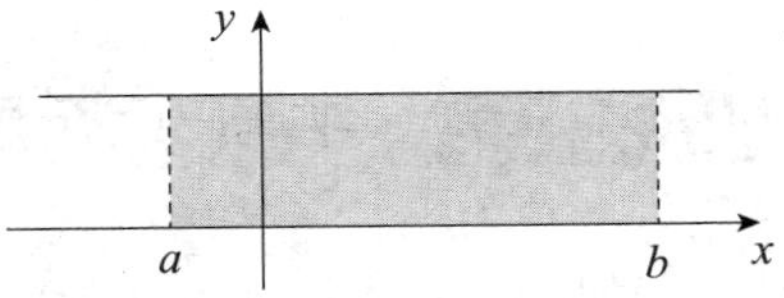

图 6-11

例5 求 $\int_a^b (kx + m)\mathrm{d}x$.

解：$\left(\frac{kx^2}{2} + mx\right)' = kx + m$，那么（如图 6-12 所示）

$$\int_a^b (kx + m)\mathrm{d}x = \left(\frac{kx^2}{2} + mx\right)\Big|_a^b$$

$$= \frac{kb^2}{2} + mb - \frac{ka^2}{2} - ma$$

$$= \frac{b-a}{2}(k(b+a) + 2m)\,.$$

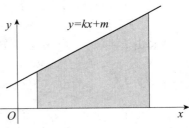

图 6-12

例6 求 $\int_0^\pi \sin x\mathrm{d}x$.

解：$(\cos x)' = -\sin x$，于是有（如图 6-13 所示）

$$\int_0^\pi \sin x\mathrm{d}x = -\cos x\,\Big|_0^\pi = -\cos\pi + \cos 0$$

$$= 1 + 1 = 2\,.$$

解题过程也可写为

$$\int_0^\pi \sin x\mathrm{d}x = \int_0^\pi (-\cos x)'\mathrm{d}x$$

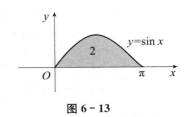

图 6-13

$$=-\cos x\Big|_0^\pi=2.$$

错解：原式$=-\cos\pi=1.$

例 7　求$\int_0^1(e^x+2x)\mathrm{d}x$.

解：$e^x=(e^x)',\ 2x=(x^2)',$ 即 $(e^x+x^2)'=e^x+2x,$
从而得到

$$\int_a^x(e^t+2t)\mathrm{d}t=(e^x+x^2)-(e^a+a^2),$$

所以

$$\int_0^1(e^t+2t)\mathrm{d}t=(e^1+1^2)-(e^0+0^2)=e.$$

解题过程也写为：

$$\int_0^1(e^x+2x)\mathrm{d}x=\int_0^1((e^x)'+(x^2)')\mathrm{d}x$$
$$=\int_0^1(e^x+x^2)'\mathrm{d}x$$
$$=(e^x+x^2)\Big|_0^1=e.$$

习题 6.2

1. $y=\int_0^x\sin t\,\mathrm{d}t$，求 $y'\left(\dfrac{\pi}{4}\right)$.

2. 求下列变限积分函数的导数：

(1) $\int_0^x e^{t^3-t}\mathrm{d}t$；

(2) $\int_0^{\sqrt{x}}\cos t^2\mathrm{d}t$；

(3) $\int_{x^2}^5\dfrac{\sin t}{t}\mathrm{d}t$；

(4) $\int_{\sqrt{x}}^{\sqrt[3]{x}}\ln(1+t^6)\mathrm{d}t$.

3. 求下面函数的微分：

(1) $\int_0^x f(t)\mathrm{d}t$；

(2) $\int_x^0 e^t\mathrm{d}t$；

(3) $\int_x^{\sin x}t\,\mathrm{d}t$；

(4) $\int_0^{f(x)}\cos t\,\mathrm{d}t$；

(5) $\int_0^x g^2(t)\mathrm{d}t$；

(6) $x\int_0^x f(t)\mathrm{d}t$；

(7) $\int_{x^2}^0 f(t)\mathrm{d}t$；

(8) $\sin x\int_0^{\cos x}f(t)\mathrm{d}t$.

4. 已知 $\int_0^x f(t)\mathrm{d}t=\cos x+a$. (1) 求 a；(2) 求 $f(x)$.

6.3 不定积分：“面积函数”的形式

求被积函数的原函数是求定积分的关键. $\int_a^x f(t)\mathrm{d}t$ 的下限 a 变化时，原函数的表达式只相差常数 c. 由牛顿-莱布尼茨公式我们知道，只要找到被积函数 $f(x)$ 的原函数族 $F(x)+c$ 中的一个函数，就能求出定积分的结果. 我们把上限为 x、下限不确定的原函数 $F(x)=\int_\square^x f(t)\mathrm{d}t$ 写成

$$\int f(x)\mathrm{d}x,\ \text{即} \int_{\text{某个未定}x_0}^x f(t)\mathrm{d}t.$$

$\int f(x)\mathrm{d}x$ 称为**不定积分**，其不定因素是下限不确定. 式子中，$f(x)$ 称为被积函数，x 称为积分变量. 这个不定积分是关于 x 的函数. 由原函数存在定理可知，求不定积分就是寻找一组导数为 $f(x)$ 的函数（称为 $f(x)$ 的原函数），即解

$$(?)'_x = f(x).$$

比如 $(?)'_x = \cos x$，由于

$$(\sin x)'_x = \cos x,\ (\sin x+1)'_x = \cos x,\ (\sin x+c)'_x = \cos x,$$

因此，问题的答案是一组形式为 $\sin x+c$ 的函数. 即

$$\int \cos x\mathrm{d}x = \sin x + c,$$

其中 c 体现了下限不确定的特点.

例1 求 $\int \dfrac{1}{x}\mathrm{d}x$.

解： 当 $x>0$ 时，$(\ln x)'_x = \dfrac{1}{x}$.

当 $x<0$ 时，$(\ln(-x))'_x = -\dfrac{1}{-x} = \dfrac{1}{x}$.

所以

$$\int \frac{1}{x}\mathrm{d}x = \begin{cases} \ln x + c, & x>0 \\ \ln(-x)+c, & x<0 \end{cases}$$
$$= \ln|x| + c.$$

可以看出，不定积分就是导数的逆应用.

例2 已知 $\int xf(x)\mathrm{d}x = \ln(1+x^2)+c$，求 $f(x)$.

解： 因为 $\ln(1+x^2)+c$ 为被积函数 $xf(x)$ 的原函数，所以有

$$(\ln(1+x^2)+c)'_x = xf(x),$$

即 $\dfrac{2x}{1+x^2} = xf(x)$，所以

$$f(x) = \frac{2}{1+x^2}.$$

例 3 已知 $F(x) = \int f(x)\mathrm{d}x$，求 $F'(x)$，$\mathrm{d}F(x)$.

解：因为 $F(x)$ 为 $f(x)$ 的原函数，所以
$$F'(x) = f(x)，$$
即 $\left(\int f(x)\mathrm{d}x\right)' = f(x)$，由微分的定义，有
$$\mathrm{d}F(x) = f(x)\mathrm{d}x.$$
即 $\mathrm{d}\int f(x)\mathrm{d}x = f(x)\mathrm{d}x$.

习题 6.3

1. 求不定积分：

(1) $\int(\mathrm{e}^{-x} + \cos x)\mathrm{d}x$；　　　　　　　(2) $\int(nx^{n-1} - 2\sec^2 x)\mathrm{d}x$；

(3) $\int\left(\dfrac{1}{2x} + \dfrac{1}{x-1}\right)\mathrm{d}x$；　　　　　(4) $\int\sin 2x\mathrm{d}x$.

2. 证明：$\int\dfrac{u'(x)}{u}\mathrm{d}x = \ln|u| + c$.（提示：讨论 u 的两种情况.）

3. $\int\mathrm{e}^{-2x}\mathrm{d}x = -2\mathrm{e}^{-2x} + c$ 是否正确？若错误，求出正确结果.

4. $\int 2x\cos x\mathrm{d}x = x^2\sin x + c$ 是否正确？若错误，指出错误原因.

5. 求 $f(x)$：

(1) $\int f(x)\mathrm{d}x = \mathrm{e}^x\cos x + c$；　　　　(2) $\int xf(x)\mathrm{d}x = \ln x + c$；

(3) $\int f(x)\cos x\mathrm{d}x = x\cos x + c$；　　　(4) $\int f(x)\mathrm{d}x = x\ln x + c$；

(5) $\int f(x)\mathrm{d}x = \dfrac{u}{v} + c$；　　　　　　(6) $\int f(x)\mathrm{d}x = uv + c$.

6. 设 $g(x)$ 是连续函数，且 $\displaystyle\int_0^{2x-1} tg(t)\mathrm{d}t + x = 0$，求 $g(3)$.

6.4　乘积与商形式的不定积分

下面我们研究不定积分的求法.

不定积分与导数公式密切相关. 我们需要熟记前面的计算公式. 对于简单的函数的积分，直接运用导数公式就可以得到结果. 而对于复杂的函数（比如两个函数的四则运算或者复合等得到的函数）的积分，则需要对题型进行认真分析.

6.4.1　两个函数的和差的积分

由 $(f(x) \pm g(x))' = f'(x) \pm g'(x)$，得

$$\int (f(x) \pm g(x))\mathrm{d}x = \int f(x)\mathrm{d}x \pm \int g(x)\mathrm{d}x.$$

由 $(kf(x))' = kf'(x)$，得

$$\int (kf(x))\mathrm{d}x = k\int f(x)\mathrm{d}x \ (k \text{ 为常数}).$$

一个函数往往由几个单项相加组成，每一项只含有乘除运算，如

$$f(x) = x^2 + 2\sin x - \ln\cos 2x.$$

因此，研究单项式的原函数是解不定积分的基础．而单项式可分为乘积和商的形式．
如：$x\sin x$，$x\mathrm{e}^x$，$\sin^2 3x$，$\dfrac{\ln x}{x}$ 等．

6.4.2　换元法的依据

我们看到，不定积分 $\int f(x)\mathrm{d}x$ 含有 $\mathrm{d}x$. 从计算的具体方法上看，$\mathrm{d}x$ 表明原函数是关于 x 的函数，而 $\mathrm{d}x$ 是微分的符号，这两者有何联系？

先看下面的例子：

$$\int 2x\cos(x^2 + 1)\mathrm{d}x = \int (\sin(x^2 + 1))'_x \mathrm{d}x$$
$$= \sin(x^2 + 1) + c,$$

而 $\int \cos u \mathrm{d}u = \sin u + c$.

若设 $u = x^2 + 1$，则有

$$\int \cos u \mathrm{d}u = \int \cos(x^2 + 1)\mathrm{d}(x^2 + 1)$$
$$= \sin(x^2 + 1) + c$$
$$= \int 2x\cos(x^2 + 1)\mathrm{d}x.$$

对比可以发现

$$\mathrm{d}u = \mathrm{d}(x^2 + 1) = 2x\mathrm{d}x.$$

这个例子显示，积分中的 $\mathrm{d}u$ 和之前所学的微分是一致的．

不定积分换元

定理 1　对可积函数 $f(u)$，可导函数 $u = u(x)$，有

$$\int f(u)u'\mathrm{d}x = \int f(u)\mathrm{d}u.$$

证明：设 $F'(u) = f(u)$，$u' = u'(x)$，那么有

$$\int f(u)u'\mathrm{d}x = \int f(u)u'(x)\mathrm{d}x$$

$$= \int F'(u)u'(x)\mathrm{d}x \quad (x \xrightarrow{u} u \xrightarrow{F} F(u))$$

$$= \int \big[F(u(x))\big]'\mathrm{d}x \quad (\text{导数链式法则，即}\ \big[F(u(x))\big]' = f(u)u'(x))$$

$$= F(u(x)) + c.$$

而

$$\int f(u)\mathrm{d}u = F(u) + c$$

$$= F(u(x)) + c.$$

所以

$$\int f(u)u'\mathrm{d}x = \int f(u)\mathrm{d}u.$$

得证.

又

$$\int f(u)u'\mathrm{d}x = \int f(u)(u'\mathrm{d}x) = \int f(u)\mathrm{d}u.$$

对比两式，可以认定 $u'\mathrm{d}x = \mathrm{d}u$，这与前面学过的微分定义吻合，即积分式子中的 $\mathrm{d}x$、$\mathrm{d}u$ 就是微分.

不定积分与微分的关系

从几何的角度看，积分是将各点上的无穷小累加；微分是将一个整体切分为无数个无穷小量.

微分和积分类似于互逆运算，但稍有不同. 先积分后微分和先微分后积分的意义是不同的.

$$\mathrm{d}\int f(x)\mathrm{d}x = \left(\int f(x)\mathrm{d}x\right)'_x \mathrm{d}x = f(x)\mathrm{d}x \quad (\text{微分的定义})$$

$$\int \mathrm{d}f(x) \xup013equal{u=f(x)} \int 1\mathrm{d}u = u + c = f(x) + c \quad (\text{积分换元法})$$

6.4.3　乘积形式的积分

被积函数为乘积形式，可视为由复合函数和乘法的导数公式求导产生.

$$\big[F(u)\big]'_x = F'(u)u'_x.$$

$$\big(f(x)g(x)\big)' = f'(x)g(x) + f(x)g'(x).$$

被积函数来自复合函数，可以用第一换元法；如果是乘法公式的一部分，则可以通过补全乘法公式，再减去所补函数的积分进行计算，这个方法称为**分部积分法**.

第一换元法（复合函数型）

例 1　求 $\int x\cos(x^2 + 2)\mathrm{d}x$.

解：（方法一）观察到 $(x^2+2)'=2x$，令 $u=x^2+2$，则有 $\mathrm{d}u=2x\mathrm{d}x$.

于是，$\displaystyle\int x\cos(x^2+2)\mathrm{d}x=\int\frac{1}{2}\cos u\mathrm{d}u$

$$=\frac{1}{2}\sin u+c$$

$$=\frac{1}{2}\sin(x^2+2)+c.$$

（方法二）$(\sin(x^2+2))'=2x\cos(x^2+2)$，

$$\left(\frac{1}{2}\sin(x^2+2)\right)'=x\cos(x^2+2).$$

所以，$\displaystyle\int x\cos(x^2+2)\mathrm{d}x=\int\left(\frac{1}{2}\sin(x^2+2)\right)'\mathrm{d}x$

$$=\frac{1}{2}\sin(x^2+2)+c.$$

例 2 求 $\displaystyle\int\cos x\mathrm{e}^{\sin x}\mathrm{d}x$.

解： $\displaystyle\int\cos x\mathrm{e}^{\sin x}\mathrm{d}x=\int\mathrm{e}^u\mathrm{d}u$ （$u=\sin x$，$\mathrm{d}u=\cos x\mathrm{d}x$）

$$=\mathrm{e}^u+c$$

$$=\mathrm{e}^{\sin x}+c.$$

例 3 求 $\displaystyle\int x\sqrt{x^2-1}\mathrm{d}x$.

分析： $2x=(x^2-1)'$，令 $u=x^2-1$.

解：（方法一）$\displaystyle\int x\sqrt{x^2-1}\mathrm{d}x=\frac{1}{2}\int 2x\sqrt{x^2-1}\mathrm{d}x$

$$=\frac{1}{2}\int\sqrt{x^2-1}\mathrm{d}(x^2-1)$$

$$\xlongequal{u=x^2-1}\frac{1}{2}\int\sqrt{u}\mathrm{d}u$$

$$=\frac{1}{2}\times\frac{2}{3}\times\int\frac{3}{2}u^{\frac{1}{2}}\mathrm{d}u$$

$$=\frac{1}{3}u^{\frac{3}{2}}+c$$

$$=\frac{1}{3}(x^2-1)^{\frac{3}{2}}+c.$$

（方法二）$((x^2-1)^{\frac{3}{2}})'=\frac{3}{2}\cdot 2x(x^2-1)^{\frac{1}{2}}$.

所以，$\displaystyle\int x\sqrt{x^2-1}\mathrm{d}x=\frac{1}{3}\int\frac{3}{2}\cdot 2x\sqrt{x^2-1}\mathrm{d}x$

$$=\frac{1}{3}\int((x^2-1)^{\frac{3}{2}})'\mathrm{d}x$$

$$=\frac{1}{3}(x^2-1)^{\frac{3}{2}}+c.$$

例 4 求 $\displaystyle\int\cos x\sin^2 x\mathrm{d}x$.

解：

$$\int \cos x \sin^2 x \mathrm{d}x = \int \sin^2 x \mathrm{d}\sin x$$

$$= \frac{1}{3} \int \mathrm{d}\sin^3 x$$

$$= \frac{1}{3} \sin^3 x + c.$$

例 5　求 $\displaystyle\int \frac{\arctan x}{1+x^2} \mathrm{d}x$.

分析：$\dfrac{1}{1+x^2} = (\arctan x)'$，令 $u = \arctan x$.

解：令 $u = \arctan x$，则 $\mathrm{d}u = \dfrac{1}{1+x^2} \mathrm{d}x$，所以，

$$\int \frac{\arctan x}{1+x^2} \mathrm{d}x = \int u \mathrm{d}u = \frac{1}{2} u^2 + c$$

$$= \frac{1}{2} (\arctan x)^2 + c.$$

运用第一换元法的前提是：被积函数的某个因式为某个被运算元的导数的常数倍.

分部积分法（乘法公式型）

例 6　求 $\displaystyle\int x \mathrm{e}^{2x} \mathrm{d}x$.

分析：为乘积形式，且不可用换元法. 那么，$x\mathrm{e}^{2x}$ 被视为导数乘法公式的一部分，可写为 $x\mathrm{e}^{2x} = \dfrac{1}{2} x(\mathrm{e}^{2x})'$ 或 $\dfrac{1}{2}(x^2)'\mathrm{e}^{2x}$. 前者来自

$$\frac{1}{2}(x\mathrm{e}^{2x})' = \frac{1}{2}(\mathrm{e}^{2x} + 2x\mathrm{e}^{2x}).$$

解：

$$\int x\mathrm{e}^{2x} \mathrm{d}x = \int \left[\frac{1}{2}(\mathrm{e}^{2x} + 2x\mathrm{e}^{2x}) - \frac{1}{2}\mathrm{e}^{2x} \right] \mathrm{d}x$$

$$= \int \left(\frac{1}{2}(x\mathrm{e}^{2x})' - \frac{1}{2}\mathrm{e}^{2x} \right) \mathrm{d}x$$

$$= \frac{1}{2} x\mathrm{e}^{2x} - \frac{1}{2} \int \mathrm{e}^{2x} \mathrm{d}x$$

$$= \frac{1}{2} x\mathrm{e}^{2x} - \frac{1}{4} \mathrm{e}^{2x} + c.$$

此题若按 $(x^2)'\mathrm{e}^{2x}$ 操作，不能求出积分.

误解：

$$\int x\mathrm{e}^{2x} \mathrm{d}x = \int \left(\frac{x^2}{2}\right)' \mathrm{e}^{2x} \mathrm{d}x$$

$$= \int \left(\left(\frac{x^2}{2}\right)' \mathrm{e}^{2x} + \frac{x^2}{2}(\mathrm{e}^{2x})' - \frac{x^2}{2}(\mathrm{e}^{2x})' \right) \mathrm{d}x$$

$$= \frac{x^2}{2} \mathrm{e}^{2x} - \int x^2 \mathrm{e}^{2x} \mathrm{d}x.$$

上式中 $\displaystyle\int x^2 \mathrm{e}^{2x} \mathrm{d}x$ 比 $\displaystyle\int x\mathrm{e}^{2x} \mathrm{d}x$ 更难求，x 次数增高，无法继续计算。

一般地，有

$$\int u'v\mathrm{d}x = \int ((u'v + uv') - uv')\mathrm{d}x \quad (\text{凑成乘法公式})$$

$$= \int (uv)'\mathrm{d}x - \int uv'\mathrm{d}x$$

$$= uv - \int uv'\mathrm{d}x.$$

由于

$$\int uv'\mathrm{d}x = \int u\mathrm{d}v, \int u'v\mathrm{d}x = \int v\mathrm{d}u,$$

故也写成

$$\int u\mathrm{d}v = uv - \int v\mathrm{d}u.$$

这个公式称为**分部积分公式**.

例 7　求 $\int 2x\ln x\mathrm{d}x$.

解：$\int 2x\ln x\mathrm{d}x = \int (x^2)'\ln x\mathrm{d}x$

$$= \int \ln x\mathrm{d}x^2$$

$$= x^2\ln x - \int x^2\mathrm{d}(\ln x)$$

$$= x^2\ln x - \int x^2(\ln x)'\mathrm{d}x$$

$$= x^2\ln x - \int x\mathrm{d}x$$

$$= x^2\ln x - \frac{1}{2}x^2 + c.$$

比较上面两个例子，你会发现指数类与对数类函数的积分方法的不同之处.
运用分部积分法时，应注意避免后面的被积函数次数增加，变得更加复杂.

例 8　求 $\int \mathrm{e}^x\cos x\mathrm{d}x$.

解：$\int \mathrm{e}^x\cos x\mathrm{d}x = \int (\mathrm{e}^x)'\cos x\mathrm{d}x \quad (\text{乘法公式类})$

$$= \int \cos x\mathrm{d}\mathrm{e}^x$$

$$= \mathrm{e}^x\cos x - \int \mathrm{e}^x\mathrm{d}\cos x$$

$$= \mathrm{e}^x\cos x + \int \mathrm{e}^x\sin x\mathrm{d}x$$

$$= \mathrm{e}^x\cos x + \int \sin x\mathrm{d}\mathrm{e}^x$$

$$= \mathrm{e}^x\cos x + \mathrm{e}^x\sin x - \int \mathrm{e}^x\mathrm{d}\sin x$$

$$= \mathrm{e}^x\cos x + \mathrm{e}^x\sin x - \int \mathrm{e}^x\cos x\mathrm{d}x$$

即有

$$\int e^x \cos x dx = e^x \cos x + e^x \sin x - \int e^x \cos x dx .$$

移项，得

$$\int e^x \cos x dx = \frac{1}{2}(e^x \cos x + e^x \sin x) + c .$$

例 9　求 $\int \arcsin x dx$.

解：
$$\begin{aligned}
\int \arcsin x dx &= \int x' \arcsin x dx \\
&= x \arcsin x - \int x d \arcsin x \\
&= x \arcsin x - \int \frac{x}{\sqrt{1-x^2}} dx \\
&= x \arcsin x + \frac{1}{2} \int \frac{d(1-x^2)}{\sqrt{1-x^2}} \\
&= x \arcsin x + \sqrt{1-x^2} + c .
\end{aligned}$$

连乘形式的积分

连乘形式的积分可能来自多次运算的复合函数，也可能来自连乘的导数公式，或者为两者的混合.

例 10　求 $\int x \cos x \sin x dx$.

解：
$$\begin{aligned}
\int x \cos x \sin x dx &= \frac{1}{2} \int x \sin 2x dx \\
&= -\frac{1}{4} \int x d \cos 2x \\
&= -\frac{1}{4} x \cos 2x + \frac{1}{4} \int \cos 2x dx \\
&= -\frac{1}{4} x \cos 2x + \frac{1}{8} \sin 2x + c .
\end{aligned}$$

例 11　求 $\int x^3 \cos x^2 dx$.

解：
$$\begin{aligned}
\int x^3 \cos x^2 dx &= \frac{1}{2} \int x^2 d \sin x^2 \\
&= \frac{1}{2} x^2 \sin x^2 - \int x \sin x^2 dx \\
&= \frac{1}{2} x^2 \sin x^2 + \frac{1}{2} \cos x^2 + c .
\end{aligned}$$

例 12　求 $\int x \cos x \cdot e^x dx$.

解：由例 8 知，

$$\int \cos x \cdot e^x dx = \frac{1}{2}(\cos x + \sin x) e^x + c ,$$

同样方法可求得

$$\int \sin x \cdot \mathrm{e}^x \mathrm{d}x = \frac{1}{2}(\sin x - \cos x)\mathrm{e}^x + c.$$

所以，$\displaystyle\int x\cos x \cdot \mathrm{e}^x \mathrm{d}x = \frac{x}{2}(\cos x + \sin x)\mathrm{e}^x - \frac{1}{2}\int (\cos x + \sin x)\mathrm{e}^x \mathrm{d}x$

$$= \frac{x}{2}(\cos x + \sin x)\mathrm{e}^x - \frac{1}{2}\int \cos x\,\mathrm{e}^x \mathrm{d}x - \frac{1}{2}\int \sin x\,\mathrm{e}^x \mathrm{d}x$$

$$= \frac{x}{2}(\cos x + \sin x)\mathrm{e}^x - \frac{1}{4}(\cos x + \sin x)\mathrm{e}^x - \frac{1}{4}(\sin x - \cos x)\mathrm{e}^x + c$$

$$= \frac{x}{2}(\cos x + \sin x)\mathrm{e}^x - \frac{1}{2}\mathrm{e}^x \sin x + c.$$

例 13　求 $\displaystyle\int \frac{x}{\sqrt{x^2+1}}\mathrm{e}^{\sqrt{x^2+1}}\mathrm{d}x$.

解： $\displaystyle\int \frac{x}{\sqrt{x^2+1}}\mathrm{e}^{\sqrt{x^2+1}}\mathrm{d}x = \int \mathrm{e}^{\sqrt{x^2+1}}\mathrm{d}\sqrt{x^2+1} = \mathrm{e}^{\sqrt{x^2+1}} + c.$

6.4.4　商的形式的积分

商的形式一般与对数函数、反三角函数、低次幂函数的导数公式有关. 常见类型为：

对数型　　　$\dfrac{u'}{u} = \ln(|u|)'_x$

反正切型　　$\dfrac{u'}{1+u^2} = (\arctan u)'_x$

裂项对数型　$\dfrac{u'}{1-u^2} = \dfrac{1}{2}\left(\dfrac{u'}{1-u} + \dfrac{u'}{1+u}\right)$

低幂型　　　$\dfrac{u'}{u^a} = \left(\dfrac{1}{1-a}u^{1-a}\right)'_x \quad (0 < a < 1)$

这类形式积分的特点为：分子可凑为分母某部分的导数.

有理函数的积分

例 14　求 $\displaystyle\int \frac{x^2}{1+x^3}\mathrm{d}x$.

解： $\displaystyle\int \frac{x^2}{1+x^3}\mathrm{d}x = \frac{1}{3}\int \frac{3x^2}{1+x^3}\mathrm{d}x$

$$= \frac{1}{3}\int \frac{1}{1+x^3}\mathrm{d}(1+x^3)$$

$$= \frac{1}{3}\ln|1+x^3| + c.$$

例 15　求 $\displaystyle\int \frac{x^2}{x-1}\mathrm{d}x$.

解： $\displaystyle\int \frac{x^2}{x-1}\mathrm{d}x = \int \frac{x^2-1+1}{x-1}\mathrm{d}x$　（分母次数低于分子次数，拆为整式和分式）

$$= \int \left(x+1+\frac{1}{x-1}\right)\mathrm{d}x$$

$$= \frac{1}{2}x^2 + x + \ln|x-1| + c.$$

例 16 求 $\int \frac{x^2}{x^2 - 3x + 2}\mathrm{d}x$.

解:
$$\int \frac{x^2}{x^2 - 3x + 2}\mathrm{d}x = \int \frac{x^2}{(x-1)(x-2)}\mathrm{d}x$$
$$= \int \frac{x^2}{x-2}\mathrm{d}x - \int \frac{x^2}{x-1}\mathrm{d}x$$
$$= \int \left(x + 2 + \frac{4}{x-2}\right)\mathrm{d}x - \int \left(x + 1 + \frac{1}{x-1}\right)\mathrm{d}x$$
$$= x + \ln\left|\frac{(x-2)^4}{x-1}\right| + c.$$

例 17 求 $\int \frac{x+2}{x^2 - 2x + 2}\mathrm{d}x$.

解:
$$\int \frac{x+2}{x^2 - 2x + 2}\mathrm{d}x = \int \frac{x-1+3}{(x-1)^2 + 1}\mathrm{d}x \quad \text{(分母不可分解)}$$
$$= \frac{1}{2}\int \frac{2(x-1)}{(x-1)^2 + 1}\mathrm{d}x + \int \frac{3}{(x-1)^2 + 1}\mathrm{d}x$$
$$= \frac{1}{2}\int \frac{1}{(x-1)^2 + 1}\mathrm{d}((x-1)^2 + 1) + 3\int \frac{1}{(x-1)^2 + 1}\mathrm{d}(x-1)$$
$$= \frac{1}{2}\ln((x-1)^2 + 1) + 3\arctan(x-1) + c.$$

例 18 求 $\int \frac{2x}{x^2 + 2x + 1}\mathrm{d}x$.

解:
$$\int \frac{2x}{x^2 + 2x + 1}\mathrm{d}x = \int \frac{2(x+1) - 2}{(x+1)^2}\mathrm{d}x$$
$$= \int \left(\frac{2}{x+1} - \frac{2}{(x+1)^2}\right)\mathrm{d}x$$
$$= 2\ln|x+1| + \frac{2}{x+1} + c.$$

例 19 求 $\int \frac{1}{1 + \mathrm{e}^x}\mathrm{d}x$.

解:
$$\int \frac{1}{1 + \mathrm{e}^x}\mathrm{d}x = \int \frac{\mathrm{e}^x}{\mathrm{e}^x(1 + \mathrm{e}^x)}\mathrm{d}x$$
$$= \int \frac{1}{\mathrm{e}^x(1 + \mathrm{e}^x)}\mathrm{d}\mathrm{e}^x$$
$$= \int \left(\frac{1}{\mathrm{e}^x} - \frac{1}{1 + \mathrm{e}^x}\right)\mathrm{d}\mathrm{e}^x$$
$$= \int \frac{1}{\mathrm{e}^x}\mathrm{d}\mathrm{e}^x - \int \frac{1}{1 + \mathrm{e}^x}\mathrm{d}(1 + \mathrm{e}^x)$$
$$= \ln\mathrm{e}^x + \ln(1 + \mathrm{e}^x) + c$$
$$= x + \ln(1 + \mathrm{e}^x) + c.$$

例 20 求 $\int \frac{1}{(x+1)(x^2 - 2x + 2)}\mathrm{d}x$.

解： $\displaystyle\int \frac{1}{(x+1)(x^2-2x+2)}\mathrm{d}x$

$\displaystyle =\int \frac{x-3}{(x-3)(x+1)(x^2-2x+2)}\mathrm{d}x$（凑出 x^2-2x+b，以便拆项）

$\displaystyle =\int \frac{x-3}{(x^2-2x-3)(x^2-2x+2)}\mathrm{d}x$

$\displaystyle =\frac{1}{5}\left(\int \frac{x-3}{x^2-2x-3}\mathrm{d}x-\int \frac{x-3}{x^2-2x+2}\mathrm{d}x\right)$

$\displaystyle =\frac{1}{5}\int \frac{1}{x+1}\mathrm{d}x+\frac{1}{5}\int \frac{x-1-2}{x^2-2x+2}\mathrm{d}x$

$\displaystyle =\frac{1}{5}\ln|x+1|+\frac{1}{10}\ln(x^2-2x+2)-\frac{2}{5}\arctan(x-1)+c.$

例 21 求 $\displaystyle\int \frac{x\mathrm{e}^x}{(1+\mathrm{e}^x)^2}\mathrm{d}x$.

解： $\displaystyle\int \frac{x\mathrm{e}^x}{(1+\mathrm{e}^x)^2}\mathrm{d}x=\int \frac{x}{(1+\mathrm{e}^x)^2}\mathrm{d}(\mathrm{e}^x+1)$

$\displaystyle =-\int x\mathrm{d}\left(\frac{1}{\mathrm{e}^x+1}\right)$

$\displaystyle =-\frac{x}{\mathrm{e}^x+1}+\int \frac{1}{\mathrm{e}^x+1}\mathrm{d}x$

$\displaystyle =-\frac{x}{\mathrm{e}^x+1}+\int \frac{\mathrm{e}^x}{\mathrm{e}^x(\mathrm{e}^x+1)}\mathrm{d}x$

$\displaystyle =-\frac{x}{\mathrm{e}^x+1}+\int \left(\frac{1}{\mathrm{e}^x}-\frac{1}{\mathrm{e}^x+1}\right)\mathrm{d}\mathrm{e}^x$

$\displaystyle =-\frac{x}{\mathrm{e}^x+1}+x-\ln(\mathrm{e}^x+1)+c.$

例 22 求 $\displaystyle\int \frac{1}{x(1+2\ln x)}\mathrm{d}x$.

解： $\displaystyle\int \frac{1}{x(1+2\ln x)}\mathrm{d}x=\int \frac{1}{1+2\ln x}\mathrm{d}\ln x$

$\displaystyle =\frac{1}{2}\int \frac{1}{1+2\ln x}\mathrm{d}(1+2\ln x)$

$\displaystyle =\frac{1}{2}\ln|1+2\ln x|+c.$

例 23 求 $\displaystyle\int \tan x\mathrm{d}x$.

解： $\displaystyle\int \tan x\mathrm{d}x=\int \frac{\sin x}{\cos x}\mathrm{d}x$

$\displaystyle =-\int \frac{1}{\cos x}\mathrm{d}\cos x$

$\displaystyle =-\ln|\cos x|+c.$

例 24 求 $\displaystyle\int \frac{1}{x(1+x^{99})}\mathrm{d}x$.

解：（方法一）$\displaystyle\int \frac{1}{x(1+x^{99})}\mathrm{d}x=\int \frac{x^{98}}{x^{99}(1+x^{99})}\mathrm{d}x$

$$= \int \left(\frac{x^{98}}{x^{99}} - \frac{x^{98}}{1+x^{99}} \right) \mathrm{d}x$$

$$= \int \left(\frac{1}{x} - \frac{1}{99} \frac{99x^{98}}{1+x^{99}} \right) \mathrm{d}x$$

$$= \ln|x| - \frac{1}{99} \ln|1+x^{99}| + c.$$

（方法二）令 $x = \dfrac{1}{t}$，则 $\mathrm{d}x = -\dfrac{1}{t^2}\mathrm{d}t$. 那么，

$$\int \frac{1}{x(1+x^{99})} \mathrm{d}x = \int \frac{t}{1+\dfrac{1}{t^{99}}} \left(-\frac{1}{t^2} \right) \mathrm{d}t$$

$$= -\int \frac{t^{98}}{t^{99}+1} \mathrm{d}t$$

$$= -\frac{1}{99} \ln|1+t^{99}| + c$$

$$= -\frac{1}{99} \ln\left| 1 + \frac{1}{x^{99}} \right| + c.$$

$$= \ln|x| - \frac{1}{99} \ln|1+x^{99}| + c.$$

在以上例子中，我们通过对被积函数的结构形式的分析，寻找合适的积分方法.

习题 6.4

1. 求下列乘积形式的不定积分：

(1) $\displaystyle\int \sin x \, \mathrm{e}^{\cos x} \mathrm{d}x$；

(2) $\displaystyle\int \frac{1}{x^2} \sin \frac{1}{x} \mathrm{d}x$；

(3) $\displaystyle\int \mathrm{e}^x \cos(\mathrm{e}^x + 1) \mathrm{d}x$；

(4) $\displaystyle\int \frac{\sin\sqrt{x}}{\sqrt{x}} \mathrm{d}x$；

(5) $\displaystyle\int \frac{1}{x\ln x} \mathrm{d}x$；

(6) $\displaystyle\int \frac{\ln^2 x}{x} \mathrm{d}x$；

(7) $\displaystyle\int x^2 \sin x \, \mathrm{d}x$；

(8) $\displaystyle\int x \cos x \, \mathrm{d}x$；

(9) $\displaystyle\int x^2 \ln x \, \mathrm{d}x$；

(10) $\displaystyle\int \frac{\arcsin x}{\sqrt{1-x^2}} \mathrm{d}x$；

(11) $\displaystyle\int x \arctan x \, \mathrm{d}x$；

(12) $\displaystyle\int 2x \arctan x^2 \mathrm{d}x$；

(13) $\displaystyle\int \frac{\arctan x}{1+x^2} \mathrm{d}x$；

(14) $\displaystyle\int \sin x \cos 2x \, \mathrm{d}x$；

(15) $\displaystyle\int \tan x \sec^2 x \, \mathrm{d}x$；

(16) $\displaystyle\int \mathrm{e}^{-x} \sin 2x \, \mathrm{d}x$；

(17) $\displaystyle\int (x\sqrt{x^2+1} - 2) \mathrm{d}x$；

(18) $\displaystyle\int x \sin x \cos x \, \mathrm{d}x$.

2. 求下列商形式的不定积分：

(1) $\displaystyle\int \frac{1}{x+1}\mathrm{d}x$;

(2) $\displaystyle\int \frac{1}{4x^2+1}\mathrm{d}x$;

(3) $\displaystyle\int \frac{1}{x^2-1}\mathrm{d}x$;

(4) $\displaystyle\int \frac{1}{1-4x^2}\mathrm{d}x$;

(5) $\displaystyle\int \frac{x}{1+4x^2}\mathrm{d}x$;

(6) $\displaystyle\int \frac{3x^2}{1+x^3}\mathrm{d}x$;

(7) $\displaystyle\int \frac{1}{x^2-x-12}\mathrm{d}x$;

(8) $\displaystyle\int \frac{2x+1}{x^2+2x+1}\mathrm{d}x$;

(9) $\displaystyle\int \frac{1}{x^2+9x+10}\mathrm{d}x$;

(10) $\displaystyle\int \frac{\cos x}{1+\sin x}\mathrm{d}x$;

(11) $\displaystyle\int \frac{\cos x}{1-4\sin^2 x}\mathrm{d}x$;

(12) $\displaystyle\int \frac{\sin x}{\cos^2 x}\mathrm{d}x$;

(13) $\displaystyle\int \frac{x^3+2}{x+1}\mathrm{d}x$;

(14) $\displaystyle\int \frac{1}{(x+1)(x^2-1)}\mathrm{d}x$;

(15) $\displaystyle\int \frac{x+2}{(x+1)(x^2+1)}\mathrm{d}x$;

(16) $\displaystyle\int \frac{\mathrm{e}^x}{1+\mathrm{e}^{2x}}\mathrm{d}x$;

(17) $\displaystyle\int \frac{\mathrm{e}^x}{1-\mathrm{e}^x}\mathrm{d}x$;

(18) $\displaystyle\int \frac{x+1}{x(x^2-2x+2)}\mathrm{d}x$.

6.5 不同函数类型的不定积分

6.5.1 三角函数类

现在我们按函数的类型，结合结构形式进行积分.

三角函数都能用正余弦函数表示．因此，正余弦函数的积、商是三角函数积分的基本类型.

例 1 求 $\displaystyle\int \sin x\cos^2 x\mathrm{d}x$.

解：（方法一）$\displaystyle\int \sin x\cos^2 x\mathrm{d}x = -\int \cos^2 x\mathrm{d}\cos x$

$$= -\frac{1}{3}\cos^3 x + c.$$

（方法二）$\displaystyle\int \sin x\cos^2 x\mathrm{d}x = \frac{1}{2}\int \sin x(1+\cos 2x)\mathrm{d}x$

$$= \frac{1}{2}\int (\sin x + \sin x\cos 2x)\mathrm{d}x$$

$$= -\frac{1}{2}\cos x + \frac{1}{4}\int (\sin 3x - \sin x)\mathrm{d}x \quad （积化和差）$$

$$= -\frac{1}{4}\cos x - \frac{1}{12}\cos 3x + c.$$

例 2　求 $\displaystyle\int\sec x\mathrm{d}x$.

解： $\displaystyle\int\sec x\mathrm{d}x=\int\frac{1}{\cos x}\mathrm{d}x$

$$=\int\frac{\cos x}{\cos^2 x}\mathrm{d}x$$

$$=\int\frac{1}{1-\sin^2 x}\mathrm{d}\sin x$$

$$=\int\frac{1}{2}\Big(\frac{1}{1-\sin x}+\frac{1}{1+\sin x}\Big)\mathrm{d}\sin x$$

$$=\frac{1}{2}\ln\Big|\frac{1+\sin x}{1-\sin x}\Big|+c .$$

例 3　求 $\displaystyle\int\cos^2 x\mathrm{d}x$.

解： $\displaystyle\int\cos^2 x\mathrm{d}x=\int\frac{1+\cos 2x}{2}\mathrm{d}x$　　（倍角公式降次）

$$=\frac{1}{2}x+\frac{1}{4}\sin 2x+c .$$

例 4　求 $\displaystyle\int\tan^2 x\mathrm{d}x$.

解：（方法一）$\displaystyle\int\tan^2 x\mathrm{d}x=\int\frac{\sin^2 x}{\cos^2 x}\mathrm{d}x$

$$=\int\Big(\frac{1}{\cos^2 x}-1\Big)\mathrm{d}x$$

$$=\tan x-x+c .$$

（方法二）$\displaystyle\int\tan^2 x\mathrm{d}x=\int(\sec^2 x-1)\mathrm{d}x$　　$((\tan x)'=\sec^2 x=1+\tan^2 x)$

$$=\tan x-x+c .$$

例 5　求 $\displaystyle\int\tan^3 x\mathrm{d}x$.

解： $\displaystyle\int\tan^3 x\mathrm{d}x=\int\tan x(\sec^2 x-1)\mathrm{d}x$

$$=\int\tan x\mathrm{d}\tan x-\int\tan x\mathrm{d}x$$

$$=\frac{1}{2}\tan^2 x+\ln|\cos x|+c .$$

例 6　求 $\displaystyle\int\cos 2x\sin 3x\mathrm{d}x$.

解： $\displaystyle\int\cos 2x\sin 3x\mathrm{d}x=\int\frac{1}{2}(\sin 5x+\sin x)\mathrm{d}x$　　（积化和差公式）

$$=-\frac{1}{10}\cos 5x-\frac{1}{2}\cos x+c .$$

例 7　求 $\displaystyle\int\frac{1}{1+\sin x}\mathrm{d}x$.

解： $\int \dfrac{1}{1+\sin x}\mathrm{d}x = \int \dfrac{1-\sin x}{\cos^2 x}\mathrm{d}x$

$$= \int \left(\dfrac{1}{\cos^2 x} - \dfrac{\sin x}{\cos^2 x}\right)\mathrm{d}x$$

$$= \tan x - \sec x + c$$

例 8 求 $\int \dfrac{1}{\cos x - \sin x}\mathrm{d}x$.

分析： 分母为加减形式，化为一个整式.

解：（方法一）$\int \dfrac{1}{\cos x - \sin x}\mathrm{d}x = \dfrac{\sqrt{2}}{2}\int \dfrac{1}{\cos\left(x+\dfrac{\pi}{4}\right)}\mathrm{d}\left(x+\dfrac{\pi}{4}\right)$

$$\xlongequal{u=x+\frac{\pi}{4}} \dfrac{\sqrt{2}}{2}\int \dfrac{\cos u}{\cos^2 u}\mathrm{d}u$$

$$= \dfrac{\sqrt{2}}{2}\int \dfrac{1}{1-\sin^2 u}\mathrm{d}\sin u$$

$$= \dfrac{\sqrt{2}}{4}\ln\dfrac{1+\sin u}{1-\sin u} + c$$

$$= \dfrac{\sqrt{2}}{4}\ln\dfrac{1+\sin\left(x+\dfrac{\pi}{4}\right)}{1-\sin\left(x+\dfrac{\pi}{4}\right)} + c.$$

（方法二）$\int \dfrac{1}{\cos x - \sin x}\mathrm{d}x$

$$= \int \dfrac{\cos x + \sin x}{\cos^2 x - \sin^2 x}\mathrm{d}x \qquad (\text{分母化为 }\cos 2x\text{ 并转化})$$

$$= \int \left(\dfrac{\sin x}{2\cos^2 x - 1} + \dfrac{\cos x}{1 - 2\sin^2 x}\right)\mathrm{d}x$$

$$= -\int \dfrac{1}{2\cos^2 x - 1}\mathrm{d}\cos x + \int \dfrac{1}{1 - 2\sin^2 x}\mathrm{d}\sin x$$

$$= \int \dfrac{1}{1 - 2u^2}\mathrm{d}u + \int \dfrac{1}{1 - 2v^2}\mathrm{d}v \qquad (u = \cos x,\ v = \sin x)$$

$$= -\int \dfrac{1}{(\sqrt{2}u-1)(\sqrt{2}u+1)}\mathrm{d}u - \int \dfrac{1}{(\sqrt{2}v-1)(\sqrt{2}v+1)}\mathrm{d}v$$

$$= -\dfrac{1}{2}\int \left(\dfrac{1}{\sqrt{2}u-1} - \dfrac{1}{\sqrt{2}u+1}\right)\mathrm{d}u - \dfrac{1}{2}\int \left(\dfrac{1}{\sqrt{2}v-1} - \dfrac{1}{\sqrt{2}v+1}\right)\mathrm{d}v$$

$$= -\dfrac{\sqrt{2}}{4}\ln\dfrac{\sqrt{2}u-1}{\sqrt{2}u+1} - \dfrac{\sqrt{2}}{4}\ln\dfrac{\sqrt{2}v-1}{\sqrt{2}v+1} + c$$

$$= \dfrac{\sqrt{2}}{4}\ln\left(\dfrac{\sqrt{2}u+1}{\sqrt{2}u-1} \cdot \dfrac{\sqrt{2}v+1}{\sqrt{2}v-1}\right) + c$$

$$= \dfrac{\sqrt{2}}{4}\ln\left(\dfrac{\sqrt{2}\cos x+1}{\sqrt{2}\cos x-1} \cdot \dfrac{\sqrt{2}\sin x+1}{\sqrt{2}\sin x-1}\right) + c$$

$$= \frac{\sqrt{2}}{4} \ln \frac{\sin 2x + 2\sin\left(x + \frac{\pi}{4}\right) + 1}{\sin 2x - 2\sin\left(x + \frac{\pi}{4}\right) + 1} + c.$$

三角函数的积分还可以用万能公式 $\sin x = \frac{2u}{1+u^2}$，$\cos x = \frac{1-u^2}{1+u^2}$，$u = \tan\frac{x}{2}$，转换为有理函数的积分.

例 9 求 $\int \frac{1+\sin x}{\sin x(1+\cos x)} dx$.

解：（方法一）$\int \frac{1+\sin x}{\sin x(1+\cos x)} dx$

$$= \int \left(\frac{1}{\sin x} + \frac{1}{1+\cos x} - \frac{\cos x}{\sin x(1+\cos x)} \right) dx \text{（分母为乘积形式，拆项）}$$

$$= \int \left[\frac{\sin x}{1-\cos^2 x} + \frac{1}{2\cos^2\frac{x}{2}} - \frac{\cos x \sin x}{(1-\cos^2 x)(1+\cos x)} \right] dx$$

$$= \int \left[\frac{1}{2}\left(\frac{d\cos x}{\cos x - 1} - \frac{d\cos x}{\cos x + 1} \right) + d\tan\frac{x}{2} + \frac{\cos x d\cos x}{(1-\cos^2 x)(1+\cos x)} \right]$$

$$= \frac{1}{2}\ln\frac{1-\cos x}{\cos x + 1} + \tan\frac{x}{2} + \frac{1}{2}\int \left(\frac{\cos x}{1+\cos x} + \frac{\cos x}{1-\cos x} \right)\frac{1}{1+\cos x} d\cos x.$$

而 $\int \left(\frac{\cos x}{1+\cos x} + \frac{\cos x}{1-\cos x} \right)\frac{1}{1+\cos x} d\cos x$

$$= \int \left(-\frac{1}{1+\cos x} + \frac{1}{1-\cos x} \right)\frac{d\cos x}{1+\cos x}$$

$$= \int \left[-\frac{d\cos x}{(1+\cos x)^2} + \frac{1}{2}\left(\frac{d\cos x}{1-\cos x} + \frac{d\cos x}{1+\cos x} \right) \right]$$

$$= \frac{1}{1+\cos x} + \frac{1}{2}\ln\frac{1+\cos x}{1-\cos x} + c_1.$$

故 $\int \frac{1+\sin x}{\sin x(1+\cos x)} dx$

$$= \frac{1}{2}\ln\frac{1-\cos x}{1+\cos x} + \frac{1}{4}\ln\frac{1+\cos x}{1-\cos x} + \tan\frac{x}{2} + \frac{1}{2}\frac{1}{(1+\cos x)} + c_1$$

$$= \tan\frac{x}{2} + \frac{1}{2(1+\cos x)} + \frac{1}{4}\ln\frac{1-\cos x}{1+\cos x} + c.$$

（方法二）$\int \frac{1+\sin x}{\sin x(1+\cos x)} dx$

$$= \int \left(\frac{1}{\sin x(1+\cos x)} + \frac{\sin x}{\sin x(1+\cos x)} \right) dx \text{（视为两题）}$$

$$= \int \left(\frac{\sin x}{\sin^2 x(1+\cos x)} + \frac{1}{1+\cos x} \right) dx$$

$$= \tan\frac{x}{2} - \int \frac{du}{(1-u^2)(1+u)} \quad (u = \cos x)$$

$$= \tan\frac{x}{2} - \frac{1}{2}\int \left(\frac{1}{1-u} + \frac{1}{1+u} \right)\frac{1}{1+u} du$$

$$= \tan\frac{x}{2} - \frac{1}{2}\int\left(\frac{1}{2}\left(\frac{1}{1-u}+\frac{1}{1+u}\right)+\frac{1}{(1+u)^2}\right)\mathrm{d}u$$

$$= \tan\frac{x}{2} - \frac{1}{4}\ln\frac{1+u}{1-u}+\frac{1}{2}\frac{1}{1+u}+c$$

$$= \tan\frac{x}{2} + \frac{1}{2(1+\cos x)}+\frac{1}{4}\ln\frac{1-\cos x}{1+\cos x}+c.$$

（方法三）令 $u=\tan\frac{x}{2}$，则 $\sin x=\frac{2u}{1+u^2}$，$\cos x=\frac{1-u^2}{1+u^2}$. 那么，

$$\int\frac{1+\sin x}{\sin x(1+\cos x)}\mathrm{d}x = \int\frac{\left(1+\frac{2u}{1+u^2}\right)}{\frac{2u}{1+u^2}\left(1+\frac{1-u^2}{1+u^2}\right)}\mathrm{d}(2\arctan u)$$

$$=\frac{1}{2}\int\left(u+2+\frac{1}{u}\right)\mathrm{d}u$$

$$=\frac{u^2}{4}+u+\frac{1}{2}\ln|u|+c$$

$$=\frac{\tan^2\frac{x}{2}}{4}+\tan\frac{x}{2}+\frac{1}{2}\ln\left|\tan\frac{x}{2}\right|+c.$$

注： 因为 $\tan^2\frac{x}{2}=\frac{2\sin^2\frac{x}{2}}{2\cos^2\frac{x}{2}}=\frac{1-\cos x}{1+\cos x}$，故方法三的结果与前面结果的表达式不同，但本质一样.

方法一和方法二的解题思路基于对题目结构特征的分析. 其分母为乘积形式，考虑利用拆项将分母变得更加简单，也可利用正余弦导数的关系，换元解答题目.

方法三考虑函数特点，利用万能公式，思路比较简单.

上面的例题给我们这样的提示：解决问题的思路来自对题目类型的结构和特点的认真观察.

6.5.2　反函数类的积分：第二换元法 1

这类换元法是为了把被积函数转化为指数正余弦函数或幂函数形式，对某些函数如反函数类（对数函数、根式函数、反三角函数）等，将 x 用参数或反函数表示，直接代入.

例 10　求 $\int\sqrt{1-x}\,\mathrm{d}x$.

解：（方法一）令 $u=\sqrt{1-x}$，则 $x=1-u^2$（单调函数，有反函数）.

那么，$\int\sqrt{1-x}\,\mathrm{d}x = \int u\,\mathrm{d}(1-u^2)$

$$=-2\int u^2\,\mathrm{d}u$$

$$=-\frac{2}{3}u^3+c$$

$$=-\frac{2}{3}(\sqrt{1-x})^3+c.$$

（方法二）$\displaystyle\int \sqrt{1-x}\,\mathrm{d}x =-\int \sqrt{1-x}\,\mathrm{d}(1-x)$

$$=-\frac{2}{3}(\sqrt{1-x})^3+c.$$

例 11　求 $\displaystyle\int \frac{1}{\sqrt{x}+\sqrt[3]{x}}\,\mathrm{d}x$.

解： 令 $u=\sqrt[6]{x}$ ，则 $x=u^6$（将 $x^{\frac{1}{6}}$ 看作 1 次，x 则为 6 次，可使分母没有根式）.

那么，$\displaystyle\int \frac{1}{\sqrt{x}+\sqrt[3]{x}}\,\mathrm{d}x =\int \frac{1}{u^3+u^2}\,\mathrm{d}u^6$

$$=6\int \frac{u^5}{u^3+u^2}\,\mathrm{d}u$$

$$=6\int \frac{u^3+1-1}{u+1}\,\mathrm{d}u$$

$$=6\int \left(u^2-u+1-\frac{1}{u+1}\right)\mathrm{d}u$$

$$=2u^3-3u^2+6u-6\ln(u+1)+c$$

$$=2\sqrt{x}-3\sqrt[3]{x}+6\sqrt[6]{x}-\ln(\sqrt[6]{x}+1)+c.$$

例 12　求 $\displaystyle\int \sqrt{1+\mathrm{e}^x}\,\mathrm{d}x$.

解： 令 $u=\sqrt{1+\mathrm{e}^x}$ ，则 $x=\ln(u^2-1)$. 那么，

$$\int \sqrt{1+\mathrm{e}^x}\,\mathrm{d}x =\int u\,\mathrm{d}(\ln(u^2-1))$$

$$=\int \frac{2u^2}{u^2-1}\,\mathrm{d}u$$

$$=2\int \left(1+\frac{1}{u^2-1}\right)\mathrm{d}u$$

$$=2u+\int \left(\frac{1}{u-1}-\frac{1}{u+1}\right)\mathrm{d}u$$

$$=2u+\ln\frac{u-1}{u+1}+c$$

$$=2\sqrt{1+\mathrm{e}^x}+\ln\frac{\sqrt{1+\mathrm{e}^x}-1}{\sqrt{1+\mathrm{e}^x}+1}+c.$$

例 13　求 $\displaystyle\int x^2\ln x\,\mathrm{d}x$.

解：（方法一）用分部积分法.

（方法二）令 $u=\ln x$ ，则 $x=\mathrm{e}^u$. 那么，

$$\int x^2\ln x\,\mathrm{d}x =\int \mathrm{e}^{2u}u\,\mathrm{d}\mathrm{e}^u$$

$$=\int u\mathrm{e}^{3u}\,\mathrm{d}u$$

$$= \frac{1}{3}\int u \mathrm{d}e^{3u}$$

$$= \frac{1}{3}\left(ue^{3u} - \int e^{3u}\mathrm{d}u\right)$$

$$= \frac{1}{3}\left(ue^{3u} - \frac{1}{3}e^{3u}\right) + c$$

$$= \frac{1}{3}x^3\ln x - \frac{1}{9}x^3 + c.$$

6.5.3 二次函数 $a^2 \pm x^2$ 类的积分：第二换元法 2

例 14 求 $\int \frac{2\arcsin 2x}{\sqrt{1-4x^2}}\mathrm{d}x$.

解：（方法一）$\int \frac{2\arcsin 2x}{\sqrt{1-4x^2}}\mathrm{d}x = \int \frac{\arcsin 2x}{\sqrt{1-(2x)^2}}\mathrm{d}(2x)$

$$= \int \arcsin 2x \mathrm{d}\arcsin 2x$$

$$= \frac{1}{2}(\arcsin 2x)^2 + c.$$

（方法二）令 $u = \arcsin 2x$（单调），则 $x = \frac{\sin u}{2}$，$\sqrt{1-4x^2} = \cos u$.

那么，$\int \frac{2\arcsin 2x}{\sqrt{1-4x^2}}\mathrm{d}x = \int \frac{2u}{\cos u}\mathrm{d}\left(\frac{\sin u}{2}\right)$

$$= \int u\mathrm{d}u$$

$$= \frac{1}{2}u^2 + c$$

$$= \frac{1}{2}(\arcsin 2x)^2 + c.$$

（方法三）设 1 和 $2x$ 分别为直角三角形的斜边和对边. 令 $\sin u = \frac{2x}{1}$，则有 $u = \arcsin 2x$. 解法同上.

例 15 求 $\int \frac{\mathrm{d}x}{\sqrt{4+x^2}}$.

分析：此根式不是单调函数. 将 2，x 看作直角边.

解：令 $\tan u = \frac{x}{2}$，则有 $x = 2\tan u$，$u = \arctan\frac{x}{2}$，$\frac{2}{\sqrt{4+x^2}} = \cos u$. 那么，

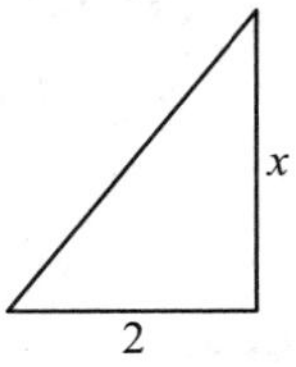

$$\int \frac{\mathrm{d}x}{\sqrt{4+x^2}} = \frac{1}{2}\int \cos u \mathrm{d}(2\tan u)$$

$$= \int \frac{\cos u}{\cos^2 u}\mathrm{d}u$$

$$= \int \frac{1}{1-\sin^2 u}\mathrm{d}\sin u$$

图 6-14

$$= \frac{1}{2}\ln\frac{1+\sin u}{1-\sin u}+c_1$$

$$= \frac{1}{2}\ln\left|\frac{1+\dfrac{x}{\sqrt{4+x^2}}}{1-\dfrac{x}{\sqrt{4+x^2}}}\right|+c_1$$

$$= \ln\left|\sqrt{4+x^2}+x\right|+c.$$

例 16 求 $\displaystyle\int \frac{\mathrm{d}x}{\sqrt{x^2+4x+3}}$.

解：（方法一）$\displaystyle\int \frac{\mathrm{d}x}{\sqrt{(x+2)^2-1}} = \ln\left|x+2+\sqrt{x^2+4x+3}\right|+c.$

（用公式 $\displaystyle\int \frac{\mathrm{d}x}{\sqrt{x^2-a^2}} = \ln\left|x+\sqrt{x^2-a^2}\right|+c$）

（方法二）以 $x+2$ 为斜边，1 为直角边．令 $x=\csc u-2$，则

$$\int \frac{\mathrm{d}x}{\sqrt{x^2+4x+3}} = \int \frac{\mathrm{d}x}{\sqrt{(x+2)^2-1}}$$

$$= \int \tan u\,\mathrm{d}(\csc u-2) = -\int \csc u\,\mathrm{d}u$$

$$= -\int \frac{\sin u}{1-\cos^2 u}\mathrm{d}u = \frac{1}{2}\int\left(\frac{1}{1+\cos u}+\frac{1}{1-\cos u}\right)\mathrm{d}\cos u$$

$$= \frac{1}{2}\ln\frac{1+\cos u}{1-\cos u}+c$$

$$= \frac{1}{2}\ln\frac{1+\dfrac{\sqrt{x^2+4x+3}}{x+2}}{1-\dfrac{\sqrt{x^2+4x+3}}{x+2}}+c$$

$$= \frac{1}{2}\ln\frac{x+2+\sqrt{x^2+4x+3}}{x+2-\sqrt{x^2+4x+3}}+c.$$

例 17 求 $\displaystyle\int \sqrt{\frac{x-1}{x+1}}\,\mathrm{d}x \quad (x>1)$.

解：（方法一）令 $x=\sec t$，$\sqrt{\dfrac{x-1}{x+1}}=\dfrac{x-1}{\sqrt{x^2-1}}$，则

$$\int \sqrt{\frac{x-1}{x+1}}\,\mathrm{d}x = \int (\sec t-1)\cot t\,\mathrm{d}\sec t$$

$$= \int (\sec t-1)\sec t\,\mathrm{d}t$$

$$= \int\left(\sec^2 t-\frac{1}{\cos t}\right)\mathrm{d}t$$

$$= \tan t-\int \frac{\cos t}{\cos^2 t}\mathrm{d}t$$

$$= \tan t-\int \frac{1}{1-u^2}\mathrm{d}u \quad (\text{令 } u=\sin t)$$

$$= \tan t - \frac{1}{2}\int\left(\frac{1}{1-u}+\frac{1}{1+u}\right)\mathrm{d}u$$

$$= \tan t + \frac{1}{2}(\ln(1-u)-\ln(1+u))+c$$

$$= \sqrt{x^2-1}+\frac{1}{2}\ln\frac{1-\sin t}{1+\sin t}+c$$

$$= \sqrt{x^2-1}+\frac{1}{2}\ln\frac{x-\sqrt{x^2-1}}{x+\sqrt{x^2-1}}+c.$$

（方法二）$\displaystyle\int\sqrt{\frac{x-1}{x+1}}\,\mathrm{d}x$

$$= \int\frac{x-1}{\sqrt{x^2-1}}\,\mathrm{d}x$$

$$= \int\frac{x}{\sqrt{x^2-1}}\,\mathrm{d}x-\int\frac{1}{\sqrt{x^2-1}}\,\mathrm{d}x$$

$$= \int\frac{2x}{2\sqrt{x^2-1}}\,\mathrm{d}x-\int\cot t\,\mathrm{d}\sec t \qquad (\text{令 } x=\sec t)$$

$$= \sqrt{x^2-1}-\int\frac{1}{\cos t}\,\mathrm{d}t$$

$$= \sqrt{x^2-1}-\int\frac{1}{1-\sin^2 t}\,\mathrm{d}\sin t$$

$$= \sqrt{x^2-1}-\frac{1}{2}\int\left(\frac{1}{1-u}+\frac{1}{1+u}\right)\mathrm{d}u \qquad (\text{令 } u=\sin t)$$

$$= \sqrt{x^2-1}+\frac{1}{2}\ln\frac{x-\sqrt{x^2-1}}{x+\sqrt{x^2-1}}+c$$

$$= \sqrt{x^2-1}-\ln(x+\sqrt{x^2-1})+c$$

例 18　求 $\displaystyle\int \mathrm{e}^{x^2}\,\mathrm{d}x$.

解：$\displaystyle\int \mathrm{e}^{x^2}\,\mathrm{d}x = \int\left(1+x^2+\frac{x^4}{2!}+\cdots+\frac{x^{2n}}{n!}+\cdots\right)\mathrm{d}x$

$$= x+\frac{x^3}{3}+\frac{x^5}{5\times 2!}+\cdots+\frac{x^{2n+1}}{(2n+1)\times n!}+\cdots+c.$$

例 19　圆形钟表的秒针每秒走过的弧长是相等的．开始观察时，秒针指向数据 3. 设秒针的半径为 1，求 t 秒后，秒针走过的弧长总长（包括已走弧长）．

解：设 t 秒时走过的弧长为 $s(t)$．因为每秒走过的弧长相等，所以弧长的增加速度是不变的，即

$$\frac{\mathrm{d}s}{\mathrm{d}t}=k \quad (k \text{ 为常数}).$$

所以，

$$\mathrm{d}s=k\mathrm{d}t,$$

$$\int\mathrm{d}s=\int k\mathrm{d}t,$$

$$s=kt+c.$$

由秒针 60 秒走完一圈可知，$s(60) - s(0) = 60k = 2\pi$，$k = \dfrac{2\pi}{60} = \dfrac{\pi}{30}$；又当 $t = 0$ 时，

$s(0) = \dfrac{2\pi}{4} = \dfrac{\pi}{2}$，所以

$$s(0) = \frac{\pi \cdot 0}{30} + c = \frac{\pi}{2}.$$

从而 $c = \dfrac{\pi}{2}$，故

$$s = \frac{\pi}{30}t + \frac{\pi}{2}.$$

例 20 装满液体的容器使用时间已久，产生了一个小洞．因为老化和液体压力的原因，破洞不断变大．根据观察，半径为 1 时液体漏出速度为 2π．设洞口半径为 x，试求漏出液体总量 v 与半径的关系式.

解：洞口越大，液体漏出速度越快，说明漏出速度与半径直接相关，即

$$\frac{\mathrm{d}v}{\mathrm{d}x} = kx \ (k \ \text{为常数}),$$

从而 $\mathrm{d}v = kx\mathrm{d}x$，故

$$\int \mathrm{d}v = \int kx\mathrm{d}x.$$

因此，$v = \dfrac{k}{2}x^2 + c.$

由 $v'(1) = 2\pi$，得到 $k = 2\pi$，又 $x = 0$ 时，$v(0) = 0$，可知 $c = 0$，从而得到

$v = \pi x^2.$

例 21 植物的繁衍速度与植物的密度（单位面积的植物数量）相关．密度较小时，繁衍速度较快，达到一定密度时，繁衍速度减缓．假设繁衍速度关于密度的函数呈现自然对数状态（如图 6 - 15 所示）．试求植物数量 L 与密度 x 的关系.

解：$\dfrac{\mathrm{d}L}{\mathrm{d}x} = k\ln(1+x) \ (k \ \text{为待定常数}).$

所以，$\mathrm{d}L = k\ln(1+x)\mathrm{d}x.$

从而，
$$\begin{aligned}
L &= k\int x'\ln(1+x)\mathrm{d}x \\
&= k\left(x\ln(1+x) - \int \frac{x}{x+1}\mathrm{d}x\right) \\
&= kx\ln(1+x) - k\int \left(1 - \frac{1}{x+1}\right)\mathrm{d}x \\
&= k(x+1)\ln(1+x) - kx + c.
\end{aligned}$$

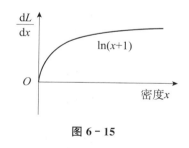

图 6 - 15

当密度为 0 时，植物数量为 0，所以 $c = 0$，故

$L = k(x+1)\ln(x+1) - kx.$

习题 6.5

1. 求下列不定积分：

(1) $\displaystyle\int \cos x \sin x\mathrm{d}x$；

(2) $\displaystyle\int \sin^4 x\mathrm{d}x$；

(3) $\int \cos^2 x \sin x \mathrm{d}x$;

(4) $\int \tan^4 x \mathrm{d}x$;

(5) $\int \sin 5x \cos 7x \mathrm{d}x$;

(6) $\int \cos 2x \cos 3x \mathrm{d}x$;

(7) $\int \tan^3 x \sec x \mathrm{d}x$;

(8) $\int \dfrac{\cos x}{1-\sin x} \mathrm{d}x$;

(9) $\int \cos 2x \sin^2 x \mathrm{d}x$.

2. 求下列不定积分：

(1) $\int \sqrt{3+x}\, \mathrm{d}x$;

(2) $\int \dfrac{x+1}{\sqrt[3]{x}} \mathrm{d}x$;

(3) $\int \dfrac{\sqrt{x-1}}{x} \mathrm{d}x$;

(4) $\int \dfrac{1}{\sqrt{1+\mathrm{e}^x}} \mathrm{d}x$;

(5) $\int \dfrac{\mathrm{d}x}{\sqrt[3]{5-3x}}$;

(6) $\int \dfrac{1}{\sqrt{2x+3}+\sqrt{2x-1}} \mathrm{d}x$.

3. 求下列不定积分：

(1) $\int \dfrac{x}{\sqrt{x^2+1}} \mathrm{d}x$;

(2) $\int \dfrac{1}{\sqrt{x^2-1}} \mathrm{d}x$;

(3) $\int \dfrac{4x-2}{x^2+2x+2} \mathrm{d}x$;

(4) $\int \dfrac{x}{4-x^2} \mathrm{d}x$;

(5) $\int \dfrac{\sqrt{1-x^2}}{x} \mathrm{d}x$;

(6) $\int \sqrt{x^2-4x+5}\, \mathrm{d}x$.

4. 求下列不定积分：

(1) $\int \dfrac{\sqrt{x}}{\sqrt[3]{x}-1} \mathrm{d}x$;

(2) $\int \dfrac{\mathrm{d}x}{1+\cos 2x}$;

(3) $\int \left(\dfrac{1}{\sqrt{x-1}} + \dfrac{x}{\sqrt{x^2-1}} \right) \mathrm{d}x$;

(4) $\int x^2 \ln(x+3) \mathrm{d}x$;

(5) $\int \dfrac{\cos x}{1+\cos 2x} \mathrm{d}x$;

(6) $\int \dfrac{x^3+2}{x^2-1} \mathrm{d}x$;

(7) $\int \sin 4x \cos^2 x \mathrm{d}x$;

(8) $\int \dfrac{4x-1}{(x+1)(2x^2-x-1)} \mathrm{d}x$;

(9) $\int \dfrac{\arcsin \sqrt{x}}{\sqrt{1-x}} \mathrm{d}x$;

(10) $\int \mathrm{e}^x \sin 2x \mathrm{d}x$;

(11) $\int \dfrac{1}{x(x^6+1)} \mathrm{d}x$;

(12) $\int x^3 \mathrm{e}^{x^2} \mathrm{d}x$.

5. 求函数 $f(x)$，使得 $f'(x) = \dfrac{1}{\sqrt{x+1}}$ 且 $f(0)=1$.

6. 函数 $f(x) = \dfrac{\mathrm{e}^x}{x}$，求 $\int x f''(x) \mathrm{d}x$.

6.6　定积分的计算与运用

6.6.1　极限问题

例 1　求 $\lim\limits_{n\to\infty}\sum\limits_{i=1}^{n}\dfrac{1}{n+i}$.

解：$\lim\limits_{n\to\infty}\sum\limits_{i=1}^{n}\dfrac{1}{n+i}=\lim\limits_{n\to\infty}\left(\dfrac{1}{n+1}+\dfrac{1}{n+2}+\cdots+\dfrac{1}{n+n}\right)$

$$=\lim\limits_{n\to\infty}\dfrac{1}{n}\left[\dfrac{1}{1+\dfrac{1}{n}}+\dfrac{1}{1+\dfrac{2}{n}}+\cdots+\dfrac{1}{1+\dfrac{n}{n}}\right]$$

$$=\int_0^1\dfrac{1}{1+x}\mathrm{d}x\quad(\text{定积分的定义})$$

$$=\ln(1+x)\Big|_0^1=\ln 2.$$

例 2　求 $\lim\limits_{n\to\infty}\sum\limits_{i=0}^{n-1}\dfrac{1}{\sqrt{n^2-i^2}}$.

解：$\lim\limits_{n\to\infty}\sum\limits_{i=0}^{n-1}\dfrac{1}{\sqrt{n^2-i^2}}$

$$=\lim\limits_{n\to\infty}\dfrac{1}{n}\left[\dfrac{1}{\sqrt{1-\left(\dfrac{0}{n}\right)^2}}+\dfrac{1}{\sqrt{1-\left(\dfrac{1}{n}\right)^2}}+\dfrac{1}{\sqrt{1-\left(\dfrac{2}{n}\right)^2}}+\cdots+\dfrac{1}{\sqrt{1-\left(\dfrac{n-1}{n}\right)^2}}\right]$$

$$=\int_0^1\dfrac{1}{\sqrt{1-x^2}}\mathrm{d}x$$

$$=\arcsin x\Big|_0^1=\dfrac{\pi}{2}.$$

例 3　求 $\lim\limits_{x\to 0}\dfrac{\displaystyle\int_0^x \mathrm{e}^{2t}\mathrm{d}t}{\sin x}$.

解：（方法一）$\displaystyle\int_0^x \mathrm{e}^{2t}\mathrm{d}t=\dfrac{1}{2}(\mathrm{e}^{2x}-1)$,

$$\lim\limits_{x\to 0}\dfrac{\displaystyle\int_0^x \mathrm{e}^{2t}\mathrm{d}t}{\sin x}=\lim\limits_{x\to 0}\dfrac{\mathrm{e}^{2x}-1}{2\sin x}=\lim\limits_{x\to 0}\dfrac{2x}{2x}=1.$$

（方法二）$\lim\limits_{x\to 0}\dfrac{\displaystyle\int_0^x \mathrm{e}^{2t}\mathrm{d}t}{\sin x}=\lim\limits_{x\to 0}\dfrac{\left(\displaystyle\int_0^x \mathrm{e}^{2t}\mathrm{d}t\right)'}{(\sin x)'}$　（洛必达法则）

$$=\lim\limits_{x\to 0}\dfrac{\mathrm{e}^{2x}}{\cos x}=1.$$

6.6.2 定积分的换元法

前面我们学习了牛顿-莱布尼茨公式

$$\int_a^x f(t)\mathrm{d}t = F(t)\Big|_a^x = F(x) - F(a)，这里 F'(x) = f(x).$$

设 $F'(u) = f(u)，u = u(x)$，则有

$$\int_{u(a)}^{u(x)} f(t)\mathrm{d}t = F(t)\Big|_{u(a)}^{u(x)} = F(u(x)) - F(u(a)).$$

因

$$\int_a^x f(u)u'(t)\mathrm{d}t = \int_a^x F'(u)u'(t)\mathrm{d}t$$

$$= \int_a^x \big[F(u(t))\big]'\mathrm{d}t$$

$$= F(u(t))\Big|_a^x$$

$$= F(u(x)) - F(u(a)),$$

故 $\int_a^x f(u)u'(t)\mathrm{d}t = \int_{u(a)}^{u(x)} f(t)\mathrm{d}t = \int_{u(a)}^{u(x)} f(u)\mathrm{d}u$.（以 u 换 t 不影响结果）

例 4 求 $\int_1^2 x\sqrt{1+x^2}\,\mathrm{d}x$.

解：（方法一）$\int_1^2 x\sqrt{1+x^2}\,\mathrm{d}x = \dfrac{1}{2}\int_1^2 2x\sqrt{1+x^2}\,\mathrm{d}x$

$$= \frac{1}{2} \times \frac{2}{3}\int_1^2 \big[(1+x^2)^{\frac{3}{2}}\big]'\mathrm{d}x$$

$$= \frac{1}{3}(1+x^2)^{\frac{3}{2}}\Big|_1^2$$

$$= \frac{5\sqrt{5}}{3} - \frac{2\sqrt{2}}{3}.$$

（方法二）$\int_1^2 x\sqrt{1+x^2}\,\mathrm{d}x = \dfrac{1}{2}\int_1^2 2x\sqrt{1+x^2}\,\mathrm{d}x$

$$= \frac{1}{2}\int_1^2 \sqrt{1+x^2}\,\mathrm{d}(1+x^2)$$

$$= \frac{1}{2}\int_2^5 \sqrt{u}\,\mathrm{d}u \quad (\text{令 } u = 1+x^2)$$

$$= \frac{1}{3}u^{\frac{3}{2}}\Big|_2^5$$

$$= \frac{5\sqrt{5}}{3} - \frac{2\sqrt{2}}{3}.$$

例 5 求 $\int_0^\pi \cos\dfrac{x}{2}\,\mathrm{d}x$.

解：$\int_0^\pi \cos\dfrac{x}{2}\,\mathrm{d}x = 2\sin\dfrac{x}{2}\Big|_0^\pi = 2.$

例 6　求 $\displaystyle\int_0^{\sqrt{\pi}} 2x^3 \sin(x^2)\,\mathrm{d}x$.

解： $\displaystyle\int_0^{\sqrt{\pi}} 2x^3 \sin(x^2)\,\mathrm{d}x = \int_0^{\sqrt{\pi}} x^2 \sin(x^2)\,\mathrm{d}x^2$

$$\overset{u=x^2}{=} \int_0^{\pi} u\sin u\,\mathrm{d}u$$

$$= -u\cos u\Big|_0^{\pi} + \int_0^{\pi} \cos u\,\mathrm{d}u$$

$$= \pi + \sin u\Big|_0^{\pi}$$

$$= \pi .$$

例 7　证明：（1）连续奇函数在对称区间的积分为 0 .

　　　　　　（2）偶函数在对称区间的积分为半区间积分的两倍.

证明：（1）设 $f(x)$ 为 $[-a，a]$ 上的连续奇函数.

$$\int_{-a}^{a} f(x)\,\mathrm{d}x = \int_{-a}^{0} f(x)\,\mathrm{d}x + \int_0^{a} f(x)\,\mathrm{d}x$$

$$\int_{-a}^{0} f(x)\,\mathrm{d}x = \int_a^{0} f(-t)\,\mathrm{d}(-t) \quad （令 \, x=-t）$$

$$= \int_0^{a} f(-t)\,\mathrm{d}t = -\int_0^{a} f(t)\,\mathrm{d}t = -\int_0^{a} f(x)\,\mathrm{d}x .$$

所以 $\displaystyle\int_{-a}^{a} f(x)\,\mathrm{d}x = 0$.

同理可证（2）.

例 8　证明：$\displaystyle\int_0^{\frac{\pi}{2}} f(\sin x)\,\mathrm{d}x = \int_0^{\frac{\pi}{2}} f(\cos x)\,\mathrm{d}x$.

证明： 令 $x=\dfrac{\pi}{2}-t$ （积分区间相同，正余弦转换，使被积函数一致）.

$$\int_0^{\frac{\pi}{2}} f(\sin x)\,\mathrm{d}x = \int_{\frac{\pi}{2}}^{0} f(\cos t)\,\mathrm{d}(\frac{\pi}{2}-t)$$

$$= -\int_{\frac{\pi}{2}}^{0} f(\cos t)\,\mathrm{d}t$$

$$= \int_0^{\frac{\pi}{2}} f(\cos t)\,\mathrm{d}t = \int_0^{\frac{\pi}{2}} f(\cos x)\,\mathrm{d}x \quad （x \, 换为 \, t，计算所得结果相同）.$$

对于积分等式的证明，寻找左右两个积分的变量 x 和 t 的关系是关键. 例 7 中，积分区间不同，被积函数表达式相同，要证明 $\displaystyle\int_{-a}^{0} f(x)\,\mathrm{d}x = -\int_0^{a} f(t)\,\mathrm{d}t$ ，需要转换到相同的区间. 所以取 $x=-t$. 例 8 中，积分区间相同，被积函数不同，需要转化为相同的函数，即 $\sin x = \cos t$ ，所以令 $x=\dfrac{\pi}{2}-t$.

例 9　证明：$\displaystyle\int_0^{\pi} x f(\sin x)\,\mathrm{d}x = \frac{\pi}{2}\int_0^{\pi} f(\sin x)\,\mathrm{d}x$.

分析： 积分区间相同，左式中的被积函数多一个 x，右式中的被积函数多一个系数 $\dfrac{\pi}{2}$.

（1）需从左式分出右式的积分函数；（2）作变换而积分函数不改变.

证明：$\displaystyle\int_0^\pi xf(\sin x)\mathrm{d}x = \int_0^\pi (x-\pi)f(\sin x)\mathrm{d}x + \int_0^\pi \pi f(\sin x)\mathrm{d}x$

$$\xlongequal{t=\pi-x} -\int_\pi^0 tf(\sin(\pi-t))\mathrm{d}(\pi-t) + \pi\int_0^\pi f(\sin x)\mathrm{d}x$$

$$= -\int_0^\pi tf(\sin t)\mathrm{d}t + \pi\int_0^\pi f(\sin x)\mathrm{d}x$$

$$= -\int_0^\pi xf(\sin x)\mathrm{d}x + \pi\int_0^\pi f(\sin x)\mathrm{d}x \quad (\text{前式 } t=x).$$

移项，得

$$2\int_0^\pi xf(\sin x)\mathrm{d}x = \pi\int_0^\pi f(\sin x)\mathrm{d}x.$$

因此，$\displaystyle\int_0^\pi xf(\sin x)\mathrm{d}x = \frac{\pi}{2}\int_0^\pi f(\sin x)\mathrm{d}x.$

例 10 已知 $f(x)$ 为奇函数，$\displaystyle\int_0^\pi f(\sin x)\mathrm{d}x = a$，利用奇偶性计算：

$$\int_{-\pi}^\pi (xf(\cos x) + xf(\sin x))\mathrm{d}x.$$

解：（方法一）令 $F(x) = xf(\cos x)$，则 $F(-x) = -xf(\cos(-x)) = -xf(\cos x)$，从而 $F(x)$ 为奇函数.

令 $G(x) = xf(\sin x)$，则 $G(-x) = -xf(\sin(-x)) = -xf(-\sin x) = xf(\sin x)$，从而 $G(x)$ 为偶函数.

那么，$\displaystyle\int_{-\pi}^\pi (xf(\cos x) + xf(\sin x))\mathrm{d}x$

$$= 0 + 2\int_0^\pi xf(\sin x)\mathrm{d}x$$

$$= \pi\int_0^\pi f(\sin x)\mathrm{d}x = a\pi \quad (\text{利用上例结论}).$$

（方法二）$\displaystyle\int_{-\pi}^\pi (xf(\cos x) + xf(\sin x))\mathrm{d}x$

$$= \int_{-\pi}^0 (xf(\cos x) + xf(\sin x))\mathrm{d}x + \int_0^\pi (xf(\cos x) + xf(\sin x))\mathrm{d}x$$

$$\xlongequal{t=-x} -\int_\pi^0 t(f(\cos(-t)) + f(\sin(-t)))\mathrm{d}(-t) + \int_0^\pi x(f(\cos x) + f(\sin x))\mathrm{d}x$$

$$= \int_0^\pi t(-f(\cos t) + f(\sin t))\mathrm{d}t + \int_0^\pi x(f(\cos x) + f(\sin x))\mathrm{d}x$$

$$= 2\int_0^\pi xf(\sin x)\mathrm{d}x$$

$$= \pi\int_0^\pi f(\sin x)\mathrm{d}x$$

$$= a\pi.$$

6.6.3 定积分微元法的运用

例 11 物体位移速度为 $s'=2t^2-t+1$，求从 $t=1$ 到 $t=3$ 这段时间的位移.

解：物体在 $\mathrm{d}t$ 秒内产生的从 t 秒到 $t+\mathrm{d}t$ 秒的瞬间位移（如图 6-16 所示）为

$$\mathrm{d}s(t)=s'(t)\mathrm{d}t.$$

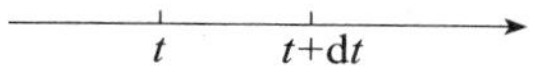

那么，从 $t=1$ 到 $t=3$ 每一瞬间的位移之和为

$$s(1,3)=\int_1^3 (2t^2-t+1)\mathrm{d}t$$

$$=\left(\frac{2}{3}t^3-\frac{1}{2}t^2+t\right)\Big|_1^3=\frac{46}{3}.$$

图 6-16

例 12 圆柱形水池深 5m，底半径为 3m，将所有水抽出，需作多少功？

分析：抽出不同深度的水所作的功不同，它与被抽出的水的重量和高度有关.

解：设 x 为水到池口的高度，x，$x+\mathrm{d}x$ 之间的水的体积为

$$\mathrm{d}v(x)=9\pi\mathrm{d}x.$$

水的比重为 1，这部分水的重量为：$1\mathrm{d}v(x)=9\pi\mathrm{d}x$.

抽取这部分的水需作功：$9\pi x\mathrm{d}x$.

而抽完所有水所作的功为抽出不同高度的水所作功的总和. 所以，

$$w=\int_0^5 9x\pi\mathrm{d}x=\frac{9\pi}{2}x^2\Big|_0^5=\frac{225}{2}\pi.$$

例 13 销售 x 件某商品的边际收益为 $R'(x)=0.2x+1$，$R(0)=-100$. 求收益函数及在区间 $[50,100]$ 上的收益 $R(50,100)$.

分析：销量 x 到销量 $x+\mathrm{d}x$ 所产生的收益微量为 x 处的边际收益与销量的乘积，即 $R'(x)\mathrm{d}x$，在区间段内的收益为各售出商品所产生的收益之和.

解：（方法一）$[x,x+\mathrm{d}x]$ 之间的销售收益微量为 $R'(x)\mathrm{d}x$，从销售 0 件到销售 x 件的销售总收益为

$$R(x)-R(0)=\int_0^x R'(t)\mathrm{d}t$$

$$=\int_0^x (0.2t+1)\mathrm{d}t$$

$$=(0.1t^2+t)\big|_0^x$$

$$=0.1x^2+x.$$

所以，$R(x)=0.1x^2+x+R(0)=0.1x^2+x-100$.

故 $R(50,100)=R(100)-R(50)$（或 $\int_{50}^{100} R'(t)\mathrm{d}t$）

$$=1\,000-200=800.$$

（方法二）$[x,x+\mathrm{d}x]$ 之间的销售收益微量为 $R'(x)\mathrm{d}x$，销量 50 件到销量 100 件产生的收益为各件商品销售收益之和

$$R(50,100)=\int_{50}^{100} R'(x)\mathrm{d}x$$

$$= \int_{50}^{100} (0.2x+1)\mathrm{d}x$$
$$= (0.1x^2+x) \ \Big|_{50}^{100}$$
$$= 800.$$

6.6.4 平面图形的面积

设 $f(x)$，$g(x)$ 在 $[a, b]$ 上连续，且 $f(x) \geqslant g(x)$．那么这两个函数与 $x=a$，$x=b$ 围成的图形面积为

$$S = \int_a^b (f(x)-g(x))\mathrm{d}x.$$

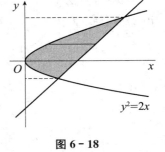

如图 6-17 所示，$f(x)-g(x)$ 为图形在 x 处的高度，$\mathrm{d}x$ 为点 x 处的宽度，$(f(x)-g(x))\mathrm{d}x$ 为 x 处的微小面积（面积微元）．上式表达的是，图形面积由 a 到 b 各点的面积微元累加得到．

图 6-17

例 14 求 $y=x^2$ 与 $y=x+2$ 围成的图形的面积.

解： 先确定积分区间.

求 $\begin{cases} y = x^2 \\ y = x+2 \end{cases}$ 的交点，得 $x=-1$，$x=2$.

$$S = \int_{-1}^{2} ((x+2)-x^2)\mathrm{d}x$$
$$= \left(\frac{1}{2}x^2 + 2x - \frac{1}{3}x^3 \right) \Big|_{-1}^{2} = \frac{9}{2}.$$

例 15 求 $y^2=2x$ 与 $y=x-4$ 围成的图形的面积（如图 6-18 所示）.

分析： $y^2=2x$ 不是关于 x 的函数，隐含 $y=\pm\sqrt{2x}$．图形由三个函数围成．需分块计算，计算量较大．如果将 y 当作自变量，图形只有两个函数，计算较为简便．

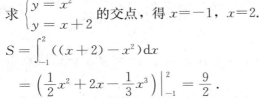

图 6-18

解：（方法一）确定积分区间.

联立 $\begin{cases} y^2 = 2x \\ y = x-4 \end{cases}$，得交点为 $(2, -2)$，$(8, 4)$.

$$S = \int_{-2}^{4} \left((y+4) - \frac{1}{2}y^2\right)\mathrm{d}y$$
$$= \left(\frac{1}{2}y^2 + 4y - \frac{1}{6}y^3 \right) \Big|_{-2}^{4} = 18.$$

（方法二）（微元法）：求交点，得 $(2, -2)$，$(8, 4)$．所以 $-2 \leqslant y \leqslant 4$.
在 $[-2, 4]$ 上任取一个 y，有

$$x_2(y) - x_1(y) = y + 4 - \frac{1}{2}y^2.$$

y 处的面积微元为 $\mathrm{d}S(y) = \left(y + 4 - \frac{1}{2}y^2\right)\mathrm{d}y$，将所有微元累加，得到

$$S = \int_{-2}^{4} \left(y + 4 - \frac{1}{2} y^2 \right) \mathrm{d}y$$

$$= \left(\frac{1}{2} y^2 + 4y - \frac{1}{6} y^3 \right) \Big|_{-2}^{4} = 18.$$

6.6.5 几何体的体积

函数 $y = f(x)$ 与 x 轴 $y = 0$ 在 $[a, b]$ 上围成的图形绕着 x 轴旋转，可以得到一个旋转体. 在 $[a, b]$ 上任取 x，则此处的横截面是半径为 $R = f(x)$ 的圆，面积为

$$S(x) = \pi f^2(x).$$

取 x 的增量为 Δx，截得一个圆台. 当 $\Delta x \to 0$ 时，Δx 记为 $\mathrm{d}x$，圆台趋于圆柱（如图 6-19 所示）. 那么，在 x 处的微小体积为

$$\mathrm{d}V(x) = S(x)\mathrm{d}x = \pi f^2(x)\mathrm{d}x.$$

把 $[a, b]$ 上的所有微小体积累加，有

$$V(a, b) = \int_a^b S(x)\mathrm{d}x$$

$$= \int_a^b \pi f^2(x)\mathrm{d}x.$$

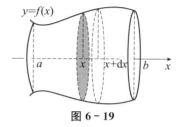

图 6-19

例 16　求球体的体积.

解：设半径为 R 的球体由半圆 $0 \leqslant y \leqslant \sqrt{R^2 - x^2}$ 绕 x 轴旋转得到（如图 6-20 所示）.

$$V = \pi \int_{-R}^{R} f^2(x)\mathrm{d}x$$

$$= \pi \int_{-R}^{R} y^2 \mathrm{d}x$$

$$= \pi \int_{-R}^{R} (R^2 - x^2)\mathrm{d}x$$

$$= \pi \left(R^2 x - \frac{1}{3} x^3 \right) \Big|_{-R}^{R} = \frac{4}{3} \pi R^3.$$

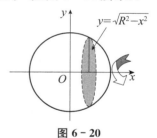

图 6-20

例 17　求抛物线 $y = x^2$ 和 $x = 1, y = 0$ 围成的图形绕 y 轴旋转得到的旋转体的体积（如图 6-21 所示）.

分析：垂直旋转轴 $x = 0$（y 轴）的截面为圆环. 旋转体体积为两个旋转体之差.

解：在 $[0, 1]$ 上任取一个 y，截得圆环，内径 $x_1 = \sqrt{y}$，外径 $x_2 = 1$. 则面积为

$$S(y) = \pi x_2^2 - \pi x_1^2 = \pi - \pi y,$$

$$\mathrm{d}V(y) = S(y)\mathrm{d}y = (\pi - \pi y)\mathrm{d}y,$$

所以，$V = \int_0^1 (\pi - \pi y)\mathrm{d}y$

$$= \pi \left(y - \frac{1}{2} y^2 \right) \Big|_0^1$$

$$= \frac{\pi}{2}.$$

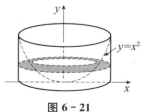

图 6-21

例 18　平面过半径为 R 的圆柱底面圆心，且与圆柱的轴成 $60°$，截得圆柱一小块. 求

它的体积.

解： 以圆心为原点，平面与底面的交线为 x 轴．底圆为 $x^2+y^2=R^2$，垂直直径的截面为三角形，底角不变，为 $60°$，如图 $6-22$ 所示．

在 x 处的体积微元为

$$dV(x)=\frac{1}{2}\sqrt{R^2-x^2}\sqrt{R^2-x^2}\tan 60°dx$$

$$=\frac{\sqrt{3}}{2}(R^2-x^2)dx.$$

所以，$V=\dfrac{\sqrt{3}}{2}\displaystyle\int_{-R}^{R}(R^2-x^2)dx$

$$=\frac{2\sqrt{3}}{3}R^3.$$

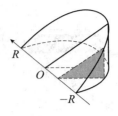

图 6-22

例 19 椎体底面是半径为 R 的圆，顶点在平行底面的平面上，两个平面的距离为 h．求它的体积．

解： 如图 $6-23$ 所示，平行底面的截面为圆．设截面与底面的距离为 x．截面圆的直径 $2r$ 与底圆的直径 $2R$ 有如下关系：

$$\frac{2r}{2R}=\frac{h-x}{h}.$$

化简得到

$$r=\frac{h-x}{h}R,$$

$$dV(x)=\pi\left(\frac{h-x}{h}R\right)^2dx.$$

所以，$V=\pi\displaystyle\int_0^h\left(\frac{h-x}{h}R\right)^2dx$

$$=\pi\frac{R^2}{h^2}\left(h^2x-hx^2+\frac{1}{3}x^3\right)\Big|_0^h$$

$$=\frac{1}{3}\pi hR^2.$$

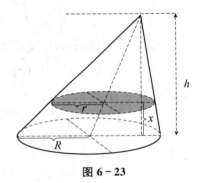

图 6-23

6.6.6 极坐标下的面积微元

设闭合图形由 $\theta=\theta_0$，$\theta=\theta_1$，$r=r(\theta_0)$ 围成（如图 $6-24$ 所示）．在其内取 θ，$\theta+\Delta\theta$ 截得的图形，近似于扇形，$\Delta\theta\to 0$ 时，记为 $d\theta$，面积微元为

$$dS=\frac{1}{2}r^2\Delta\theta=\frac{1}{2}r^2d\theta.$$

例 20 求心形线 $r=a(1+\cos\theta)$ 围成的图形的面积（见图 $6-25$）．

解： $\dfrac{S}{2}=\displaystyle\int_0^\pi\frac{1}{2}a^2(1+\cos\theta)^2d\theta$

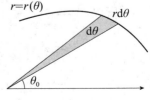

图 6-24

$$= \frac{1}{2}a^2 \int_0^\pi (1 + 2\cos\theta + \cos^2\theta)\,\mathrm{d}\theta$$

$$= \frac{1}{2}a^2 \left(\frac{3}{2}\theta + 2\sin\theta + \frac{1}{4}\sin 2\theta \right) \Big|_0^\pi$$

$$= \frac{3}{4}\pi a^2.$$

所以，$S = \frac{3}{2}\pi a^2.$

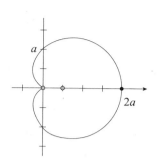

图 6 - 25

例 21 设圆为 $\dfrac{x^2}{a^2} + \dfrac{y^2}{a^2} = 1$，求圆的面积.

解：（方法一）$S = 4\displaystyle\int_0^a \sqrt{a^2 - x^2}\,\mathrm{d}x.$

（方法二）圆的极坐标方程为：$\rho = a.$

那么，$S = 4\displaystyle\int_0^{\frac{\pi}{2}} \frac{\rho^2}{2}\,\mathrm{d}\theta$

$$= 2\int_0^{\frac{\pi}{2}} a^2\,\mathrm{d}\theta$$

$$= 2a^2 \int_0^{\frac{\pi}{2}} \mathrm{d}\theta$$

$$= \pi a^2.$$

6.6.7 \ 弧长计算

先求出弧长微元. 将 x 到 $x+\Delta x$ 的弧长近似看作弦长（当 $\Delta x \to 0$ 时，弧长无限接近弦长）. 因此，弧长为（如图 6 - 26 所示）

$$|\widehat{MM_0}| = \sqrt{(\Delta x)^2 + (\Delta y)^2} \quad (\Delta x > 0)$$

$$= \sqrt{1 + \left(\frac{\Delta y}{\Delta x}\right)^2}\,\Delta x.$$

当 $\Delta x \to 0$ 时，弧长微元 $\mathrm{d}L$ 为

$$\lim_{\Delta x \to 0} |\widehat{MM_0}| = \lim_{\Delta x \to 0} \sqrt{1 + \left(\frac{\Delta y}{\Delta x}\right)^2}\,\Delta x,$$

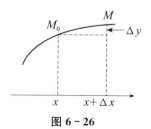

图 6 - 26

即 $\mathrm{d}L = \sqrt{1 + (y')^2}\,\mathrm{d}x.$

例 22 求半径为 1 的圆的周长.

解：先求上半圆的弧长. 设圆的方程为 $x^2 + y^2 = 1$，则有 $y' = -\dfrac{x}{y}$. 所以，

$$L = \int_{-1}^1 \mathrm{d}L$$

$$= \int_{-1}^1 \sqrt{1 + (y')^2}\,\mathrm{d}x$$

$$= \int_{-1}^{1} \sqrt{1 + \left(-\frac{x}{y}\right)^2} \, dx$$

$$= \int_{-1}^{1} \frac{1}{y} \sqrt{y^2 + x^2} \, dx$$

$$= \int_{-1}^{1} \frac{1}{\sqrt{1 - x^2}} \, dx$$

$$= \arcsin x \Big|_{-1}^{1}$$

$$= \pi.$$

故单位圆的周长为 2π.

例 23 求摆线 $\begin{cases} x = a(\theta - \sin\theta) \\ y = a(1 - \cos\theta) \end{cases}$ 在 $[0, 2\pi]$ 上的弧长.

解：$y' = \dfrac{y'(\theta)}{x'(\theta)}$

$$= \frac{\sin\theta}{1 - \cos\theta}.$$

那么，$L = \displaystyle\int_0^{2\pi} \sqrt{1 + \left(\frac{\sin\theta}{1 - \cos\theta}\right)^2} \, d(a(\theta - \sin\theta))$

$$= a\int_0^{2\pi} \sqrt{1 + \left(\frac{\sin\theta}{1 - \cos\theta}\right)^2} (1 - \cos\theta) \, d\theta$$

$$= a\int_0^{2\pi} \sqrt{2(1 - \cos\theta)} \, d\theta$$

$$= 2a\int_0^{2\pi} \left| \sin\frac{\theta}{2} \right| \, d\theta$$

$$= 2a\left(-2\cos\frac{\theta}{2}\right) \Big|_0^{2\pi}$$

$$= 8a.$$

习题 6.6

1. 求定积分：

(1) $\displaystyle\int_1^2 \left(x + \frac{1}{x^4}\right) dx$;

(2) $\displaystyle\int_0^2 |x - 1| \, dx$;

(3) $\displaystyle\int_0^{\frac{\pi}{4}} \tan^2 x \, dx$;

(4) $\displaystyle\int_0^{\sqrt{3}a} \frac{dx}{a^2 + x^2}$.

2. 求极限：

(1) $\displaystyle\lim_{n \to \infty} \left(\frac{1}{n+1} + \frac{1}{n+2} + \cdots + \frac{1}{n+n}\right)$;

(2) $\displaystyle\lim_{n \to \infty} n \left(\frac{1}{n^2 + 1} + \frac{1}{n^2 + 2^2} + \cdots + \frac{1}{n^2 + n^2}\right)$;

(3) $\displaystyle\lim_{x \to 0} \frac{\int_0^x \cos t \sin t \, dt}{x^2}$;

$(4)\ \lim\limits_{x\to 0}\dfrac{\displaystyle\int_0^x \arctan t\,\mathrm{d}t}{x\sin x}$;

$(5)\ \lim\limits_{x\to 0}\dfrac{\displaystyle\int_0^{x^2}\sqrt{1+t^2}\,\mathrm{d}t}{x^2}$;

$(6)\ \lim\limits_{x\to 0}\dfrac{\displaystyle\int_0^x t\tan t\,\mathrm{d}t}{x^3}$;

$(7)\ \lim\limits_{x\to 0}\dfrac{x\displaystyle\int_0^x(\mathrm{e}^t-t)\,\mathrm{d}t}{1-\cos x}$;

(8) 已知 $f(0)=0$，$f'(0)=1$，求 $\lim\limits_{x\to 0}\dfrac{\displaystyle\int_0^{x^2}f(t)\,\mathrm{d}t}{x^3}$.

3. 已知 $\displaystyle\int_0^a f(x)\,\mathrm{d}x=2$，求 $\displaystyle\int_{-a}^a f|x|\,\mathrm{d}x$.

4. 利用函数的奇偶性计算：

$(1)\ \displaystyle\int_{-\pi}^{\pi}x^4\sin x\,\mathrm{d}x$; $(2)\ \displaystyle\int_{-2}^2\dfrac{x+|x|}{2+x^2}\,\mathrm{d}x$;

$(3)\ \displaystyle\int_{-5}^5\dfrac{x^3\sin^2 x}{x^2+1}\,\mathrm{d}x$; $(4)\ \displaystyle\int_{-\frac12}^{\frac12}\dfrac{\arcsin^2 x}{\sqrt{1-x^2}}\,\mathrm{d}x$.

5. 根据圆的面积，有 $\displaystyle\int_0^a\sqrt{a^2-x^2}\,\mathrm{d}x=\dfrac{\pi a^2}{2}$，求积分：

$(1)\ \displaystyle\int_0^2\sqrt{1-\dfrac{x^2}{4}}\,\mathrm{d}x$; $(2)\ \displaystyle\int_{-2}^2(x-3)\sqrt{4-x^2}\,\mathrm{d}x$.

6. 证明：

$(1)\ \displaystyle\int_0^1 x^m(1-x)^n\,\mathrm{d}x=\int_0^1 x^n(1-x)^m\,\mathrm{d}x$;

$(2)\ \displaystyle\int_0^{\pi}\sin^n x\,\mathrm{d}x=2\int_0^{\frac{\pi}{2}}\cos^n x\,\mathrm{d}x$.

7. 设 $f(x)$ 连续，证明：

(1) $f(x)$ 为偶函数（奇函数）时，$F(x)=\displaystyle\int_0^x f(t)\,\mathrm{d}t$ 为奇函数（偶函数）；

(2) 若 $f(x)=\displaystyle\int_0^x\dfrac{\sin t}{t}\,\mathrm{d}t$，$f(x)$ 以 T 为周期，则有：$\displaystyle\int_0^T f(x)\,\mathrm{d}x=\int_a^{a+T}f(x)\,\mathrm{d}x$.

8. 已知 $f(x)$ 是周期为 1 的函数，$f(1)=2$，$\displaystyle\int_1^2 f(x)\,\mathrm{d}x=2$，求 $\displaystyle\int_0^1 xf'(x)\,\mathrm{d}x$.

9. 求下面图形的面积：

(1) 由 $y=\sqrt{x}$ 和 $y=x$ 围成的图形；

(2) 由 $y=\dfrac{1}{x}$，$x=2$，$y=x$ 围成的图形；

(3) 由 $y=x^2$，$4y=x^2$，$y=1$ 围成的图形；

（4）由椭圆 $\begin{cases} x = a\cos\theta \\ y = b\sin\theta \end{cases}$ 围成的图形.

10. 分别求 $y = \sqrt{x}$，$y = 0$，$x = 1$，$x = 4$ 围成的图形绕 x 轴和 y 轴旋转一圈所得立体的体积.

11. 用定积分求以直角边为 4 的等腰直角三角形为底、高为 4 的三棱锥的体积.

12. 求长短半轴分别为 a，b 的椭圆的周长.

13. 求抛物线 $y^2 = 2px(0 < p)$ 从顶点到点 $\left(\dfrac{p}{2}, \ p \right)$ 的弧段的弧长.

14. 某商品的边际收益为 $R'(x) = 0.3 - \dfrac{1}{10\sqrt{x}}$，求从 $x = 100$ 到 $x = 900$ 的收益增加量.

15. 求 $f(x) = \displaystyle\int_0^x t(t-4)\mathrm{d}t$ 在 $[-1, \ 5]$ 上的最值.

16. 设 $f(x) = \begin{cases} \dfrac{1 - \cos x}{x^2}, & x < 0 \\[2mm] \dfrac{1}{2}, & x = 0 \\[2mm] \dfrac{\displaystyle\int_0^{x^2} \cos t^2 \,\mathrm{d}t}{2x^2}, & x > 0 \end{cases}$.

（1）求 $\displaystyle\lim_{x \to 0} f(x)$；

（2）$f(x)$ 在 $x = 0$ 处是否连续？

6.7　有界开区间与无穷区间上的定积分 （广义积分）

6.7.1　有界开区间 $(a, \ b)$ 或 $(a, \ b]$ 或 $[a, \ b)$ 上的定积分

对于开区间上的定积分，只需在其内选取动点 c，让 c 点无限趋近端点就可以得到对应的定积分.

例 1　求 $\displaystyle\int_0^4 \dfrac{x^2 - 4}{x - 2}\mathrm{d}x \ (x \neq 2)$.

解： $\displaystyle\int_0^4 \dfrac{x^2 - 4}{x - 2}\mathrm{d}x = \lim_{b \to 2^-}\int_0^b (x + 2)\mathrm{d}x + \lim_{a \to 2^+}\int_a^4 (x + 2)\mathrm{d}x$

$\qquad\qquad = \displaystyle\lim_{b \to 2^-}\left(\dfrac{1}{2}x^2 + 2x \right)\Big|_0^b + \lim_{a \to 2^+}\left(\dfrac{1}{2}x^2 + 2x \right)\Big|_a^4$

$\qquad\qquad = 16.$

注：这个结果与 $\int_0^4 (x+2)\mathrm{d}x$ 相同. 后者多了点 $x=2$ 处的面积，为无穷小 $4\mathrm{d}x$.

闭区间上的连续函数是可积的. 在有界开区间上的连续函数是否可积？图 6-27 左图 $\lim\limits_{x\to b^-} f(x)=A$，右图 $\lim\limits_{x\to a^+} f(x)=\infty$. 图 6-27 展示了开区间上的连续函数在区间端点的两种状况.

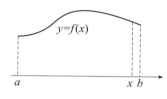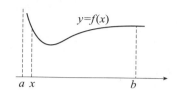

图 6-27

可积函数在区间 $[a,\ x]$ 和 $[x,\ b]$ 上的积分是存在的. 若所取点 x 无限接近开端点，则区间 $[x,\ b)$ 和 $(a,\ x]$ 的长度是无穷小，视为 $\mathrm{d}x$. 所以，开区间上的积分是否存在取决于开端点处的微小面积：$\lim\limits_{x\to b^-} f(x)$ 或 $\lim\limits_{x\to a^+} f(x)$ 与 $\mathrm{d}x$ 的乘积.

图 6-27 左图开端点处的微小面积为 $A\mathrm{d}x$，是有界量乘无穷小，为无穷小. 左图积分 $\int_a^b f(x)\mathrm{d}x$ 可理解为闭区间 $[a,\ b]$ 上的积分，去掉了一个无穷小，因此是可积的.

图 6-27 右图开端点处的微小面积为 $\infty\mathrm{d}x$，是无穷大与无穷小的乘积，是极限不定式，有两种结果：有界量或无穷大. 因为 $\mathrm{d}x$ 为线性（一阶）无穷小，可以猜测，右图积分 $\int_a^b f(x)\mathrm{d}x$ 是否可积取决于 $\lim\limits_{x\to a^+} f(x)$ 这个无穷大的阶.

定义 1　函数在开区间的定积分称为广义积分. 如果积分结果唯一确定，则称这个广义积分收敛，否则称之发散.

例 2　求 $\int_0^1 \dfrac{1}{x}\mathrm{d}x\,(x\neq 0)$.

解：$\begin{aligned}\int_0^1 \frac{1}{x}\mathrm{d}x &= \lim_{a\to 0^+}\int_a^1 \frac{1}{x}\mathrm{d}x\\ &= \lim_{a\to 0^+}(\ln 1-\ln a)\\ &= 0-(-\infty)=+\infty\,(发散).\end{aligned}$

例 3　求 $\int_0^1 \dfrac{1}{x^p}\mathrm{d}x\,(x\neq 0)$.

解：$\begin{aligned}\int_0^1 \frac{1}{x^p}\mathrm{d}x &= \lim_{a\to 0^+}\int_a^1 \frac{1}{x^p}\mathrm{d}x\\ &= \frac{1}{1-p}\lim_{a\to 0^+}\frac{1}{x^{p-1}}\Big|_a^1.\end{aligned}$

当 $p\geqslant 1$ 时，发散；当 $p<1$ 时，原式 $=\dfrac{1}{1-p}$.

注：当 $x\to 0^+$ 时，$\dfrac{1}{x^p}$ 为关于 $\dfrac{1}{x}$ 的 p 阶无穷大.

例 4　求 $\int_1^4 \dfrac{1}{\sqrt{x-1}}\mathrm{d}x$.

分析： $\sqrt{x}-1=\dfrac{x-1}{\sqrt{x}+1}$，$x \to 1$ 时为关于 $x-1$ 的一阶无穷小．依上题，当 $p=1$ 时，发散．

解：
$$\int_1^4 \frac{1}{\sqrt{x}-1}\mathrm{d}x = \lim_{x \to 1^+}\int_1^4 \frac{1}{\sqrt{x}-1}\mathrm{d}x$$
$$\xlongequal{u=\sqrt{x}-1} \lim_{a \to 0^+}\int_a^1 \frac{2u+2}{u}\mathrm{d}u$$
$$= \lim_{a \to 0^+}(2u+2\ln u)\Big|_a^1 = +\infty.$$

例 5 求 $\displaystyle\int_0^2 \frac{x^2-1}{x-1}\mathrm{d}x$．

解：
$$\int_0^2 \frac{x^2-1}{x-1}\mathrm{d}x = \int_0^1 \frac{x^2-1}{x-1}\mathrm{d}x + \int_1^2 \frac{x^2-1}{x-1}\mathrm{d}x$$
$$= \left(\frac{x^2}{2}+x\right)\Big|_0^1 + \left(\frac{x^2}{2}+x\right)\Big|_1^2 = 4.$$

6.7.2　无界区间上的积分

借助图像的对称性及上面的例子，可理解 $\dfrac{1}{x^r}$ 在 $[1,+\infty)$ 上的积分的敛散性．

例 6 求 $\displaystyle\int_1^{+\infty} \frac{1}{x}\mathrm{d}x$．

解：
$$\int_1^{+\infty} \frac{1}{x}\mathrm{d}x = \lim_{b \to +\infty}\int_1^b \frac{1}{x}\mathrm{d}x$$
$$= \lim_{b \to +\infty}(\ln b - \ln 1)$$
$$= +\infty.\text{（发散）}$$

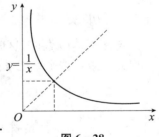

图 6 - 28

注： $\dfrac{1}{x}$ 在 $(0,+\infty)$ 上的图像关于 $y=x$ 对称，见图 6 - 28．

由此可知 $\displaystyle\int_0^1 \frac{1}{x}\mathrm{d}x = \int_1^{+\infty} \frac{1}{x}\mathrm{d}x = +\infty$．

例 7 求 $\displaystyle\int_1^{+\infty} \frac{1}{x^r}\mathrm{d}x\ (r \neq 1)$．

解：
$$\int_1^{+\infty} \frac{1}{x^r}\mathrm{d}x = \lim_{b \to +\infty}\int_1^b \frac{1}{x^r}\mathrm{d}x$$
$$= \lim_{b \to +\infty}\frac{x^{-r+1}}{1-r}\Big|_1^b$$
$$= \lim_{b \to +\infty}\frac{b^{-r+1}}{1-r} - \frac{1}{1-r}.$$

当 $r>1$ 时，$\displaystyle\lim_{b \to +\infty}\frac{b^{-r+1}}{1-r}=0$，原积分收敛于 $\dfrac{1}{r-1}$；

当 $r<1$ 时，$\displaystyle\lim_{b \to +\infty}\frac{b^{-r+1}}{1-r}$ 发散，故原积分发散．

如图 6 - 29 所示．

注：(1) 因为连续函数在任意闭区间上收敛，所以连续函数在开区间内是否收敛取决于"末段"，即 $x \to +\infty$ 时的状态. 此题说明当 $x \to +\infty$ 时，被积函数无穷小的阶是求无穷积分的关键.

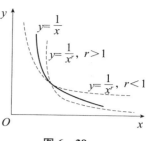

图 6 - 29

(2) $\int_1^{+\infty} \frac{1}{x^r} dx$ 和 $\int_0^1 \frac{1}{x^r} dx$ 的敛散性是相反的.

图 6 - 30 可以说明函数 $f(x)$ 在 $(a, +\infty)$ 上积分收敛的必要条件.

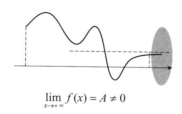

$$\lim_{x \to +\infty} f(x) = A \neq 0$$

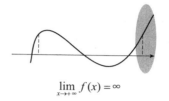

$$\lim_{x \to +\infty} f(x) = \infty$$

图 6 - 30

图 6 - 30 中左图末段积分"面积"呈带状，发散，右图末段积分"面积"也发散. 排除这两种状况，可知 $\lim\limits_{x \to +\infty} f(x) = 0$ 为函数在 $(a, +\infty)$ 上积分收敛的必要条件. 又由上面的例 6 可知，$\lim\limits_{x \to +\infty} f(x) = 0$ 不是充分条件，可以理解为，充分条件是：当 $x \to +\infty$ 时，被积函数无穷小的阶大于 1.

常用的广义积分审敛法

定理 1　函数 $f(x) \geqslant 0$ 在 $[a, +\infty)$ 上连续，若 $F(x) = \int_a^{+\infty} f(x) dx$ 有上界，则收敛.

事实上，$f(x)$ 在 $[a, +\infty)$ 上连续，则对任意 $x > a$，$\int_a^x f(t) dt$ 单调递增且有上界，则 $F(x) = \lim\limits_{x \to +\infty} \int_a^x f(t) dt$ 极限存在，故收敛.

注：其几何意义为，随着 x 增大，面积函数 $F(x)$ 不断增大而不超过某个数，当 $x \to +\infty$ 时，$F(x)$ 趋于某个数，不会达到无穷大. 如图 6 - 31 所示.

定理 2　设 $f(x)$，$g(x)$ 在 $[a, +\infty)$ 上连续，且 $0 \leqslant f(x) \leqslant g(x)$. (1) 若 $\int_0^{+\infty} g(x) dx$ 收敛，则 $\int_a^{+\infty} f(x) dx$ 也收敛. (2) 若 $\int_a^{+\infty} f(x) dx$ 发散，则 $\int_a^{+\infty} g(x) dx$ 也发散. 如图 6 - 32 所示. (证明略)

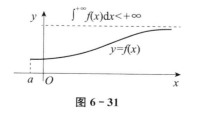

图 6 - 31

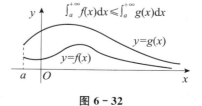

图 6 - 32

注：当 $f(x) \geqslant 0$ 时，$\displaystyle\int_a^{+\infty} f(x)\mathrm{d}x$ 发散是指面积达到无穷大；收敛是指面积趋于某个数.

定理3　设在 $[a, +\infty)$ 上 $f(x) \geqslant 0$，且连续. 若

$$\lim_{x \to +\infty} x^r f(x) = A < +\infty,$$

则 $\displaystyle\int_a^{+\infty} f(x)\mathrm{d}x$

(1) 当 $r > 1$ 时收敛；

(2) 当 $r < 1$ 时发散；

(3) 当 $r = 1$ 时，发散（包括 $A = +\infty$）.（证明略）

注：$\displaystyle\lim_{x \to +\infty} x^r f(x) = A \Leftrightarrow \lim_{x \to +\infty} \frac{f(x)}{\left(\dfrac{1}{x}\right)^r} = A$. 若 $A < +\infty$，则表明当 $x \to +\infty$ 时，$f(x)$ 为 r 阶无穷小或高于 r 阶的无穷小（$A = 0$ 时）；若 $A = +\infty$，则表明 $f(x)$ 的无穷小的阶低于 r. 定理表明这个广义积分是否收敛取决于 $f(x)$ 的无穷小的阶，阶数高于 1 时收敛.

积分区间不是 $[a, +\infty)$ 和函数非负的情况可以转换为满足定理条件的要求.

对 $x \to -\infty$ 的函数，作变换 $t = -x$，可以转换到 $[c, +\infty)$ 上的积分：

$$\int_{-\infty}^a f(x)\mathrm{d}x = \int_{+\infty}^{-a} f(-t)\mathrm{d}(-t) = \int_{-a}^{+\infty} f(-t)\mathrm{d}t = \int_c^{+\infty} \varphi(t)\mathrm{d}t.$$

对 $x \to a$ 时的无界函数，作变换 $t = \pm\dfrac{1}{x-a}$，可以转换到 $[c, +\infty)$ 上的积分：

$$\int_a^b f(x)\mathrm{d}x = \int_{+\infty}^{\frac{1}{b-a}} f\left(\frac{1}{t} + a\right)\mathrm{d}\left(\frac{1}{t} + a\right) = \int_{\frac{1}{b-a}}^{+\infty} \frac{1}{t^2} f\left(\frac{1}{t} + a\right)\mathrm{d}t = \int_c^{+\infty} \phi(t)\mathrm{d}t.$$

对于当 $t \to +\infty$ 时，函数 $\varphi(t) < 0$ 的情况，提取负号，即

$$\int_c^{+\infty} \phi(t)\mathrm{d}t = -\int_c^{+\infty} -\phi(t)\mathrm{d}t.\text{（图像翻转）}$$

对于 $\varphi(t)$ 有正有负的情况，由连续函数极限的局部保号性，一定有某个 $M > 0$，在区间 $[c, M]$ 上函数可积，而在 $[M, +\infty)$ 上，保有 $\varphi(t) \geqslant 0$ 或 $-\varphi(t) \geqslant 0$，从而满足上面定理的条件（见图 6-33）.

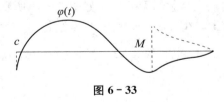

图 6-33

可见判断相应的广义积分的敛散性，上面的定理具有广泛的适用性，即函数值非负的要求可以忽略.

$(a, b]$ 内的积分 $\displaystyle\int_a^b f(x)\mathrm{d}x$ 和 $[a, +\infty)$ 的积分 $\displaystyle\int_a^{+\infty} f(x)\mathrm{d}x$ 能否收敛，本质上都取决于在区间端点处的面积微元是否为无穷小. 如图 6-34 所示.

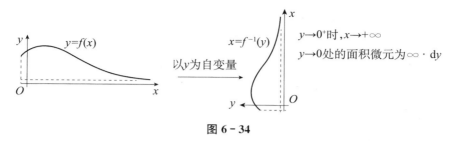

图 6 – 34

例 8　判断 $\displaystyle\int_1^{+\infty}\dfrac{1}{x\sqrt{1+x}}\mathrm{d}x$ 是否收敛.

解：（方法一）$\dfrac{1}{x\sqrt{1+x}}<\dfrac{1}{x^{\frac{3}{2}}}$，而 $\displaystyle\int_1^{+\infty}\dfrac{1}{x^{\frac{3}{2}}}\mathrm{d}x$ 收敛，所以 $\displaystyle\int_1^{+\infty}\dfrac{1}{x\sqrt{1+x}}\mathrm{d}x$ 收敛.

（方法二）$\displaystyle\lim_{x\to+\infty}\dfrac{\dfrac{1}{x\sqrt{1+x}}}{\left(\dfrac{1}{x}\right)^{\frac{3}{2}}}=1$，而 $\displaystyle\int_1^{+\infty}\dfrac{1}{x^{\frac{3}{2}}}\mathrm{d}x$ 收敛，所以原广义积分收敛.

例 9　判断 $\displaystyle\int_0^{+\infty}\dfrac{1}{x+1}\mathrm{d}x$ 与 $\displaystyle\int_2^{+\infty}\dfrac{1}{x^2-1}\mathrm{d}x$ 是否收敛.

分析：$\dfrac{1}{x+1}$ 在右侧定义域 $(-1,+\infty)$ 内连续，当 $x\to+\infty$ 时，$\dfrac{1}{x+1}\sim\dfrac{1}{x}$，其末段状态和 $\dfrac{1}{x}$ 类似，事实上 $\dfrac{1}{x+1}$ 由 $\dfrac{1}{x}$ 平移得到.

$\dfrac{1}{x^2-1}$ 在右侧定义域 $(1,+\infty)$ 内连续，当 $x\to+\infty$ 时，$\dfrac{1}{x^2-1}\sim\dfrac{1}{x^2}$，两者在末段的图像几乎无差异.

解：（方法一）直接积分（自行计算）.

（方法二）（1）作变换 $u=x+1$，有 $\displaystyle\int_0^{+\infty}\dfrac{1}{x+1}\mathrm{d}x=\int_1^{+\infty}\dfrac{1}{u}\mathrm{d}u$，发散.

（2）$0<\displaystyle\int_2^{+\infty}\dfrac{1}{x^2-1}\mathrm{d}x<\int_2^{+\infty}\dfrac{1}{x^2-2x+1}\mathrm{d}x$

$$=\int_2^{+\infty}\dfrac{1}{(x-1)^2}\mathrm{d}x，收敛.$$

了解幂函数 x^{-r} 在 $(1,+\infty)$ 上积分的敛散性，是理解其他函数的广义积分是否收敛的基础.

例 10　判断 $\displaystyle\int_0^{+\infty}x\mathrm{e}^{-x}\mathrm{d}x$ 的敛散性.

分析：积分区间为右开区间. 当 $x\to+\infty$ 时，x 为一阶无穷大，e^x 为比二阶高阶的无穷大，则 e^{-x} 为比二阶高阶的无穷小. $x\mathrm{e}^{-x}$ 为较高阶的无穷小，积分应当收敛.

解：$\displaystyle\int_0^{+\infty}x\mathrm{e}^{-x}\mathrm{d}x=-\int_0^{+\infty}x\mathrm{d}\mathrm{e}^{-x}$

$$=-\left(x\mathrm{e}^{-x}\,\Big|_0^{+\infty}-\int_0^{+\infty}\mathrm{e}^{-x}\mathrm{d}x\right)$$

$$=-\left(x\mathrm{e}^{-x}\,\Big|_0^{+\infty}+\mathrm{e}^{-x}\,\Big|_0^{+\infty}\right)$$

$$=-\lim_{x\to+\infty}\frac{x+1}{e^x}+1$$

$$=1.$$

故积分收敛于 1.

习题 6.7

1. 判断下列函数是否收敛：

(1) $\displaystyle\int_1^\infty \frac{1}{(1-x)^2}\mathrm{d}x$ ；

(2) $\displaystyle\int_0^1 \frac{1}{\sqrt{1-x}}\mathrm{d}x$ ；

(3) $\displaystyle\int_0^{+\infty} e^{-ax}\mathrm{d}x$ ；

(4) $\displaystyle\int_1^2 \frac{x}{\sqrt{x-1}}\mathrm{d}x$ ；

(5) $\displaystyle\int_e^{+\infty} \frac{\ln x}{x}\mathrm{d}x$ ；

(6) $\displaystyle\int_1^{+\infty} \frac{1}{x^2}\sin\frac{1}{x}\mathrm{d}x$.

2. 求积分 $\displaystyle\int_2^{+\infty} \frac{\mathrm{d}x}{x(\ln x)^k}$ ，指出 k 为何值时收敛.

3. $\displaystyle\int_{-1}^1 \frac{1}{x^2}\mathrm{d}x = -2$ 是否正确？试作图说明原因.

4. 已知 $\displaystyle\int_0^{+\infty} \frac{\sin x}{x}\mathrm{d}x = \frac{\pi}{2}$ ，求 $\displaystyle\int_0^{+\infty} \frac{\sin^2 x}{x^2}\mathrm{d}x$.（提示：分部积分.）

5. 求 $\displaystyle\int_1^{+\infty} \frac{\mathrm{d}x}{e^{x+1}+e^{3-x}}$.（提示：分子和分母同乘 e^{x-3} .）

6. 已知 $\displaystyle\lim_{x\to+\infty}\left(\frac{x+c}{x-c}\right)^x = \int_{-\infty}^c t e^{2t}\mathrm{d}t$ ，求 c 的值.

章节提升习题六

1. 选择题：

(1) 设 $a_n = \dfrac{3}{2}\displaystyle\int_0^{\frac{n}{n+1}} x^{n-1}\sqrt{1+x^n}\,\mathrm{d}x$ ，则极限 $\lim\limits_{n\to\infty} n a_n$ 等于（　　）.

(A) $(1+e)^{\frac{3}{2}}+1$

(B) $(1+e^{-1})^{\frac{3}{2}}-1$

(C) $(1+e^{-1})^{\frac{3}{2}}+1$

(D) $(1+e)^{\frac{3}{2}}-1$

(2) 设函数 $f(x)=\begin{cases}\sin x, & 0\leqslant x<\pi \\ 2, & \pi\leqslant x\leqslant 2\pi\end{cases}$ ，$F(x)=\displaystyle\int_0^x f(t)\mathrm{d}t$ ，则（　　）.

(A) $x=\pi$ 是函数 $F(x)$ 的跳跃间断点

(B) $x=\pi$ 是函数 $F(x)$ 的可去间断点

(C) $F(x)$ 在 $x=\pi$ 处连续但不可导

(D) $F(x)$ 在 $x=\pi$ 处可导

(3) 设 $I = \int_0^{\frac{\pi}{4}} \ln\sin x \mathrm{d}x$，$J = \int_0^{\frac{\pi}{4}} \ln\cot x \mathrm{d}x$，$K = \int_0^{\frac{\pi}{4}} \ln\cos x \mathrm{d}x$，则 I, J, K 的大小关系是（　　）.

(A) $I < J < K$　　　　(B) $I < K < J$　　　　(C) $J < I < K$　　　　(D) $K < J < I$

(4) 设 $I_k = \int_e^k e^{x^2} \sin x \mathrm{d}x$（$k = 1, 2, 3$），则有（　　）.

(A) $I_1 < I_2 < I_3$　　(B) $I_2 < I_1 < I_3$.　　(C) $I_1 < I_2 < I_3$　　(D) $I_1 < I_2 < I_3$

(5) 设 $I_1 = \int_0^{\frac{\pi}{4}} \frac{\tan x}{x} \mathrm{d}x$，$I_2 = \int_0^{\frac{\pi}{4}} \frac{x}{\tan x} \mathrm{d}x$，则（　　）.

(A) $I_1 > I_2 > 1$　　(B) $1 > I_1 > I_2$　　(C) $I_2 > I_1 > 1$　　(D) $1 > I_2 > I_1$

(6) 如图 6-35 所示，连续函数 $y = f(x)$ 在区间 $[-3, -2]$，$[2, 3]$ 上的图形分别是直径为 1 的上、下半圆周，在区间 $[-2, 0]$，$[0, 2]$ 上的图形分别是直径为 2 的上、下半圆周. 设 $F(x) = \int_0^x f(t) \mathrm{d}t$，则下列结论正确的是（　　）.

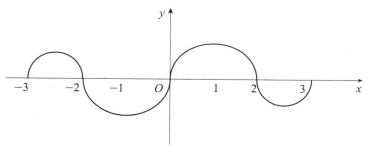

图 6-35

(A) $F(3) = -\dfrac{3}{4} F(-2)$　　　　(B) $F(3) = \dfrac{5}{4} F(2)$

(C) $F(-3) = \dfrac{3}{4} F(2)$　　　　(D) $F(-3) = -\dfrac{5}{4} F(-2)$

(7) 设函数 $y = f(x)$ 在区间 $[-1, 3]$ 上的图形如图 6-36 所示，则函数 $F(x) = \int_0^x f(t) \mathrm{d}t$ 的图形为（　　）.

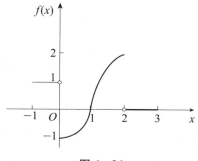

图 6-36

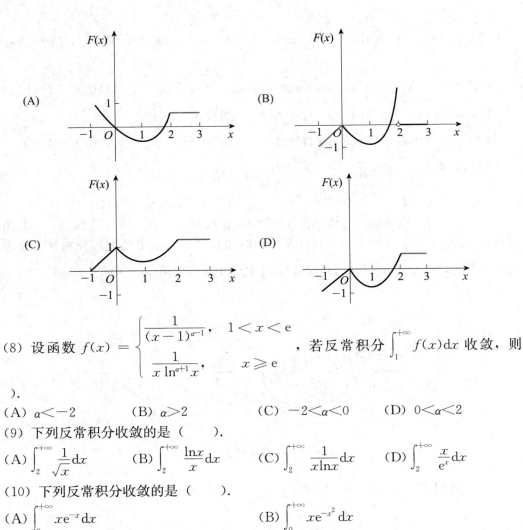

(8) 设函数 $f(x) = \begin{cases} \dfrac{1}{(x-1)^{\alpha-1}}, & 1 < x < \mathrm{e} \\ \dfrac{1}{x\ln^{\alpha+1}x}, & x \geqslant \mathrm{e} \end{cases}$ ，若反常积分 $\displaystyle\int_1^{+\infty} f(x)\,\mathrm{d}x$ 收敛，则

（　　）.

(A) $\alpha < -2$ 　　　　(B) $\alpha > 2$ 　　　　(C) $-2 < \alpha < 0$ 　　(D) $0 < \alpha < 2$

(9) 下列反常积分收敛的是（　　）.

(A) $\displaystyle\int_2^{+\infty} \frac{1}{\sqrt{x}}\,\mathrm{d}x$ 　　　(B) $\displaystyle\int_2^{+\infty} \frac{\ln x}{x}\,\mathrm{d}x$ 　　　(C) $\displaystyle\int_2^{+\infty} \frac{1}{x\ln x}\,\mathrm{d}x$ 　　(D) $\displaystyle\int_2^{+\infty} \frac{x}{\mathrm{e}^x}\,\mathrm{d}x$

(10) 下列反常积分收敛的是（　　）.

(A) $\displaystyle\int_0^{+\infty} x\mathrm{e}^{-x}\,\mathrm{d}x$ 　　　　　　　　(B) $\displaystyle\int_0^{+\infty} x\mathrm{e}^{-x^2}\,\mathrm{d}x$

(C) $\displaystyle\int_0^{+\infty} \frac{\arctan x}{1+x^2}\,\mathrm{d}x$ 　　　　　(D) $\displaystyle\int_0^{+\infty} \frac{x}{1+x^2}\,\mathrm{d}x$

(11) 设 m，n 是正整数，则反常积分 $\displaystyle\int_0^1 \frac{\sqrt[m]{\ln^2(1-x)}}{\sqrt[n]{x}}\,\mathrm{d}x$ 的敛散性（　　）.

(A) 仅与 m 的取值有关 　　　　　(B) 仅与 n 的取值有关

(C) 与 m，n 的取值都有关 　　　(D) 与 m，n 的取值都无关

(12) 设 $\alpha(x) = \displaystyle\int_0^{5x} \frac{\sin t}{t}\,\mathrm{d}t$，$\beta(x) = \displaystyle\int_0^{\sin x} (1+t)^{\frac{1}{t}}\,\mathrm{d}t$，则当 $x \to 0$ 时 $\alpha(x)$ 是 $\beta(x)$ 的

（　　）.

(A) 高阶无穷小 　　　　　　　　(B) 低阶无穷小

(C) 同阶但不等价的无穷小 　　　　(D) 等价无穷小

(13) 把 $x \to 0^+$ 时的无穷小量 $\alpha = \displaystyle\int_0^x \cos t^2\,\mathrm{d}t$，$\beta = \displaystyle\int_0^{x^2} \tan\sqrt{t}\,\mathrm{d}t$，$\gamma = \displaystyle\int_0^{\sqrt{x}} \sin t^3\,\mathrm{d}t$ 排列起来，

使排在后面的无穷小量是前一个的高阶无穷小，则正确的排列次序是（　　）.

(A) α, β, γ　　　　(B) α, γ, β　　　　(C) β, α, γ　　　　(D) β, γ, α

(14) $\lim\limits_{n\to\infty}\ln\sqrt[n]{\left(1+\dfrac{1}{n}\right)^2\left(1+\dfrac{2}{n}\right)^2\cdots\left(1+\dfrac{n}{n}\right)^2}$ 等于 (　　).

(A) $\displaystyle\int_1^2\ln^2x\,\mathrm{d}x$　　　　　　　　　　(B) $2\displaystyle\int_1^2\ln x\,\mathrm{d}x$

(C) $2\displaystyle\int_1^2\ln(1+x)\,\mathrm{d}x$　　　　　　　(D) $\displaystyle\int_1^2\ln^2(1+x)\,\mathrm{d}x$

(15) 设函数 $f(x)$ 在区间 $[-1,1]$ 上连续，则 $x=0$ 是函数 $g(x)=\dfrac{\displaystyle\int_t^x f(t)\,\mathrm{d}t}{x}$ 的

(　　).

(A) 跳跃间断点　　　(B) 可去间断点　　　(C) 无穷间断点　　　(D) 振荡间断点

2. 填空题：

(1) $\lim\limits_{n\to\infty}\displaystyle\int_0^1\mathrm{e}^{-x}\sin nx\,\mathrm{d}x=$ _____.

(2) 设函数 $f(x)=\displaystyle\int_{-1}^x\sqrt{1-\mathrm{e}^t}\,\mathrm{d}t$，则 $y=f(x)$ 的反函数 $x=f^{-1}(y)$ 在 $y=0$ 处的导数 $\dfrac{\mathrm{d}y}{\mathrm{d}x}\Big|_{y=0}=$ _____.

(3) 设 $f(x)$ 连续，$\varphi(x)=\displaystyle\int_0^{x^2}xf(t)\,\mathrm{d}t$，若 $\varphi(1)=1$，$\varphi'(1)=5$，则 $f(1)=$ _____.

(4) 已知函数 $f(x)=x\displaystyle\int_t^x\dfrac{\sin t^2}{t}\,\mathrm{d}t$，则 $\displaystyle\int_0^1 f(x)\,\mathrm{d}x=$ _____.

(5) 设函数 $y=\ln\cos x(0\leqslant x\leqslant\dfrac{\pi}{6})$ 的弧长为 _____.

(6) 已知 $\displaystyle\int_{-\infty}^{+\infty}\mathrm{e}^{k|x|}\,\mathrm{d}x=1$，则 $k=$ _____.

(7) 设函数 $f(x)=\begin{cases}\lambda\mathrm{e}^{-\lambda x}, & x>0 \\ 0, & x\leqslant 0\end{cases}$，$\lambda>0$，则 $\displaystyle\int_{-\infty}^{+\infty}xf(x)\,\mathrm{d}x=$ _____.

(8) $\dfrac{\mathrm{d}}{\mathrm{d}x}\displaystyle\int_0^x\sin(x-t)^2\,\mathrm{d}t=$ _____.

(9) 设函数 $f(x)=\begin{cases}\dfrac{1}{x^3}\displaystyle\int_0^x\sin t^2\,\mathrm{d}t, & x\neq 0 \\ a, & x=0\end{cases}$ 在 $x=0$ 处连续，则 $a=$ _____.

(10) $\lim\limits_{n\to\infty}\dfrac{1}{n}\left[\sqrt{1+\cos\dfrac{\pi}{n}}+\sqrt{1+\cos\dfrac{2\pi}{n}}+\cdots+\sqrt{1+\cos\dfrac{n\pi}{n}}\right]=$ _____.

(11) $\lim\limits_{x\to\infty}n\left(\dfrac{1}{1+n^2}+\dfrac{1}{2^2+n^2}+\cdots+\dfrac{1}{n^2+n^2}\right)=$ _____.

(12) $\lim\limits_{x\to 0}\dfrac{\displaystyle\int_0^x t\ln(1+t\sin t)\,\mathrm{d}t}{1-\cos x^2}=$ _____.

3. 计算下列不定积分：

(1) $\int \dfrac{x+5}{x^2-6x+13}\mathrm{d}x$;

(2) $\int \dfrac{3x+6}{(x-1)^2(x^2+x+1)}\mathrm{d}x$;

(3) $\int \dfrac{\arcsin \mathrm{e}^x}{\mathrm{e}^x}\mathrm{d}x$;

(4) $\int \ln\left(1+\sqrt{\dfrac{1+x}{x}}\right)\mathrm{d}x\,(x>0)$;

(5) $\int \dfrac{x\mathrm{e}^{\arctan x}}{(1+x^2)^{\frac{3}{2}}}\mathrm{d}x$.

4. 计算下列定积分：

(1) $\displaystyle\int_{-\infty}^{1} \dfrac{\mathrm{d}x}{x^2+2x+5}$;

(2) $\displaystyle\int_{2}^{+\infty} \dfrac{\mathrm{d}x}{(x+7)\sqrt{x-2}}$;

(3) $\displaystyle\int_{1}^{+\infty} \dfrac{\mathrm{d}x}{x\sqrt{x^2-1}}$;

(4) $\displaystyle\int_{0}^{1} \dfrac{x\mathrm{d}x}{(2-x^2)\sqrt{1-x^2}}$;

(5) $\displaystyle\int_{0}^{+\infty} \dfrac{x\mathrm{d}x}{(1+x^2)^2}$;

(6) $\displaystyle\int_{0}^{1} \dfrac{x^2\arcsin x}{\sqrt{1-x^2}}\mathrm{d}x$;

(7) $\displaystyle\int_{1}^{+\infty} \dfrac{\arcsin x}{x^2}\mathrm{d}x$.

5. 求下列极限：

(1) $\displaystyle\lim_{n\to\infty}\sum_{k=1}^{n}\dfrac{k}{n^2}\ln\left(1+\dfrac{k}{n}\right)$;

(2) $\displaystyle\lim_{x\to0}\dfrac{\displaystyle\int_{1}^{x}\left[t^2(\mathrm{e}^{\frac{1}{t}}-1)-t\right]\mathrm{d}t}{x^2\ln\left(1+\dfrac{1}{x}\right)}$;

(3) $\displaystyle\lim_{x\to0^+}\dfrac{\displaystyle\int_{0}^{x}\sqrt{x-t}\,\mathrm{e}^t\mathrm{d}t}{\sqrt{x^3}}$;

(4) $\displaystyle\lim_{x\to0}\dfrac{\displaystyle\int_{0}^{x}\left[\displaystyle\int_{0}^{u^2}\arctan(1+t)\mathrm{d}t\right]\mathrm{d}u}{x(1-\cos x)}$.

6. 设 $f(\ln x)=\dfrac{\ln(1+x)}{x}$，计算 $\displaystyle\int f(x)\mathrm{d}x$.

7. 设函数 $f(x)$ 连续，且 $f(0)\neq0$，求极限 $\displaystyle\lim_{x\to0}\dfrac{\displaystyle\int_{0}^{x}(x-t)f(t)\mathrm{d}t}{x\displaystyle\int_{0}^{x}f(x-t)\mathrm{d}t}$.

8. 设 xOy 平面上有正方形 $D=\{(x,y)\mid0\leqslant x\leqslant1,0\leqslant y\leqslant1\}$ 及直线 $l{:}x+y=t(t\geqslant0)$. 若 $S(t)$ 表示正方形 D 位于直线 l 左下方部分的面积，试求 $\displaystyle\int_{0}^{x}S(t)\mathrm{d}t\,(x\geqslant0)$.

9. 应用题：

(1) 求位于曲线 $y=x\mathrm{e}^{-x}(0\leqslant x<+\infty)$ 下方、x 轴上方的无界图形的面积.

(2) 设曲线的极坐标方程为 $\rho=\mathrm{e}^{a\theta}(a>0)$，求该曲线上对应于 θ 从 0 到 2π 的一段弧与极轴所围成的图形的面积.

(3) 设曲线 L 的方程为 $y=\dfrac{1}{4}x^2-\dfrac{1}{2}\ln x(1\leqslant x\leqslant\mathrm{e})$.

(i) 求 L 的弧长；

(ii) 设 D 是由曲线 L，直线 $x=1$，$x=\mathrm{e}$ 及 x 轴所围成的平面图形，求 D 的形心的横坐标.

(4) 设 D 是由曲线 $y=x^{\frac{1}{3}}$，直线 $x=a(a>0)$ 及 x 轴所围成的平面图形，V_x，V_y 分

别是 D 绕 x 轴和 y 轴旋转一周所得旋转体的体积，若 $V_y = 10V_x$，求 a 的值.

10. 设函数 $f(x)$，$g(x)$ 在区间 $[a, b]$ 上连续，且 $f(x)$ 单调增加，$0 \leqslant g(x) \leqslant 1$，证明：

(1) $0 \leqslant \displaystyle\int_a^x g(t)\mathrm{d}t \leqslant x - a, x \in [a, b]$；

(2) $\displaystyle\int_a^{a+\int_a^b g(t)\mathrm{d}t} f(x)\mathrm{d}x \leqslant \int_a^b f(x)g(x)\mathrm{d}x$.

11. 设函数 $f(x)$ 在闭区间 $[a, b]$ 上连续，在开区间 (a, b) 内可导，且 $f'(x) > 0$. 若极限 $\displaystyle\lim_{x \to a^+} \frac{f(2x-a)}{x-a}$ 存在，证明：

(1) 在 (a, b) 内 $f(x) > 0$；

(2) 在 (a, b) 内存在点 ξ，使 $\dfrac{b^2 - a^2}{\displaystyle\int_a^b f(x)\mathrm{d}x} = \dfrac{2\xi}{f(\xi)}$；

(3) 在 (a, b) 内存在与 (2) 中 ξ 相异的点 η，使 $f'(\eta)(b^2 - a^2) = \dfrac{2\xi}{\xi - a}\displaystyle\int_a^b f(x)\mathrm{d}x$.

 习题提示与解答

第一章

习题 1.1

1. $0 < \left| x - \dfrac{1}{2} \right| < 1$.

2. 1，2；-1，5；0，4.

3. 不是，不是，是，$\sqrt{13}$.

4. （1）$x > -\dfrac{2}{3}$；（2）$x \neq \pm 1$；（3）$-<x<1$ 且 $x \neq 0$；（4）$-2<x<2$；

（5）$x \geqslant 0$；（6）$x \in R$；（7）$2 \leqslant x \leqslant 4$；（8）$x \leqslant 3, x \neq 0$；

（9）$x > -1$；（10）$x \in R$.

5. （1）否，定义域不同；（2）否，值域不同；

（3）相同；（4）否，定义域不同.

6. （1）$y = \dfrac{\ln(x-1)}{2}$；（2）$y = \sqrt[3]{x+1} - 1$；（3）无反函数.

习题 1.2

1. $y = \sin 2\left(x + \dfrac{\pi}{4} \right) + 1$ 向左平移 $\dfrac{\pi}{4}$，再向上平移 1 单位.

2. $y = 1 + \dfrac{1}{x-1}$ 向右、向上平移 1 单位.

3. $y(-1) = 0$，$y = (x+1)(x^2-4)$，$x = -1$，± 2.

4. $(-1, 2)$，$(3, +\infty)$.

5. $y = \sin 2x > 0$ 的周期为 π，$x \in \left(k\pi, k\pi + \dfrac{\pi}{2} \right)$.

习题 1.3

1. 提示：设 $x_1 < x_2 < 0$，则 $-x_1 > -x_2 > 0$，此时递增.

2. 提示：直接按定义证明.

3. y 由 $y = \dfrac{1}{x}$ 平移到 $(1, 1)$，关于点 $(1, 1)$ 和直线 $y = x$ 对称.

4. （1）$y = x^3 - 1$；（2）$y = \dfrac{1-x}{1+x}$；（3）$y = \dfrac{dx-b}{a-cx}$；

（4）$y = \dfrac{1}{3} \arcsin \dfrac{x}{2}$；（5）$y = \mathrm{e}^{x-1} - 2$；（6）$y = \log_2 \left(\dfrac{1}{1-x} - 1 \right)$.

5. 提示：证明无上界.

6. 略.

章节提升习题一

1. （1）B；（2）A；（3）B；（4）D；（5）A；（6）A.

2. （1）$(-5, 2)$；（2）$x^2 + 1$；（3）1；（4）$1 - \sqrt{1+x+x^2}$；（5）$\dfrac{\ln(1+x)}{\ln 3}$.

3. $f[g(x)] = \begin{cases} \mathrm{e}^{x+3}, & x < -2 \\ x+3, & -2 \leqslant x \leqslant 0 \\ \mathrm{e}^{x-2}, & 0 \leqslant x < 3 \\ x-2, & x \geqslant 3 \end{cases}$.

4. $f(x) = \dfrac{x}{x+1}$.

5. 分析：利用 $\dfrac{x-1}{x}$ 代换 x，建立 $F(x)$ 的方程组，并解之. $F(x) = \dfrac{x^3 - x^2 - 1}{2x(x-1)}$.

6. 分析：$f(x) \geqslant \dfrac{1}{2}$，计算 $f\left(\dfrac{1}{2} + \left(\dfrac{1}{2} + x\right)\right)$. 周期为 1.

7. 偶函数.

第二章

习题 2.1

1. （1）0；（2）0；（3）2；（4）1；（5）无穷大.

2. 提示：用距离放大法.

3. 提示：$d=\left|\dfrac{\sin x}{x}\right|\leqslant\left|\dfrac{1}{x}\right|$.

4. 提示：$d=\dfrac{1}{4n+2}<\dfrac{1}{4n}$.

5. 提示：$d=\left|\dfrac{x-1}{x+1}\right|<|x-1|$, $0<x<2$.

6. 提示：$d=a^{x_0}\left|a^{x-x_0}\right|$.

习题 2.2

1. 提示：根据定义.

2. 提示：证明无下界.

3. 提示：在（-4，-2)内证明其绝对值无界.

4. (1) 2；(2) 1.

5. 提示：反证.

6. 左极限＝右极限＝1.

7. 设 $|x_n|<M$, $d<M|y_n|$, 对任意 $\varepsilon>0$, $\lim\limits_{n\to\infty}y_n=0$, 则 $|y_n|<\dfrac{\varepsilon}{M}$ 成立.

8. 0，无穷小乘有界量；0，有界量除以无穷大.

习题 2.3.

1. (1) 定式，-9；(2) 定式，0；(3) 不定式，0；(4) 不定式，$\dfrac{1}{2}$；

(5) 不定式，$2x$；(6) 定式，2；(7) 不定式，$\dfrac{1}{2}$；(8) 不定式，0；

(9) 不定式，$\dfrac{2}{3}$；(10) 定式，2；(11) 定式，3/2；(12) 不定式，$2\sqrt{2}$；

(13) 不定式，$\dfrac{3}{2}$；(14) 不定式，无穷大；(15) 不定式，无穷大；

(16) 定式，无穷大；(17) 不定式，$\dfrac{3}{4}$；(18) 不定式，1；(19) 不定式，1；

(20) 不定式，1.

2. (1) 2；(2) $\dfrac{1}{2}$；(3) $\dfrac{1}{5}$；(4) $\sqrt{2}$；(5) 1/2；(6) $\dfrac{1}{2}$.

习题 2.4

1. (1) 3；(2) 0；(3) 2；(4) 1；(5) $\dfrac{1}{3}$；(6) 1，提示：令 $t=\pi-x$.

2. (1) 0，无穷小乘有界量；(2) 1；(3) 0；(4) 0；(5) $\dfrac{1}{2}$；(6) 0.

3. (1) $\dfrac{1}{2}$；(2) 0.

4. 提示：$x^n \leqslant x^a < x^{n+1}$.

习题 2.5

1. $x^2 - x^3 = o(2x - x^2)$.

2. (1) 同阶，不等价；(2) 同阶，等价.

3. 用 $\lim\limits_{x \to 0} \dfrac{\sin x}{x} = 1$.

4. $a = 2$，$b = -3$.

5. $a = 1$，$b = 0$.

6. 2 阶无穷小.

7. $\lim\limits_{x \to 0} \dfrac{f(x)}{x^3} = \lim\limits_{x \to 0} \dfrac{a + b\cos x}{x^2}$，分子为无穷小，$a + b = 0$，$1 = \lim\limits_{x \to 0} \dfrac{a(1 - \cos x)}{x^2} = \dfrac{a}{2}$，$a = 2$，$b = -2$.

8. 提示：$\sin 2x = 2\sin x \cos x$.

习题 2.6

1. (1) $\dfrac{3}{2}$；(2) 当 $n > m$ 时为 0，当 $n = m$ 时为 1，当 $n < m$ 时为无穷大；(3) $\dfrac{1}{2}$；

(4) 3.

2. 提示：按定义证明.

3. 提示：切线 $y = x - 1$.

4. (1) $\dfrac{2\ln 2}{3}$；(2) $\dfrac{1}{2}$；(3) e^{-4}；(4) $\dfrac{1}{4}$；(5) e；(6) $-\pi$；

(7) e^2；(8) e^3；(9) e^{-2}；(10) e^2；(11) $e^{\frac{2}{\pi}}$；(12) 1.

章节提升习题二

1. (1) D；(2) A；(3) D；(4) D；(5) C；(6) A；(7) C；
(8) C；(9) B；(10) C；(11) C；(12) D；(13) B；(14) B.

2. (1) $-\dfrac{\sqrt{2}}{6}$；(2) $\dfrac{1}{1 - 2a}$；(3) $\dfrac{1}{\sqrt{e}}$；(4) -4；(5) 2；(6) 2；

(7) 1；(8) $\dfrac{3}{2}e$；(9) $\sqrt{2}$；(10) $e^{-\sqrt{2}}$；(11) -2.

3. （1）1；（2）$-\dfrac{1}{6}$；（3）$=\mathrm{e}^{-\frac{1}{2}}$；（4）$=\mathrm{e}^{-1}$；（5）$-\dfrac{1}{2}$.

4. 提示：证明单调增加数列 $\{x_n\}$ 有上界，$\lim\limits_{n\to\infty}x_n=\dfrac{3}{2}$.

5. （Ⅰ）证明单调增加数列 $\{x_n\}$ 有上界，$\lim\limits_{n\to\infty}x_n=0$. （Ⅱ）利用对数转化法转换成实数的极限，$\mathrm{e}^{-\frac{1}{6}}$.

6. 对 $1-\cos x\cdot\cos 2x\cdot\cos 3x$ 通过加减项来利用等价无穷小代换，$n=2$ 且 $a=7$.

7. $a=-1$，$b=-\dfrac{1}{2}$，$k=-\dfrac{1}{3}$.

第三章

习题 3.1

1. （1）连续；（2）$x=-1$ 处间断.
2. （1）$x=1$ 为可去间断点；（2）$x=2$ 为无穷间断点；（3）振荡间断点.
3. $x=1$，-1 处间断，为跳跃间断点.
4. 连续区间 $x<-3$，$-3<x<2,x>2$；$1/2$；$-\dfrac{8}{5}$；无穷大.
5. （1）连续，$\sqrt{5}$；（2）连续，1；（3）连续，0；（4）间断，$\dfrac{1}{2}$；（5）间断，2；

（6）间断，$\cos a$.

6. 提示：$\cos x-\cos x_0=2\sin\dfrac{x-x_0}{2}\sin\dfrac{x+x_0}{2}$.

7. $a=1$.
8. 提示：$\Delta x\to 0$，
$$\dfrac{f(x+\Delta x)}{g(x+\Delta x)}-\dfrac{f(x)}{g(x)}$$
$$=\dfrac{\big[f(x+\Delta x)g(x)-f(x)g(x)\big]-\big[g(x+\Delta x)f(x)-f(x)g(x)\big]}{g(x+\Delta x)g(x)}.$$

习题 3.2

1. 提示：连续函数，零点定理.
2. 提示：设 $f(x)=\sin x+x+1$，零点定理.
3. 提示：设 $y=x-a\sin x-b$，零点定理.
4. 提示：设 $m=\min\{f(x_i)\}=f(x_k)$，$M=\max\{f(x_i)\}=f(x_j)$，介值定理.
5. 提示：$|\Delta y|=|f(x+\Delta x)-f(x)|\leqslant L|\Delta x|$，可知函数连续. 用零点定理.

习题 3.3

1. -20.

2. 提示：用定义证明.

3. （1）$A=-f'(x_0)$；（2）$A=f'(0)$；（3）$A=2f'(x_0)$；（4）$A=-1$.

4. （1）$4x^3$；（2）$\dfrac{2}{3}x^{-\frac{1}{3}}$；（3）$1.6x^{0.6}$；（4）$-\dfrac{1}{2}x^{-\frac{3}{2}}$；（5）$-\dfrac{2}{x^3}$；（6）$\dfrac{16}{5}x^{\frac{11}{5}}$；

（7）$\dfrac{1}{6}x^{-\frac{5}{6}}$；（8）$y'=2\cos 2x$；（9）$y'=(x+1)\mathrm{e}^x$；（10）$y'=2x\ln x+x$；

（11）$y'=(\cos x-\sin x)\mathrm{e}^x$；（12）$y'=4x-3$；（13）$y'=nx^{n-1}+2\cos x$；

（14）$y'=-\cot x\cdot\csc x$；（15）$y'=\dfrac{1-\ln x}{x^2}$；（16）$y'=\dfrac{2-2x-\sin x-\cos x}{\mathrm{e}^x}$；

（17）$y'=\dfrac{(1-\mathrm{e}^x)\cos x+(x-\mathrm{e}^x)\sin x}{\cos x}$；（18）$y'=\dfrac{-2x\sin x\cdot\ln x+\cos x\cdot\ln x+2\cos x}{2\sqrt{x}}$.

5. $v=s'(2)=12(\mathrm{m/s})$.

6. 提示：利用导数的第二定义：$\lim\limits_{\Delta x\to 0}\dfrac{f(\Delta x)-f(-\Delta x)}{2\Delta x}=f'(0)$.

7. $-\dfrac{1}{2}$，-1.

8. 切线 $y=-\dfrac{1}{2}\left(x-\dfrac{\pi}{3}\right)+\dfrac{1}{2}$；法线 $y=2\left(x-\dfrac{\pi}{3}\right)+\dfrac{1}{2}$.

9. $y=x+1$.

10. $x=2$，$y=4$.

11. （1）连续，不可导；（2）连续，可导.

12. $a=2$，$b=-1$.

13. $f'_-(0)=-1$，$f'_+(0)=0$，导数不存在.

14. $f'(x)=\begin{cases}\cos x,&x<0\\1,&x\geqslant 0\end{cases}$.

15. 提示：直接求切线与两坐标轴交点的坐标.

习题 3.4

1. 提示：$\cot t=\dfrac{\cos x}{\sin x}$；$\csc t=\dfrac{1}{\sin x}$.

2. （1）$-20x^{-6}-28x^{-5}+\dfrac{2}{x^2}$；（2）$15x^2-2x\ln 2+3\mathrm{e}^x$；（3）$2\sec^2 x+\sec x\tan x$；

（4）$\cos 2x$；（5）$\dfrac{\mathrm{e}^x(x-2)}{x^2}$；（6）$\dfrac{3}{2}\mathrm{e}^x(\cos x-\sin x)$；（7）$\dfrac{1-\ln x}{x^2}$；

（8）$\cos x-x\sin x$；（9）$2x\ln x+x$；（10）$\dfrac{\cos 2t+\cos t-\sin t}{(1+\cos t)^2}$.

3. (1) $\sqrt{2}$; (2) $\dfrac{\sqrt{2}}{4}\left(\dfrac{\pi}{2}+1\right)$; $f'(0)=\dfrac{3}{25}$, $f'(2)=\dfrac{17}{15}$.

4. (1) $v=v_0-gt$; (2) $t=\dfrac{v_0}{g}$.

5. 切线方程为 $y=2x$，法线方程为 $y=-\dfrac{x}{2}$.

6. (1) $8(2x+5)^3$; (2) $3\sin(4-3x)$; (3) $-6xe^{x^2}$; (4) $\dfrac{2x}{1+x^2}$; (5) $\sin 2x$;

(6) $\dfrac{-x}{\sqrt{a^2-x^2}}$; (7) $2x\sec^2 x^2$; (8) $\dfrac{e^x}{1+e^{2x}}$; (9) $\dfrac{2\arcsin x}{\sqrt{1-x^2}}$; (10) $-\tan x$.

7. (1) $\dfrac{x}{\sqrt{(1-x^2)^3}}$; (2) $e^{-\frac{x}{2}}\left(-\dfrac{1}{2}\cos 3x-2\sin 3x\right)$; (3) $-\dfrac{1}{|x|\sqrt{x^2-1}}$;

(4) $-\dfrac{1}{x(1+\ln x)^2}$; (5) $\dfrac{1}{\sqrt{a^2+x^2}}$; (6) $\sec x$; (7) $\csc x$; (8) $\dfrac{2^{\arcsin x}\ln 2}{\sqrt{1-x^2}}$;

(9) $n\sin^{n-1}x\cos(n+1)x$; (10) $-\dfrac{1}{1+x^2}$; (11) $\dfrac{1}{x\ln x\ln\ln x}$;

(12) $\dfrac{4}{(e^t+e^{-t})^2}$; (13) $\dfrac{x}{\sqrt{1-x^2}}$; (14) $-\dfrac{2}{(1+t^2)^2}$.

8. $\dfrac{f'(x)f(x)+g'(x)g(x)}{\sqrt{f^2(x)+g^2(x)}}$.

9. (1) $2xf'(x^2)$; (2) $(f(\sin^2 x)-f(\cos^2 x))\sin 2x$.

10. (1) $\left(\dfrac{1}{x}+\dfrac{2x-2}{x^2-2x+3}+\dfrac{1}{x+1}\right)x(x^2-2x+3)(x+1)$;

(2) $(-2x\cot 2x+\ln\sin 2x)(\sin 2x)^x$; (3) $x^{\sin x}\left(\dfrac{\sin x}{x}+\cos x\ln x\right)$;

(4) $y=\dfrac{(x+1)(x+2)(x-3)}{(x+4)(x-1)}\left(\dfrac{1}{x+1}+\dfrac{1}{x+2}+\dfrac{1}{x-3}-\dfrac{1}{x+4}-\dfrac{1}{x-1}\right)$.

11. (1) $y'=\dfrac{y}{y-x}$; (2) $y'=\dfrac{x^2-ay}{ax-y^2}$; (3) $y'=\dfrac{y-e^{x+y}}{e^{x+y}-x}$; (4) $y'=-\dfrac{e^y}{1+e^y}$;

(5) $y'=\dfrac{\sec^2\ln x}{xy^x\ln y}-\dfrac{xy^x}{yy^x\ln y}$; (6) $y'=\dfrac{xy(1+\ln y)}{y-x}$; (7) $y'=-\dfrac{\sin(x+y)}{1+\sin(x+y)}$;

(8) $y'=\dfrac{y^2-xy\ln y}{xy\ln y-x^2}$.

12. 切线方程为 $y=-x+\dfrac{\sqrt{2}}{2}a$，法线方程为 $y=x$.

13. $y'_x=\dfrac{4t}{a}$.

14. $x=\sqrt{2}=\sec\dfrac{\pi}{4}$, $y'(\sqrt{2})=2\sqrt{2}$.

15. $y(0)=0$, $y'(0)=1$.

习题 3.5

1. (1) $4-\dfrac{1}{x^2}$; (2) $4e^{2x-1}$; (3) $-2\sin x-x\cos x$; (4) $-2e^{-t}\cos t$;

(5) $\dfrac{a^2}{(a^2-x^2)^{\frac{3}{2}}}$; (6) $-\dfrac{2+2x^2}{(1-x^2)^2}$; (7) $2\sec^2 x\tan x$; (8) $\dfrac{12x^4-6x}{(x^3+1)^3}$;

(9) $2\arctan x+\dfrac{2x}{1+x^2}$; (10) $\left(\dfrac{1}{x}-\dfrac{2}{x^2}+\dfrac{1}{x^3}\right)e^x$; (11) $(2x+4x+4x^2)e^{x^2}$;

(12) $-x(1+x^2)^{-\frac{3}{2}}$.

2. 3 240.

3. (1) $2f'(x^2)+4x^2f''(x^2)$;

(2) $\dfrac{f''(x)f(x)-(f'(x))^2}{f^2(x)}$.

4. (1) $x''_y=(x'_y)'_x x'_y=\left(\dfrac{1}{y'}\right)'_x\dfrac{1}{y'}=-\dfrac{y''}{(y')^3}$;

(2) $x'''=(x'')'_x\dfrac{1}{y'}$.

5. 略.

6. 略.

7. 略.

8. (1) $n!$; (2) $2^{n-1}\sin\left(2x+\dfrac{(n-1)\pi}{2}\right)$;

(3) $(-1)^{n-1}x^{-n+1}$; (4) ne^x+xe^x.

9. (1) $-4e^x\cos x$; (2) $12\cos 2x-24x\sin 2x-8x^2\cos 2x$.

10. (1) $\dfrac{y^2-x^2}{y^3}=0$; (2) $-\dfrac{b^2}{a^4}\dfrac{a^2y^2+b^2x^2}{y^3}=-\dfrac{b^4}{a^2y^3}$;

(3) $y'=-\csc^2(x+y)$, $y''=-2\csc^2(x+y)\cot^3(x+y)$;

(4) $\dfrac{2e^{2y}-xe^{3y}}{(1-xe^y)^3}$; (5) $\dfrac{4-4t}{e^{2t}}$; (6) $-t(\sin t+t\cos t)$.

章节提升习题三

1. (1) D; (2) D; (3) C; (4) A; (5) D; (6) D; (7) A; (8) A; (9) C;
(10) B; (11) C; (12) D; (13) C; (14) A; (15) D.

2. (1) $\lambda>2$; (2) -2; (3) 0; (4) 1; (5) 0; (6) $\dfrac{(1+e^{2t})(e^t-2)}{4e^{4t}}$; (7) 0.

3. 为使函数 $f(x)$ 在 $\left[\dfrac{1}{2},1\right]$ 上连续，只需求出函数 $f(x)$ 在 $x=1$ 处的左极限 $\lim\limits_{x\to 1^-}f(x)$，

然后定义 $f(1)$ 为此极限值即可．定义 $f(1)=\dfrac{1}{\pi}$．

4. $x=0$ 为 $f(x)$ 的连续点 $\Leftrightarrow f(0^+)=f(0^-)\Leftrightarrow -6a=6=2a^2+4$，得 $a=-1$；

$x=0$ 为 $f(x)$ 的可去间断点 $\Leftrightarrow -6a=2a^2+4\neq 6$，即 $2a^2+6a+4=0$，但 $a\neq -1$．

5. 根据莱布尼茨高阶导数公式先求 $\ln(1+x)$ 的 n 阶导数，$[\ln(1+x)]^{(n)}=\dfrac{(-1)^{n-1}(n-1)!}{(1+x)^n}$；再设 $u=\ln(1+x),v=x^2$，利用公式，得

$$f^{(n)}(0)=n(n-1)(-1)^{n-3}(n-3)!=\frac{(-1)^{n-1}n!}{n-2},\ n=3,4,\cdots.$$

6. 先求出 $f(x)$ 的表达式，再讨论它的间断点．$f(x)=\mathrm{e}^{\frac{x}{\sin x}}$，$x=0$ 为 $f(x)$ 的第一类间断点；$x=k\pi,k=\pm 1,\pm 2,\cdots$ 为 $f(x)$ 的第二类间断点（无穷间断点）．

第四章

习题 4.1

1. 提示：$|x|$ 很小，即 $|x-0|$ 很小，求在原点处的切线．

2. s 对 f 的变化率 $s'=\dfrac{8f}{3l}$，$\Delta s=\dfrac{8f\Delta f}{3l}$．

3. $-43.63\mathrm{cm}^2$，$104.72\mathrm{cm}^2$．

4. （1）$\mathrm{d}y=(-x^{-2}+x^{-\frac{1}{2}})\mathrm{d}x$；（2）$\mathrm{d}y=(\sin 2x+2x\cos 2x)\mathrm{d}x$；

（3）$\mathrm{d}y=\dfrac{1}{(1+x^2)^{\frac{3}{2}}}\mathrm{d}x$；（4）$\mathrm{d}y=\dfrac{-2\ln(1-x)}{1-x}\mathrm{d}x$；（5）$\mathrm{d}y=(2x+2x^2)\mathrm{e}^{2x}\mathrm{d}x$；

（6）$\mathrm{d}y=-\mathrm{e}^{-x}(\cos(3-x)-\sin(3-x))\mathrm{d}x$；（7）$\mathrm{d}y=-\dfrac{\mathrm{d}x}{\sqrt{1-x^2}}$；

（8）$\mathrm{d}y=8x\tan(1+2x^2)\sec^2(1+2x^2)\mathrm{d}x$；（9）$\mathrm{d}y=\dfrac{2x}{1+x^4}\mathrm{d}x$；

（10）$\mathrm{d}s=\omega A\cos(\omega t+\phi)\mathrm{d}t$．

5. （1）$2x$；（2）$\dfrac{3x^2}{2}$；（3）$\sin t$；（4）$-\dfrac{1}{\omega}\cos\omega x$；

（5）$\ln(x+1)$；（6）$-\dfrac{1}{2}\mathrm{e}^{-2x}$；（7）$2\sqrt{x}$；（8）$\dfrac{\tan 3x}{3}$．

6. （1）最大需求量；（2）$1/4$；（3）$\dfrac{EQ}{Ep}=-\dfrac{p}{45-p}=1$，$p=45/2$，

$R=Qp=15p-\dfrac{p^2}{3}$，$R\left(\dfrac{45}{2}\right)=\dfrac{675}{4}$，$R'\left(\dfrac{45}{2}\right)=0$，此时获得最大收益．

习题 4.2

1. 略．2. 略．3. 略．

4. $\dfrac{f(x_2)-f(x_1)}{x_2-x_1}=2a\varepsilon+b$,　$2a(x_2+x_1)+b=2a\varepsilon+b$,　$\varepsilon=\dfrac{x_1+x_2}{2}$.

5. 根据罗尔中值定理，在（1，2），（2，3），（3，4）内至少各有一根，$f'(x)$ 为 3 次多项式，最多有三个根，所以 $f'(x)$ 有三个根。

习题 4.3

1. 单调递增.

2. 单调递增.

3. （1）$(-\infty,\ -1)\bigcup(3,\ +\infty)$ 内递增，$(-1,\ 3)$ 内递减；（2）$(0,\ 2)$ 内递减，$(2,\ +\infty)$ 内递增；

（3）$(-\infty,\ -6)\bigcup(-6,\ +\infty)$ 内递减；（4）$(-\infty,\ +\infty)$ 内递增；

（5）$(-\infty,\ 0)$ 内递减，$(0,\ +\infty)$ 内递增；（6）$(-\infty,\ a)\bigcup(2a,\ +\infty)$ 内递减，$(a,\ 2a)$ 内递增；

（7）$(0,\ 1)$ 内递增，$(1,\ +\infty)$ 内递减；

（8）$\left(k\pi+\dfrac{\pi}{3},\ k\pi+\dfrac{2\pi}{3}\right)$ 内递减，$\left(k\pi+\dfrac{2\pi}{3},\ k\pi+\dfrac{5\pi}{3}\right)$ 内递增.

4. （1）凸函数；（2）凹函数.

5. 提示：利用单调性.

6. （1）极大值 $y(-1)=17$，极小值 $y(3)=-47$；（2）极小值 $y(0)=0$；（3）极小值 $y(0)=0$，极大值 $y(-1)=y(1)=1$；

（4）极大值 $y\left(\dfrac{3}{4}\right)=\dfrac{5}{4}$；（5）极大值 $y(3)=\sqrt{2}$；

（6）极小值 $y(-2)=2$，极大值 $y(0)=4$；

（7）极大值 $y\left(\dfrac{\pi}{4}\right)=\dfrac{\sqrt{2}}{2}\mathrm{e}^{\frac{\pi}{4}}$，极小值 $y\left(\dfrac{5\pi}{4}\right)=-\dfrac{\sqrt{2}}{2}\mathrm{e}^{\frac{5\pi}{4}}$；

（8）极大值 $y(\mathrm{e})=\mathrm{e}^{\frac{1}{\mathrm{e}}}$；（9）单调，无极值；（10）单调，无极值.

7. （1）$\max f=f(0)=0$，$\min f=f(4)=-32$；

（2）$\max f=f(3)=11$，$\min f=f(2)=-14$；

（3）$\max f=f\left(\dfrac{3}{4}\right)=\dfrac{5}{4}$，$\min f=f(-5)=\sqrt{6}-5$；

（4）无最大值，最小值 $y(-3)=27$.

8. 设 x 为一边长，$s=x(20-2x)\ (x>0)$，唯一驻点 $x=5$. 最大面积为 50 平方米.

9. $\lim\limits_{x\to 0^+}f(x)=\infty$，铅垂渐近线 $y=0$；$\lim\limits_{x\to +\infty}\dfrac{f(x)}{x}=2$，$b=1$，斜渐近线 $y=2x-1$；

$\lim\limits_{x\to -\infty}f(x)=\lim\limits_{x\to -\infty}\dfrac{\mathrm{e}^{\frac{1}{x}}}{\dfrac{1}{2x-1}}\left(\dfrac{0}{0}\right)=\lim\limits_{x\to -\infty}\dfrac{(2x-1)^2}{x^2}\mathrm{e}^{\frac{1}{x}}=0$，水平渐近线 $x=0$.

10. 斜渐近线 $y=x$.

11. 略.

12. $\dfrac{\sqrt{2}}{2}$.

13. $\dfrac{\sqrt{2}}{4}$.

14. $k=|\cos x|$.

章节提升习题四

1. (1) C；(2) C；(3) C；(4) C；(5) C；(6) C；(7) B；(8) B；
(9) C；(10) A；(11) D；(12) B；(13) D；(14) C；(15) B.

2. (1) $x\in(-\infty,1)$ （或 $x\in(-\infty,1]$）；(2) $y^{(n)}(0)=\dfrac{(-1)^n 2^n n!}{3^{n+1}}$；

(3) $y\left(\dfrac{1}{e}\right)=e^{-\frac{2}{e}}$；(4) $y^{(n)}(0)=-2^n\dfrac{(n-1)!}{(1-2\cdot 0)^n}=-2^n(n-1)!$；(5) $y=\dfrac{1}{2}x-\dfrac{1}{4}$；

(6) $y=x+\dfrac{3}{2}$；(7) $y=\dfrac{1}{5}$；(8) $y=x+2$.

3. 利用莱布尼茨高阶导数公式，先求 $\ln(1+x)$ 的 n 阶导数.
或利用带皮亚诺余项的麦克劳林公式表示函数.

4. 凸区间为 $\left(-\infty,\dfrac{1}{3}\right)$，凹区间为 $\left(\dfrac{1}{3},+\infty\right)$，拐点为 $\left(\dfrac{1}{3},\dfrac{1}{3}\right)$.

5. (1) 单调增区间为 $(-\infty,1)\bigcup(3,+\infty)$，单调减区间为 $(1,3)$，极小值为 $y|_{x=3}=\dfrac{27}{4}$.

(2) $(-\infty,0)$ 内向上凸，$(0,1)$ 和 $(1,+\infty)$ 内向上凹，$(0,0)$ 为拐点.

(3) $x=1$ 是铅垂渐近线；$y=x+2$ 是斜渐近线.

6. $f'(x)=\begin{cases} x^{2x}(2\ln x+2), & x>0 \\ (1+x)e^x, & x<0 \end{cases}$；$f(e^{-1})=\left(\dfrac{1}{e}\right)^{\frac{2}{e}}$ 为极小值；$f(0)=1$ 为极大值；

$f(-1)=-e^{-1}+1$ 为极小值.

7. 严格单调增区间为 $(-\infty,-1)$ 与 $(0,+\infty)$；严格单调减区间为 $(-1,0)$；

$f(0)=-e^{\frac{\pi}{2}}$ 为极小值，$f(-1)=-2e^{\frac{\pi}{4}}$ 为极大值；

渐近线为 $y=e^{\pi}(x-2)$ 及 $y=x-2$.

8. (1) 构造函数 $f(x)=(x^2-1)\ln x-(x-1)^2$，利用函数的单调性.

(2) 用单调性分别证明两个不等式.

(3) 考虑用拉格朗日中值定理或转化为函数不等式，利用单调性证明.

(4) 令 $f(x)=x\ln\dfrac{1+x}{1-x}+\cos x-1-\dfrac{x^2}{2}$，利用函数的单调性证明.

9. 思路：构造函数 $F(x)=f(x)-x$，利用介值定理证明.

10. (1) 令 $F(x)=f(x)-1+x$，利用介值定理证明.

（2）在 $[0,\xi]$ 和 $[\xi,1]$ 上对 $f(x)$ 分别应用拉格朗日中值定理.

11. 题目中已知 $f(3)=1$，只需要再证明存在一点 $c\in[0,3)$，使得 $f(c)=1=f(3)$，然后在 $[c,3]$ 上应用罗尔中值定理即可.

条件 $f(0)+f(1)+f(2)=3$ 等价于 $\dfrac{f(0)+f(1)+f(2)}{3}=1$.

问题转化为 1 介于 $f(x)$ 的最值之间，用介值定理证明.

12. 可构造函数 $\varphi(f(x),g(x))=0$，利用介值定理、微分中值定理等证明.

13. 令 $F(x)=f(x)-\dfrac{1}{3}x^3$，在 $\left[0,\dfrac{1}{2}\right]$ 和 $\left[\dfrac{1}{2},1\right]$ 上分别利用拉格朗日中值定理证明.

第五章

习题 5.1

1. $f(x)=-56+21(x-4)+37(x-4)^2+11(x-4)^3+(x-4)^4$.

2. $f(x)=x^6-9x^5+30x^4-45x^3+30x^2-9x+1$.

3. $\sqrt{x}=2+\dfrac{1}{4}(x-4)-\dfrac{1}{64}(x-4)^2+\dfrac{1}{512}(x-4)^3-\dfrac{15(x-4)^4}{4!16(4+\theta(x-4))^{\frac{7}{2}}}$，$0<\theta<1$.

4. $\ln x=\ln 2+\dfrac{1}{2}(x-2)-\dfrac{1}{2^2}(x-2)^2+\dfrac{1}{3\cdot 2^3}(x-2)^3-\cdots+(-1)^{n-1}\dfrac{1}{n2^n}(x-2)^n+o((x-2)^n)$.

5. $\dfrac{1}{x}=-(1+(x+1)+(x+1)^2+\cdots+(x+1)^n)+(-1)^{n-1}\dfrac{(x+1)^{n+1}}{(-1+\theta(x+1))^{n+2}}$，$0<\theta<1$.

6. $\tan x=x+\dfrac{x^3}{3}+o(x^3)$.

7. $xe^x=x+x^2+\dfrac{x^3}{2!}+\dfrac{x^4}{3!}+\cdots+\dfrac{x^n}{(n-1)!}+o(x^n)$.

8. 约为 1.645.

9. （1）3.107 24，$|R_3|<1.88\times10^{-5}$；（2）0.309 0，$|R_3|<1.3\times10^{-4}$；（3）$\dfrac{112}{81}$，$|R_3|<0.006\ 2$.

10. （1）$\dfrac{1}{2}$；（2）$\dfrac{1}{6}$1/6；（3）$-\dfrac{1}{12}$.

习题 5.2

1. $y' = (\arcsin x + \arccos x)' = 0$，$y = c$，$y(0) = 0 + \dfrac{\pi}{2}$，所以 $y = \dfrac{\pi}{2}$.

2. 提示：$f(0) = f(x_0) = 0$，满足罗尔中值定理.

3. 提示：运用罗尔中值定理.

4. 提示：设 $f(x) = x^n$，在 $[a, b]$ 上连续可导.

5. 设 $y = \ln x$，利用拉格朗日中值定理.

6. （1）设 $b > a$，$\arctan x$ 在 $[a, b]$ 上满足拉格朗日中值定理：$\left| \dfrac{\arctan b - \arctan a}{b - a} \right| = \dfrac{1}{1 + x_0^2} \leqslant 1$.

（2）$y = \mathrm{e}^x$ 在 $[1, x]$ 上连续可导，利用拉格朗日中值定理.

7. 设 $f(x) = \dfrac{a_1}{2} x + \dfrac{a_2 x^2}{4} + \dfrac{a_3 x^3}{8}$，$f(0) = 0$，$f(2) = a_1 + a_2 + a_3 = 0$，利用罗尔中值定理.

8. 提示：先用零点定理证明有根，再用单调性证明只有一个根. $f(0)f(2) < 0$，$f' > 0$.

9. 设 $F(x) = \dfrac{f(x)}{x^2}$，利用柯西中值定理.

10. 设 $f(x) = \mathrm{e}^x + \mathrm{e}^{-x} - \cos x - 4$，为偶函数. 只需证明在 $(\pi, +\infty)$ 上无根，在 $(0, \pi)$ 上有且仅有一个根.

习题 5.3

1. （1）1；（2）2；（3）$\cos a$；（4）$-\dfrac{3}{5}$；（5）$-\dfrac{1}{8}$；（6）$\dfrac{m}{n} a^{m-n}$；（7）1；

（8）3；（9）$\dfrac{1}{2}$；（10）∞；（11）$-\dfrac{1}{2}$；（12）e^a；（13）1；（14）1.

2. $\lim\limits_{x \to \infty} \dfrac{x + \sin x}{x} = \lim\limits_{x \to \infty} \dfrac{1 + \dfrac{\sin x}{x}}{1} = 1$，但 $\lim\limits_{x \to \infty} \dfrac{x + \sin x}{x} = \lim\limits_{x \to \infty} \dfrac{1 + \cos x}{1}$ 不存在.

3. 提示：无穷小与有界量之积为无穷小，原式极限为 0.

4. （1）1；（2）0；（3）$\mathrm{e}^{\frac{1}{2}}$；（4）$\dfrac{1}{2}$；（5）$\mathrm{e}^{-\frac{3}{2}}$；（6）$\dfrac{1}{2}$；（7）1；（8）2.

章节提升习题五

1. （1）D；（2）D；（3）D；（4）D；（5）B.

2. (1) 0; (2) $\dfrac{1}{3}$; (3) $\dfrac{(\ln 2)^n}{n!}$; (4) $a=1$, $b=-4$;

(5) $-\dfrac{1}{6}$; (6) 0; (7) 2; (8) $\mathrm{e}^{\frac{1}{2}}$; (9) $-\dfrac{1}{2}$; (10) $-\dfrac{1}{6}$.

3. (1) $-\dfrac{1}{2}$; (2) $-\dfrac{1}{2}$; (3) $\dfrac{4}{3}$; (4) $\dfrac{3}{2}$; (5) $\dfrac{1}{6}$; (6) $\dfrac{1}{4}$; (7) $\dfrac{1}{12}$.

4. 当 $k>1$ 时, 原方程有三个根; 当 $k\leqslant 1$ 时, 原方程有一个根.

5. (1) 先利用零点定理证明有根, 再证唯一性.

(2) 令 $f(x)=x^n+x^{n-1}+\cdots+x-1$, 利用单调有界收敛定理证明 $\{x_n\}$ 收敛, $\lim\limits_{n\to\infty}x_n=\dfrac{1}{2}$.

6. (1) $a=1$; (2) $k=1$.

7. 令 $f(x)=kx+\dfrac{1}{x^2}-1$, 通过讨论可知, 当 $k\leqslant 0$ 或 $k=\dfrac{2}{9}\sqrt{3}$ 时, 方程有且仅有一个根.

8. 等价于讨论方程 $\varphi(x)=\ln^4 x-4\ln x+4x-k$ 的根的个数.

9. 构造函数 $\varphi(x)=f(x)+ax^3+bx^2+cx+d$, 使得 $x\in[-1,1]$ 时 $\varphi'(x)$ 有三个零点, $\varphi''(x)$ 有两个零点, 再使用罗尔中值定理证明 ξ 必然存在.

或先利用麦克劳林展开式表示函数.

10. (1) 先利用极限的保号性证明 $f(0)<0$, 然后利用零点定理证明;

(2) 令 $F(x)=f(x)f'(x)$, 利用罗尔中值定理证明.

第六章

习题 6.1

1. 略. 2. 略.

3. 0, 正负面积正好抵消.

4. -4.

5. $y=\sqrt{1-x^2}$ 是半径为 1 的上半圆.

习题 6.2

1. $\dfrac{\sqrt{2}}{2}$.

2. (1) e^{x^2-x}; (2) $\dfrac{\cos x}{2\sqrt{x}}$; (3) $-\dfrac{2x\sin x^2}{x^2}$; (4) $\dfrac{\ln(1+x^2)}{3\sqrt[3]{x^2}}-\dfrac{\ln(1+x^3)}{2\sqrt{x}}$.

3. (1) $f(x)\mathrm{d}x$; (2) $-\mathrm{e}^x\mathrm{d}x$; (3) $(\cos x\sin x-x)\mathrm{d}x$; (4) $f'(x)\cos f(x)\mathrm{d}x$;

(5) $g^2(x)\mathrm{d}x$; (6) $(\int_0^x f(t)\mathrm{d}t + xf(x))\mathrm{d}x$;

(7) $-2xf(x^2)\mathrm{d}x$; (8) $(\cos x\int_0^{\cos x} f(t)\mathrm{d}t - \sin^2 xf(\cos x))\mathrm{d}x$.

4. $a=-1$, $f(x)=\sin x$.

习题 6.3

1. (1) $-\mathrm{e}^{-x}-\sin x+c$; (2) $x^n-2\tan x+c$;

(3) $2\ln|x|+\ln|x-1|+c$; (4) $-\dfrac{\cos2x}{2}+c$.

2. 提示：讨论 u 的两种情况.

3. 错误, $-\dfrac{\mathrm{e}^{-2x}}{2}+c$.

4. 错误, 因为 $(x^2\sin x)'=2x\sin x+x^2\cos x$.

5. (1) $\dfrac{\cos x-\sin x}{\cos x}$; (2) $\dfrac{1}{x^2}$; (3) $\mathrm{e}^x(\cos x-x\sin x)$;

(4) $\ln x+1$; (5) $\dfrac{u'v-uv'}{v^2}$; (6) $u'v+uv'$.

6. 求导, $2(x-1)g(2x-1)+1=0$, $g(u)=-\dfrac{1}{u}$, $g(3)=-\dfrac{1}{3}$.

习题 6.4

1. (1) $-\mathrm{e}^{\cos x}+c$; (2) $\cos\dfrac{1}{x}+c$; (3) $\sin(\mathrm{e}^x+1)+c$; (4) $-2\cos\sqrt{x}+c$;

(5) $\ln|\ln x|+c$; (6) $\dfrac{1}{3}\ln^3 x+c$; (7) $-x^2\cos x+2x\sin x+2\cos x+c$;

(8) $x\sin x+\cos x+c$; (9) $\dfrac{x^3}{3}\ln x-\dfrac{1}{9}x^3+c$; (10) $\dfrac{\arcsin^2 x}{2}+c$;

(11) $\dfrac{x^2}{2}\arctan x-\dfrac{x}{2}+\dfrac{\arctan x}{2}+c$; (12) $x^2\tan x^2-\dfrac{\ln(1+x^4)}{2}+c$;

(13) $\dfrac{\arctan^2 x}{2}+c$; (14) $-\dfrac{1}{6}\cos3x+\dfrac{1}{2}\cos x+c$; (15) $\dfrac{1}{2}\tan^2 x+c$;

(16) $-\dfrac{\sin2x-2\cos2x}{5}\mathrm{e}^{-x}+c$; (17) $\dfrac{(x^2+1)^{\frac{3}{2}}}{3}-2x+c$;

(18) $-\dfrac{x\cos2x}{4}+\dfrac{\sin2x}{8}+c$.

2. (1) $\ln|x+1|+c$; (2) $\dfrac{\arctan2x}{2}+c$; (3) $\dfrac{1}{2}\ln\left|\dfrac{x-1}{x+1}\right|+c$;

(4) $\dfrac{1}{2}\ln\left|\dfrac{1+2x}{1-2x}\right|+c$; (5) $\dfrac{1}{8}\ln(1+4x^2)+c$; (6) $\ln(1+x^3)+c$;

(7) $\dfrac{1}{7}\ln\left|\dfrac{x-4}{x+3}\right|+c$；　(8) $\ln(x+1)^2+\dfrac{1}{x+1}+c$；　(9) $\arctan(x+3)+c$；

(10) $\ln(1+\sin x)+c$；　(11) $\dfrac{1}{4}\ln\left|\dfrac{1+2\sin x}{1-2\sin x}\right|+c$；　(12) $\dfrac{1}{\cos x}+c$；

(13) $\dfrac{x^3}{3}-\dfrac{x^2}{2}+x+\ln|x+1|+c$；　(14) $\dfrac{1}{4}\ln\left|\dfrac{x-1}{x+1}\right|+\dfrac{1}{2(x+1)}+c$；

(15) $\dfrac{3}{2}\arctan x+\dfrac{\ln|x+1|}{2}-\dfrac{\ln(x^2+1)}{4}+c$；

(16) $\arctan \mathrm{e}^x+c$；　(17) $-\ln|1-\mathrm{e}^x|+c$；

(18) $\dfrac{\ln|x|}{2}-\dfrac{\ln(x^2-2x+2)}{4}+\dfrac{3}{2}\arctan(x-1)+c$.

习题 6.5

1. (1) $-\dfrac{\cos 2x}{2}+c$；　(2) 倍角公式，$\dfrac{1}{4}\displaystyle\int(1-2\cos 2x+\cos^2 2x)\mathrm{d}x$；

(3) $-\dfrac{\cos^3 x}{3}+c$；　(4) $\dfrac{\tan^3 x}{3}-\tan x+x+c$；　(5) $-\dfrac{\cos 12x}{24}+\dfrac{\cos 2x}{4}+c$；

(6) $\dfrac{\sin 5x}{10}+\dfrac{\sin x}{2}+c$；　(7) 提示：$\displaystyle\int(\sec^2 x-1)\tan x\sec x\mathrm{d}x=\int(\sec^2 x-1)\mathrm{d}\sec x$；

(8) $-\ln(1-\sin x)+c$；　(9) 提示：$\dfrac{1}{2}\displaystyle\int\cos 2x(1-\cos 2x)\mathrm{d}x$.

2. (1) $\dfrac{2}{3}(3+x)^{\frac{3}{2}}+c$；　(2) $\dfrac{3}{5}x^{\frac{5}{3}}+\dfrac{3}{2}x^{\frac{2}{3}}+c$；

(3) $2\sqrt{x-1}-2\arctan\sqrt{x-1}+c$；

(4) 提示：令 $u=\sqrt{1+\mathrm{e}^x}$，$\ln\dfrac{\sqrt{1+\mathrm{e}^x}-1}{\sqrt{1+\mathrm{e}^x}+1}+c$；

(5) $-\dfrac{1}{2}(5-3x)^{\frac{2}{3}}+c$；　(6) $\dfrac{1}{12}(2x+3)^{\frac{3}{2}}-\dfrac{1}{12}(2x-1)^{\frac{3}{2}}+c$.

3. (1) $\sqrt{x^2+1}+c$；　(2) $\dfrac{1}{2}\ln\left|\dfrac{x+\sqrt{x^2-1}}{x-\sqrt{x^2-1}}\right|+c$；

(3) $2\ln(x^2+2x+2)-6\arctan(x+1)+c$；　(4) $-\dfrac{1}{2}\ln|4-x^2|+c$；

(5) $\dfrac{1}{2}\ln\left|\dfrac{\sqrt{1-x^2}-1}{\sqrt{1-x^2}+1}\right|+\sqrt{1-x^2}+c$；

(6) $\dfrac{(x-2)\sqrt{x^2-4x+5}}{2}+\dfrac{1}{4}\ln\left|\dfrac{\sqrt{x^2-4x+5}+x-2}{\sqrt{x^2-4x+5}-x+2}\right|+c$.

4. (1) $\dfrac{6}{7}\sqrt[6]{x^7}+\dfrac{6}{5}\sqrt[6]{x^5}+2\sqrt{x}+3\sqrt[3]{x}+3\ln\left|\dfrac{\sqrt[6]{x}-1}{\sqrt[6]{x}+1}\right|+c$；

(2) $-\dfrac{\cot 2x}{2}+\dfrac{\csc 2x}{2}+c$；　(3) $2\sqrt{x-1}+\sqrt{x^2-1}+c$；

(4) $\dfrac{x^3\ln(x+3)}{3}-\dfrac{x^3}{9}+\dfrac{x^2}{2}-3x+9\ln(x+3)+c$;

(5) $\dfrac{1}{4}\ln\left|\dfrac{1+\sin x}{1-\sin x}\right|+c$;　(6) $\dfrac{x^2}{2}+\dfrac{\ln\left|x^2-1\right|}{2}+c$;

(7) $-\dfrac{\cos 4x}{8}-\dfrac{\cos 6x}{24}-\dfrac{\cos 2x}{8}+c$;

(8) $\dfrac{2}{3}\ln\left|\dfrac{2x-2}{2x+1}\right|-\dfrac{5}{3}\ln\left|\dfrac{2x-2}{2x+1}\right|+5\ln\left|\dfrac{2x+1}{2x+2}\right|+c$;

(9) $\dfrac{\arcsin^2\sqrt{x}}{2}+c$;

(10) $\dfrac{1}{5}\mathrm{e}^x(\sin 2x-2\cos 2x)+c$;

(11) $\ln|x|-\dfrac{1}{5}\ln|x^5+1|+c$;

(12) $\dfrac{1}{2}(x^2-1)\mathrm{e}^{x^2}+c$.

5. $\displaystyle\int\dfrac{1}{\sqrt{x+1}}\mathrm{d}x=\sqrt{x+1}+c$, $f(0)=1$, $c=0$, $f(x)=\sqrt{x+1}$.

6. $\displaystyle\int xf''(x)\mathrm{d}x=xf'(x)-\int f'(x)\mathrm{d}x=xf'(x)-f(x)+c=\dfrac{x-2}{x}\mathrm{e}^x+c$.

习题 6.6

1. (1) $\dfrac{43}{24}$;　(2) 1;　(3) $1-\dfrac{\pi}{4}$;　(4) $\dfrac{\pi}{3a}$.

2. (1) 原式 $=\displaystyle\lim_{n\to\infty}\dfrac{1-0}{n}\left(\dfrac{1}{1+\dfrac{1}{n}}+\dfrac{1}{1+\dfrac{2}{n}}+\cdots+\dfrac{1}{1+\dfrac{n}{n}}\right)=\int_0^1\dfrac{1}{1+x}\mathrm{d}x=\ln 2$.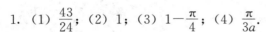

(2) 原式 $=\displaystyle\lim_{n\to\infty}\dfrac{1}{n}\left(\dfrac{1}{1+\dfrac{1}{n^2}}+\dfrac{1}{1+\dfrac{2^2}{n^2}}+\cdots+\dfrac{1}{1+\dfrac{n^2}{n^2}}\right)=\int_0^1\dfrac{1}{1+x^2}\mathrm{d}x=\dfrac{\pi}{4}$.

(3) $\dfrac{1}{2}$;　(4) $\dfrac{1}{2}$;　(5) 1;　(6) $\dfrac{1}{3}$;　(7) 2;　(8) 0.

3. 4.

4. (1) 0;　(2) $\ln 3$;　(3) 0;　(4) $\dfrac{\pi^3}{108}$.

5. (1) $\dfrac{\pi}{2}$;　(2) 2π.

6. (1) 令 $x=1-t$;　(2) 令 $x=\dfrac{\pi}{2}-t$.

7. (1) 令 $x=-t$;　(2) 令 $x=a+T$.

8. 提示: $f'(x)=\dfrac{\sin x}{x}$, $xf(x)=\sin x$.

9. （1）$\dfrac{1}{6}$；（2）$\dfrac{3}{2}-\ln 2$；（3）$\dfrac{4}{3}$；（4）$ab\pi$.

10. $\dfrac{15\pi}{2}$，$\dfrac{124\pi}{5}$.

11. $v=\displaystyle\int_0^4 \dfrac{x^2}{2}\mathrm{d}x=64/6$.

12. $2\pi b+4(a-b)$.

13. $\dfrac{\sqrt{2}+\ln(1+\sqrt{2})}{2}p$.

14. 236.

15. $\dfrac{32}{3}$.

16. （1）$\dfrac{1}{2}$；（2）连续.

习题 6.7

1. （1）发散；（2）2；（3）$\dfrac{1}{a}$；（4）$\dfrac{8}{3}$；（5）发散；（6）$1-\cos 1$.

2. 当 $k>1$ 时，收敛于 $(k-1)\ln^{k-1}2$.

3. 错误. $x=0$ 为无穷间断点.

4. $\displaystyle\int_0^{+\infty} \dfrac{\sin^2 x}{x^2}\mathrm{d}x=-\int_0^{+\infty}\sin^2 x\,\mathrm{d}\left(\dfrac{1}{x}\right)=-\left.\dfrac{\sin^2 x}{x}\right|_0^{+\infty}+\int_0^{+\infty}\dfrac{\sin 2x}{x}\mathrm{d}x$

$\qquad\qquad\quad =-\lim\limits_{x\to+\infty}\dfrac{\sin^2 x}{x}+\lim\limits_{x\to 0^+}\dfrac{\sin^2 x}{x}+\int_0^{+\infty}\dfrac{\sin 2x}{2x}\mathrm{d}(2x)=\dfrac{\pi}{2}$.

5. $\mathrm{e}\cdot\left.\arctan \mathrm{e}^{x+2}\right|_1^{+\infty}=\mathrm{e}\left(\dfrac{\pi}{2}-\arctan \mathrm{e}^3\right)$.

6. $\mathrm{e}^{2c}=\left.\left(\dfrac{1}{2}t-\dfrac{1}{4}\right)\mathrm{e}^{2t}\right|_{-\infty}^c=\dfrac{2c-1}{4}\mathrm{e}^{2c}$，$c=\dfrac{5}{2}$.

章节提升习题六

1. （1）B；（2）C；（3）B；（4）D；（5）B；（6）C；（7）D；（8）D；
（9）D；（10）D；（11）D；（12）C；（13）B；（14）B；（15）B.

2. （1）0；（2）$\dfrac{1}{\sqrt{1-\mathrm{e}^{-1}}}$；（3）2；（4）$\dfrac{1}{2}\ln 3$；（5）$\dfrac{1}{4}(\cos 1-1)$；（6）$k=-2$；

（7）$\dfrac{1}{\lambda}$；（8）$\sin x^2$；（9）$\dfrac{1}{3}$；（10）$\dfrac{2\sqrt{2}}{\pi}$；（11）$\dfrac{\pi}{4}$；（12）$\dfrac{1}{2}$.

3. （1）$\dfrac{1}{2}\ln(x^2-6x+13)+4\arctan\dfrac{x-3}{2}+C$；

(2) $\ln(x^2+x+1)-\dfrac{3}{x-1}2\ln|x-1|+C$；

(3) $-\dfrac{\arcsin\mathrm{e}^x}{\mathrm{e}^x}+\dfrac{1}{2}\ln\left|\dfrac{\sqrt{1-\mathrm{e}^{2x}}-1}{\sqrt{1-\mathrm{e}^{2x}}+1}\right|+C$；

(4) $x\ln\left(1+\sqrt{\dfrac{1+x}{x}}\right)+\dfrac{1}{2}\ln(\sqrt{1+x}+\sqrt{x})+\dfrac{1}{2}x-\dfrac{1}{2}\sqrt{x+x^2}+C$；

(5) $\dfrac{(x-1)\mathrm{e}^{\arctan x}}{2\sqrt{1+x^2}}+C.$

4. (1) $\dfrac{3\pi}{8}$；(2) $\dfrac{\pi}{3}$；(3) $\dfrac{\pi}{2}$；(4) $\dfrac{\pi}{4}$；(5) $\dfrac{1}{2}$；(6) $\dfrac{\pi^2}{16}+\dfrac{1}{4}$；(7) $\dfrac{\pi}{4}+\ln 2.$

5. (1) $\dfrac{1}{4}$；(2) $\dfrac{1}{2}$；(3) $\dfrac{2}{3}$；(4) $\dfrac{\pi}{6}.$

6. $-\mathrm{e}^{-x}\ln(1+\mathrm{e}^x)+x-\ln(1+\mathrm{e}^x)+C.$

7. 作积分变量代换 $x-t=u$，计算得 $\dfrac{1}{2}.$

8. $\displaystyle\int_0^x S(t)\,\mathrm{d}t=\begin{cases}\dfrac{1}{6}x^3, & 0\leqslant x\leqslant 1\\[2mm] -\dfrac{1}{6}x^3+x^2-x+\dfrac{1}{3}, & 1<x\leqslant 2\\[2mm] x-1, & x>2\end{cases}$

9. (1) 1；(2) $\dfrac{1}{4a}(\mathrm{e}^{4\pi a}-1)$；(3) $\dfrac{\mathrm{e}^2+1}{4}$；$\dfrac{3(\mathrm{e}^4-2\mathrm{e}^2-3)}{4(\mathrm{e}^3-7)}$；(4) $a=\sqrt[7]{7}.$

10. (1) 利用定积分比较定理证明；

(2) 令 $F(x)=\displaystyle\int_a^b f(x)g(x)\,\mathrm{d}x-\int_a^{a+\int_a^b g(t)\mathrm{d}t} f(x)\,\mathrm{d}x$，证明单调递增.

11. (1) 先证 $f(a)=0$，再利用单调性证明.

(2) 取 $F(x)=x^2$，$g(x)=\displaystyle\int_a^x f(t)\,\mathrm{d}t\,(a\leqslant x\leqslant b)$，利用柯西中值定理证明.

(3) 利用拉格朗日中值定理证明.

附录 I 数学符号

大写	小写	英文注音	国际音标注音	中文注音
A	α	alpha	/ˈælfə/	阿耳法
B	β	beta	/ˈbiːtə/	贝塔
Γ	γ	gamma	/ˈgæmə/	伽马
Δ	δ	delte	/ˈdeltə/	德耳塔
E	ε	epsilon	/ˈepsilɔn/	艾普西隆
Z	ζ	zeta	/ˈziːtə/	截塔
H	η	eta	/ˈiːtə/	艾塔
Θ	θ	theta	/ˈθiːtə/	西塔
I	ι	iota	/əiˈəutə/	约塔
K	κ	kappa	/ˈkæpə/	卡帕
Λ	λ	lambda	/ˈlæmdə/	兰姆达
M	μ	mu	/mjuː/	缪
N	ν	nu	/njuː/	纽
Ξ	ξ	xi	ksi	可塞
O	o	omicron	/əuˈmaikrən/	奥密可戎
Π	π	pi	/pai/	派
P	ρ	rho	/rəu/	柔
Σ	σ	sigma	/sigmə/	西格马
T	τ	tau	/tɔː/	套
Υ	υ	upsilon	/ˈipsilɔn/	衣普西隆
Φ	φ	phi	/fai/	斐
X	χ	chi	/kai/	喜
Ψ	ψ	psi	/ps/	普西
Ω	ω	omega	/ˈəumigə/	欧米伽

附录 Ⅱ　常用符号

i：−1 的平方根

$f(x)$：函数 f 在自变量 x 处的值

$\exp(x)$：在自变量 x 处的指数函数值，常被写作 e^x

$a \hat{} x$：a 的 x 次方，a^x

$\ln x$：$\exp(x)$ 的反函数

$\log_a b$：以 a 为底 b 的对数

$\sin x$：在自变量 x 处的正弦函数值

$\cos x$：在自变量 x 处的余弦函数值

$\tan x$：其值等于 $\dfrac{\sin x}{\cos x}$

$\cot x$：余切函数的值，其值等于 $\dfrac{\cos x}{\sin x}$

$\sec x$：正割函数的值，其值等于 $\dfrac{1}{\cos x}$

$\csc x$：余割函数的值，其值等于 $\dfrac{1}{\sin x}$

$y = \arcsin x$：$\left[-\dfrac{\pi}{2}, \dfrac{\pi}{2}\right]$ 内正弦值为 x 的角，即 $x = \sin y$

$y = \arccos x$：$[0, \pi]$ 内余弦值为 x 的角，即 $x = \cos y$

$y = \arctan x$：$\left(-\dfrac{\pi}{2}, \dfrac{\pi}{2}\right)$ 内正切值为 x 的角，即 $x = \tan y$

$y = \text{arccot} x$：$(0, \pi)$ 内余切值为 x 的角，即 $x = \cot y$

$y = \text{arcsec} x$：$[0, \pi]$ 内正割值为 x 的角，即 $x = \sec y$

$y = \text{arccsc} x$：$\left[-\dfrac{\pi}{2}, \dfrac{\pi}{2}\right]$ 内余割值为 x 的角，即 $x = \csc y$

θ：角度的一个标准符号，不注明时均指弧度，尤其用于表示 $\arctan \dfrac{x}{y}$

i, j, k：当 (x, y, z) 表示空间的点时分别表示直角坐标系 x、y、z 方向上的单位向量

(a, b, c)：以 a、b、c 为元素的向量或三维点

(a, b)：以 a、b 为元素的向量，或平面点

$\vec{a} \cdot \vec{b}$：向量 $\vec{a}$ 和 $\vec{b}$ 的点积，数量积

$\vec{a} \times \vec{b}$：$\vec{a}$ 和 $\vec{b}$ 的向量积

$|\vec{a}|$：向量 $\vec{a}$ 的模

$|x|$：数 x 的绝对值

$\sum\limits_{i=1}^{n} x_i$：所有 x_i 的总和，i 取 1 到 n

$\prod\limits_{i=1}^{n} x_i$：所有 x_i 的乘积，i 取 1 到 n

数量符号：如 i，$2+i$，a，x，自然对数底 e，圆周率 π

运算符号：如加号（＋），减号（－），乘号（×或＊），除号（÷或/），两个集合的并集（∪），交集（∩），根号（$\sqrt[n]{\ \ }$），对数（log，lg，ln），比（：），微分（d），积分（$\int$），极限（lim）等

关系符号：等号"＝"，近似符号"≈"，不等号"≠"，大于"＞"，小于"＜"，变量变化的趋势"→"，相似"∽"，全等"≌"，平行"∥"，垂直"⊥"，正比例符号"∞"，属于符号"∈"等

结合符号：如圆括号"（　）"，方括号"〔　〕"，花括号"{　}"，括线"—"

性质符号：如正号"＋"，负号"－"，绝对值符号"‖"

省略符号：如三角形（△），正弦（sin），x 的函数（$f(x)$），极限（lim），因为（∵），所以（∴），总和（$\sum$），连乘（$\prod$），从 n 个元素中取出 m 个元素的不同组合总数（C_n^m），幂（a^M），阶乘（!）等。

$\ln x$：以 e 为底的对数

$\lg x$：以 10 为底的对数

floor(x)：上取整函数

ceil(x)：下取整函数

$x \bmod y$：求余数

$x - \text{floor}(x)$：小数部分

$\int f(x)\mathrm{d}x$：$f(x)$ 的不定积分

$\int_a^b f(x)\mathrm{d}x$：$f(x)$ 从 a 到 b 的定积分

$f^{(m)}(x)$：$f(x)$ 关于 x 的 m 阶导函数

图书在版编目（CIP）数据

高等数学．上册／苏长鑫，黄留佳编．－－北京：
中国人民大学出版社，2022.6
  21世纪高等院校创新教材
  ISBN 978-7-300-30723-7

  Ⅰ．①高…　Ⅱ．①苏…　②黄…　Ⅲ．①高等数学－高
等学校－教材　Ⅳ．①O13

  中国版本图书馆 CIP 数据核字（2022）第 098334 号

21世纪高等院校创新教材

高等数学（上册）

苏长鑫　黄留佳　编

Gaodeng Shuxue

出版发行	中国人民大学出版社		
社　　址	北京中关村大街 31 号	邮政编码	100080
电　　话	010 - 62511242（总编室）	010 - 62511770（质管部）	
	010 - 82501766（邮购部）	010 - 62514148（门市部）	
	010 - 62515195（发行公司）	010 - 62515275（盗版举报）	
网　　址	http://www.crup.com.cn		
经　　销	新华书店		
印　　刷	北京溢漾印刷有限公司		
规　　格	185 mm×260 mm　16 开本	版　　次	2022 年 6 月第 1 版
印　　张	15	印　　次	2022 年 6 月第 1 次印刷
字　　数	356 000	定　　价	38.00 元